『무예도보통지』의 동아시아 도검무예 교류사

한·중·일 도검무예의 기법 비교와 분석

이 저서는 2013년도 정부(교육부)의 재원으로 한국학중앙연구원(한국학진흥사업단)의 지원을 받아 수행된 연구임(AKS-2013-ORS-1120007).

『무예도보통지』의 동아시아 도검무예 교류사

한·중·일 도검무예의 기법 비교와 분석

곽낙현 지음

장양공정토시전부호도(壯襄公征討時錢部胡圖) 육군박물관 소장

學古房

한국 본국검

중국 쌍검

일본 왜검교전

서 문

이 책은 2014년 출판한 숭실대학교 한국문예연구소 학술총서 44『조선의 칼과 무예』의 후속되는 연구이다. 지금의 책은『무예도보통지』도검무예의 실제라는 관점에서 한·중·일 도검무예 교류 기법과 분석에 초점을 맞추었다. 이를 통해 전통의 몸 문화이자 무형유산인 무예를 조명할 수 있는 기회가 되길 바란다.

이 연구에 집중할 수 있었던 계기는 한국학진흥사업단의 배려 덕분이었다. 2013년 한국학진흥사업단의 창의연구지원 시범사업의 연구비 지원을 받아『무예도보통지』의 동아시아 도검무예 교류사라는 주제로 한·중·일 도검무예 유형과 기법을 비교 분석한 4년 동안의 연구 기간은 잊을 수 없을 것이다. 필자는 그 동안의 연구가 한 권의 책으로 엮어지기까지 매우 외롭고 험난한 과정을 거쳤다. 때로는 너무나 지쳐 좌절하고 싶을 때가 있었으나 주변 연구자들의 긍정적인 응원으로 이겨내고 한 권의 책으로 마무리할 수 있어서 너무나 기쁘다.

이 책의 방향과 범위는『무예도보통지』에 수록된 한국·중국·일본의 도검무예에 한정하였다. 보군(步軍)이 시행한 쌍수도(雙手刀), 예도(銳刀), 왜검(倭劍), 왜검교전(倭劍交戰), 제독검(提督劍), 본국검(本國劍), 쌍검(雙劍), 월도(月刀), 협도(挾刀), 등패(藤牌)의 도검무예 10기 기법에 초점을 맞추었다. 도검무예에 주목하는 이유는 한국·중국·일본의 도검무예 유형과 기법이『무예도보통지』에 포함되어 있어 동아시아 무예교류라는 측면에서 한국·중국·일본의 도검무예 기법의 특징을 정확하게 파악할 수 있기 때문이다.

이 책의 내용은 7장으로 구성되어 있다. 1장은 서론으로『무예도보통지』

의 동아시아 도검무예 교류가 왜 중요한지에 대한 문제제기와 함께 연구의 목적을 서술하였다. 이어서 연구의 방향과 범위가 포함된 연구내용 및 방법을 설명하고 선행연구의 검토를 통해 이 연구의 독창성을 부각함과 동시에 연구의 기대효과 및 활용방안을 제시하였다.

2장은『무예도보통지』편찬과 도검무예 정비의 내용이다. 먼저『무예도보통지』도검무예 구성과 내용에 대하여 전반적으로 살펴보았다. 다음은『무예도보통지』도검무예 인용문헌을 분석하였다. 이어서 도검무예의 '세'를 설명하였다.

3장은 한국의 도검무예 유형과 기법에 대한 내용이다. 먼저 본국검에 대한 도검자세와 기법을 분석하였다. 이어서 예도에 대한 도검자세와 기법을 분석하였다. 이를 토대로 한국의 도검무예 기법 특징이 무엇인지를 설명하였다.

4장은 중국의 도검무예 유형과 기법에 대한 내용이다. 먼저 제독검과 쌍검의 도검자세와 기법을 분석하였다. 다음은 월도와 협도의 도검자세와 기법을 분석하였다. 다음은 등패의 도검자세와 기법을 분석하였다. 이를 토대로 중국의 도검무예 기법 특징이 무엇인지를 설명하였다. 5장은 일본의 도검무예 유형과 기법에 대한 내용이다. 먼저 쌍수도의 도검자세와 기법을 분석하였다. 다음은 왜검의 토유류, 운광류, 천유류, 유피류의 도검자세와 기법을 분석하였다. 이어서 왜검교전의 자세와 기법을 분석하였다. 이를 토대로 일본의 도검무예 기법 특징이 무엇인지를 설명하였다.

6장은 한·중·일 도검무예 교류와 기법 분석에 대한 내용이다. 먼저 한·중·일 도검무예 교류에 대한 내용을 검토하고, 한·중·일 도검무예 기법을 분석하였다. 7장은 이 책의 전체적인 내용을 종합적으로 정리한 결론에 대한 내용이다.

이 책의 특징은 네 가지로 꼽을 수 있다. 첫째, 학제 간 연구를 통한 한·중·일 도검무예에 대한 올바른 이해를 도모할 수 있다. 임진왜란 이후『무예도보통지』도검무예 연구는 역사학과 군사학, 체육학 등에서 각각 연구가 진행되고는 있지만, 상호간의 교류를 통한 연구의 역량강화는 이뤄지지 않고 있는 실정이다. 그러므로 이 연구는 역사학의 이론과 체육학 분야의 실기가 하나로 융합되어 연구되는 모델을 제시할 수 있으며, 역사학, 군사학, 체육학 분야 등 오늘날 학제 간 연구의 학문적 기초 토대 작업이 될 것이다. 이를 통해 학문간 소통 차원에서 조선후기『무예도보통지』에 대한 전반적인 배경과 한·중·일 도검무예에 대한 올바른 이해를 도모할 수 있다.

둘째, 한·중·일 도검무예 재현에 대한 올바른 역사 인식을 제공할 수 있다. 오늘날은 다양한 전통무예 단체들이『무예도보통지』의 도검무예를 자의적으로 해석한 사료와 기법으로 일반 대중들에게 각기 다르게 재현하고 있다. 그러므로 이 연구를 통하여 한·중·일 도검무예를 재현하고 있는 전통무예 단체들에게 도검무예에 대한 올바른 기초 지식과 실증적 기법을 제공하여 하나로 통합하여 표준화 할 수 있는 단서와 올바른 역사 인식을 제시할 수 있다.

셋째, 무예 교재 및 프로그램 개발에 활용될 수 있다. 이 연구는 한·중·일 도검무예의 실제와 이론의 역사성을 재정립하여 현 정부차원에서 시행중인 〈전통무예진흥법〉의 정책 및 무예학계 교육 프로그램의 일환으로 시행중인『무예 교재 개발』에 새로운 자료로 활용될 수 있다.

넷째, 한·중·일 도검무예 문화콘텐츠 자원으로 활용될 수 있다.『무예도보통지』에 실려 있는 도검무예는 외국인과 내국인에게 우리나라의 전통무예를 알리는 좋은 소재이다. 실제로 24반무예경당협회, 전통무예십팔기보존회, 수원시립공연단산하 무예24기시범단, 한민족마상무예·격구협회 등 전통무예단체들이 도검무예를 재현하여 일반인들에게 시범을 보이고 있다.

또한 공연, 애니메이션, 캐릭터, 영화 등에서 다양하게 도검무예가 소재로 활용되고 있다. 따라서 한국·중국·일본의 도검무예에 대한 객관적 사료를 통한 도검기법 체계를 제공함으로써 일반 대중들에게 우리나라 전통문화와 나아가서 전통무예에 대한 올바른 인식과 함께 도검무예를 실용적인 측면으로 확대시킬 수 있다.

이 책이 나오기까지 많은 분들의 도움이 있었다. 인생과 학문의 길을 함께 갈 수 있도록 길잡이가 되어 주셨던 좋은 분들과의 만남에 감사드린다. 또한

8

필자가 공부의 끈을 놓지 않도록 많은 은혜를 베풀어 주시고 지금도 인생에 대해 몸소 가르침을 주시는 부모님께 이 책이 작은 보람이 되어 줄 수 있기를 기원한다. 항상 너그러운 마음과 사위의 앞날을 위해 기도해주신 장인과 장모님께도 작은 선물이 되었으면 한다.

　말없는 후원과 나의 도전을 격려하는 사랑하는 아내 김정은의 내조는 너무나 소중하다. 아들 민호의 밝고 건강한 모습은 인생의 가장 큰 선물이다. 무엇보다 이 책을 편찬할 수 있는 지혜와 용기를 주신 하나님께 감사한 마음을 올린다. 아울러 한국학진흥사업을 위해 애써 주시는 한국학진흥사업단과 심사위원분들께 감사드린다.

　이 책을 발간할 수 있게 도움을 주신 문숙희 선생님, 조규익 소장님께 감사드린다. 아울러 책의 내용을 꼼꼼히 읽어주고 책에 들어갈 그림에 대한 조언과 도움을 준 양지혜 선생께 고마움을 전한다. 이 책에 다양한 도검 관련 사진을 사용할 수 있도록 협조해 주신 경인미술관, 고려대학교박물관, 국립고궁박물관, 국립중앙박물관, 규장각한국학연구원, 육군박물관에게 고마움을 전한다. 이 책이 간행될 수 있도록 예쁘게 만들어주신 도서출판 학고방의 하운근 사장님과 조연순 실장님 그리고 문이라 선생님에게 고마운 마음을 전한다.

2018년 3월
한국학도서관 한국학정보화실에서
곽낙현

9

목 차

10

■ 표목차

■ 그림목차

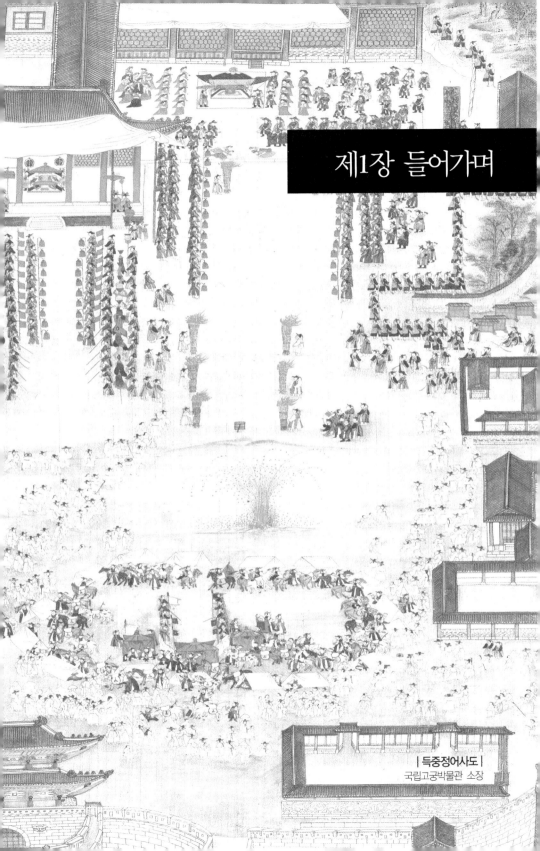

제1장 들어가며

| 득중정어사도 |
국립고궁박물관 소장

| 교전보 | 『무예도보통지』의 교전보

1. 연구의 목적

지금까지의 16세기 이후 한·중·일 도검무예 연구는『무예제보』,『무예제보번역속집』,『무예신보』,『무예도보통지』를 통해서 무예서의 증보와 무예의 증가 흐름만을 파악하였기에 도검무예를 일종의 발전사의 관점으로만 인식하는 한계가 있었다. 이러한 연구들은 조선후기 군영에서 군사들이 도검무예를 어떻게 훈련하고 습득했는지에 대한 실상을 파악하는 데에는 도움을 주지 못하였다. 따라서 조선후기 무예에 대한 종합적인 이해를 위해서는 미시적인 접근으로서의 대안적 연구가 요구된다. 그런 점에서 볼 때, 조선후기 무예는 한국 무예의 특성을 간직한 원형으로서 가치를 지니는 동시에 동아시아 무예를 이해하는 열쇠라는 의미를 가지고 있다.[1]

조선후기 도검무예는 임진왜란을 기점으로 수용된다. 이후 18세기 정조대에『무예도보통지』를 통해 한국·중국·일본의 동아시아 도검무예가 체계적으로 정비된다. 임진왜란 이후 쌍수도, 왜검(토유류, 운광류, 천류류, 유피류)같은 일본의 도검무예가 수용되고, 제독검, 쌍검, 월도, 협도, 등패 등 중국의 도검무예가 수용되었다. 이어 본국검, 예도(조선세법) 등 한국의 전통검법이 보완되면서 한국·중국·일본의 도검무예가 하나로 집대성되었고, 무기와 기법이 하나로 체계화되어『무예도보통지』로 정리되었다. 이 책에 실려 있는 삼국의 도검무예 기법을 비교 분석하여 동아시아 도검무예 교류사라는 측면에서『무예도보통지』를 재조명해 보고자 한다.

| 무예도보통지 |
서울대학교 규장각 소장

『무예도보통지』는 조선후기 군사무예의 표준교범서이다. 우리나라 전통무예는『무예도보통지』에 수록되어 있는 무예 24기를 바탕으로 내국인과 외국인들에게 한국문화를 알리는 소재로 활용되고 있다. 대표적인 전통무예 공연으로 수원 화성행궁 신풍루 (新豊樓) 무예 24기, 남산 팔각정과 남한산성행궁 한남루(漢南樓) 무예 18기 공연 등이 있다. 하지만 전통무예 단체들이 시행하는 도검무예기법은 서로 차이가 있다.

이는 『무예도보통지』에 수록되어 있는 한국·중국·일본의 도검무예 기법을 자의적으로 해석한 데서 비롯된 문제라고 생각한다. 이 문제를 해결하는 방법은 『무예도보통지』에 수록되어 있는 기법을 학술적으로 연구하여 전통무예단체들에게 좀 더 객관적인 시각에서 통일성을 담보할 수 있는 공통된 기법 재현의 기초토대를 마련해 주는 것이다.

조선후기 정조대 편찬된 『무예도보통지』는 우리나라 전통무예를 대표하는 표준 교범서이다. 도검무예는 『무예도보통지』에 수록되어 있는 무예의 한 분야이다. 16세기 이후 한·중·일 도검무예에 대한 연구는 역사학, 군사학, 체육학 분야에서 무기, 군제, 무예 기법으로 분리하여 개별적인 관점에서 연구되어 왔다. 그러므로 한·중·일 도검무예에 대한 전반적인 이해와 실제기법을 망라할 수 있는 학제 간 연구는 사실상 지금부터 시작이라고 할 수 있다.

임진왜란 이후 도검무예사는 동아시아 무예교류사 측면에서 『무예도보통지』를 빼놓고는 이야기할 수 없다. 동양 삼국의 무예를 종합한 『무예도보통지』에 수록되어 있는 무기는 도검, 창, 도수, 마상무예로 분류할 수 있다. 이 중에서 도검을 사용하여 무예기법을 펼치는 한·중·일 도검무예는 전체 24기 무예 중 12기의 무예가 해당되며 다른 무예에 비해 반 이상을 차지하고 있다. 그러나 실제적으로 도검무예에 대한 연구는 개별도검에 대한 기법연구만 진행되었고, 한·중·일 도검무예를 전체적으로 포괄한 연구는 아직까지 미진하였다.

이 연구는 연구자의 「조선후기 도검무예 연구」 박사학위 논문에서도 심도 있게 다루지 못한 『무예도보통지』의 한·중·일 도검무예의 실제 기법 비교와 분석을 담고 있다. 한국·중국·일본의 도검무예가 실제적으로 어떻게

차이가 나며 기법들이 가지고 있는 고유한 상징성과 의미 또한 찾아보고자
한다. 더불어『무예도보통지』에 수록된 145종의 한·중·일 인용문헌들도
분석하여 도검무예 기법에 어떠한 책들이 인용되었는지를 함께 검토하고자
한다. 이 연구는『무예도보통지』에 수록된 한국·중국·일본의 도검무예를
실증적인 관점에서 조명할 것이다. 아울러 조선후기 한·중·일 도검무예에
대한 전반적 이해 수준을 높이는데 일조할 수 있을 것이다.

2. 연구내용 및 방법

이 연구의 방향과 범위는 조선후기 정조대 편찬된『무예도보통지』로 한
정 하였다.『무예도보통지』에 실려 있는 무예 24기 중에서 보군(步軍)이 시
행한 쌍수도, 예도, 왜검, 왜검교전, 제독검, 본국검, 쌍검, 월도, 협도, 등패의
도검무예 10기 기법에 초점을 맞추었다. 도검무예에 주목하는 이유는 한
국·중국·일본의 도검무예 기법이『무예도보통지』에 포함되어 있어 동아
시아 무예교류사라는 측면에서 한국·중국·일본의 도검무예 기법의 특징
을 정확하게 파악할 수 있기 때문이다.

『무예도보통지』에 실려 있는 중국과 일본의 도검무예는 임진왜란을 기점
으로 우리나라에 도입되어 선조대『무예제보』6기, 광해군대『무예제보번역
속집』10기, 영조대『무예신보』18기, 정조대『무예도보통지』24기로 완성
되었다. 조선후기 200년 동안 도검무예는 단병무예서의 증보편찬에 따라 순
차적으로 증가되면서 정비되었다.

『무예도보통지』는 오늘날 우리나라 전통무예를 대표하는 무예서이다. 이
무예서는 한국·중국·일본의 도검무예를 체계적으로 종합하여 정리하였
다. 따라서 연구자는『무예도보통지』에 실려 있는 한국의 본국검, 예도 2기,
중국의 제독검, 쌍검, 월도, 협도, 등패 5기, 일본의 쌍수도, 왜검, 왜검교전
3기의 도검무예 기법에 주목하였다. 따라서 한국·중국·일본의 도검무예

기법 10가지 유형을 비교 분석하여 실제적으로 도검무예 기법이 어떻게 다르고 공통점은 무엇인지를 규명하고자 한다.

아울러 전통무예에 대한 올바른 인식을 갖기 위해서『무예도보통지』에 인용된 한국·중국·일본의 인용문헌을 정리하고 분석하는 일도 함께 진행하고자 한다.『무예도보통지』에 실려 있는 145종의 인용문헌을 중심으로 한국·중국·일본의 문헌이 어느 정도 인용되었으며, 어느 무예에 어떤 종류의 문헌이 얼마만큼 인용되었는지에 대해 살펴보고자 한다. 다만 보군(步軍)이 사용한 10가지 도검무예에 한정하여 연구가 진행되기 때문에 마군이 시행한 마상쌍검과 마상월도의 2가지 도검무예는 이 연구에서 다루지 않는 한계점이 있다. 이 연구를 진행하기 위한 연구과제의 연차별 저술 절차는 〈표 1〉과 같다.

〈표 1〉 연구의 연차별 저술 절차

* 1차년도『무예도보통지』도검무예 정비 · 한국의 도검무예 유형과 기법	
연구내용	①『무예도보통지』도검무예 구성과 내용
	②『무예도보통지』도검무예 인용문헌
	③ 도검무예의 '세(勢)'
	④ 한국의 도검무예 유형과 기법 : 본국검(本國劍), 예도(銳刀)
	⑤ 한국의 도검무예 기법 특징
* 2차년도『무예도보통지』중국 · 일본의 도검무예 유형과 기법	
연구내용	① 중국의 도검무예 유형과 기법 - 제독검(提督劍), 쌍검(雙劍), 월도(月刀), 협도(挾刀), 등패(藤牌)
	② 중국의 도검무예 기법 특징
	③ 일본의 도검무예 유형과 기법 - 쌍수도(雙手刀), 왜검(倭劍), 왜검교전(倭劍交戰)
	④ 일본의 도검무예 기법 특징
	⑤ 한 · 중 · 일 도검무예 교류와 기법 분석

위의 〈표 1〉에서 제시한 연구의 1차년도 저술 절차의 연구내용을 구체적으로 서술하면 다음과 같다. 우리나라 전통무예의 표준서인『무예도보통지』

에 실려 있는 도검무예 구성과 내용을 통하여 도검무예 정비와 한국의 도검무예인 본국검과 예도 유형과 기법을 구분하여 살펴보고, 도검무예 기법의 특징을 규명하였다.

첫째, 『무예도보통지』에 수록된 도검무예의 구성과 내용에 대하여 검토하였다. 『무예도보통지』 권2에 실려 있는 쌍수도, 예도, 왜검, 왜검교전, 권3에 실려 있는 제독검, 본국검, 쌍검, 마상쌍검, 월도, 마상월도, 협도, 등패의 12기가 실려 있다. 이 중에서 마군이 시행하는 마상쌍검과 마상월도를 제외하고 보군이 시행하는 도검무예 10기에 주목하였다.

둘째, 『무예도보통지』 도검무예 인용문헌에 대한 분석을 하였다. 우리나라 도검무예에 대한 올바른 인식을 갖기 위해서는 『무예도보통지』에 묘사된 자세와 기법 등의 실기뿐만 아니라 『무예도보통지』에서 인용한 한국·중국·일본의 인용문헌을 정리하고 분석하는 일도 중요하다. 따라서 연구자는 한국·중국·일본의 문헌이 어느 정도 인용되었으며, 어느 무예에 어떤 종류의 문헌이 얼마만큼 인용되었는지에 대해 살펴보았다.

셋째, 도검무예의 '세(勢)'를 검토하였다. 『무예도보통지』에 실려 있는 본국검(本國劍), 예도(銳刀), 제독검(提督劍), 쌍검(雙劍), 월도(月刀), 협도(挾刀), 등패(藤牌), 쌍수도(雙手刀), 왜검(倭劍), 왜검교전(倭劍交戰)의 10기를 도법무예와 검법무예로 구분하여 그 안에 담긴 공통적인 대표 자세들을 선정하여 살펴보았다.

넷째, 한국의 도검무예 중 하나인 본국검의 유형과 기법을 검토하였다. 본국검(本國劍)의 자세와 기법을 『무예도보통지』 권3에 수록되어 있는 내용을 중심으로 분석하였다. 이어 예도(銳刀)의 자세와 기법을 『무예도보통지』 권2에 실려 있는 내용을 중심으로 분석하였다.

다섯째, 한국의 도검무예로 대표되는 본국검(本國劍)과 예도(銳刀)의 유형과 기법을 분석하여 도검무예의 특징이 무엇인지를 규명하였다.

다음은 위의 〈표 1〉에서 제시한 2차년도의 저술 절차의 연구내용을 구체적으로 서술하면 다음과 같다. 『무예도보통지』에 수록되어 있는 중국과 일

본의 도검무예 유형과 기법을 알아보고, 중국, 일본의 도검무예 기법의 특징
을 찾아보았다. 이어 한국, 중국, 일본의 도검무예 기법을 자세와 공방기법
을 비교하여 검토하였다.

첫째, 중국의 도검무예 유형과 기법을 살펴보았다. 제독검(提督劍), 쌍검
(雙劍), 월도(月刀), 협도(挾刀), 등패(藤牌)의 자세와 기법을『무예도보통지』
권3에 수록되어 있는 내용을 중심으로 분석하였다.

둘째, 중국의 도검무예인 제독검(提督劍), 쌍검(雙劍), 월도(月刀), 협도(挾
刀), 등패(藤牌)의 유형과 기법을 검토하여 도검무예 기법의 특징이 무엇인
지를 규명하였다.

셋째, 일본의 도검무예 유형과 기법을 검토하였다. 쌍수도(雙手刀), 왜검
(倭劍)의 4가지 유파인 토유류(土由流), 운광류(運光流), 천유류(千柳流), 유피
류(柳彼流), 왜검교전(倭劍交戰)의 자세와 기법을『무예도보통지』권2에 수록
되어 있는 내용을 중심으로 분석하였다.

넷째, 일본의 도검무예인 쌍수도(雙手刀), 왜검(倭劍)의 4가지 유파인 토유
류(土由流), 운광류(運光流), 천유류(千柳流), 유피류(柳彼流), 왜검교전(倭劍
交戰)의 자세와 기법을 검토하여 도검무예 기법의 특징이 무엇인지를 규명
하였다.

다섯째, 한·중·일 도검무예 교류와 기법을 분석하였다. 먼저 한·중·일
도검무예 교류가 어떻게 이루어졌는지를『무예도보통지』에 실려 있는 도검
무예 10기를 중심으로 살펴보았다. 이어 한국의 본국검(本國劍), 예도(銳刀),
중국의 제독검(提督劍), 쌍검(雙劍), 월도(月刀), 협도(挾刀), 등패(藤牌), 일본
의 쌍수도(雙手刀), 왜검(倭劍)의 4가지 유파인 토유류(土由流), 운광류(運光
流), 천유류(千柳流), 유피류(柳彼流), 왜검교전(倭劍交戰)의 도검무예에 대한
공방기법을 비교하여 분석하였다.

3. 선행연구의 검토

우리나라의 전통무예는 조선 후기 정조대 편찬된『무예도보통지』를 기준으로 삼고 있다. 현재까지『무예도보통지』에 대한 어떠한 연구들이 진행되었는지를 상세하게 파악하여 현재까지의 연구동향에 대하여 바르게 인지하는 것이 중요하다. 이를 통해『무예도보통지』연구동향의 틈새를 파악하고 연구에 대한 올바른 방향을 제시해야 한다. 이를 위해서는 선행연구 검토가 필요하다.

먼저 조선시대 무예사에 대한 연구는 임진왜란을 기점으로 전기와 후기로 대별할 수 있다. 조선전기 무예사 연구는 군제사를 중심으로 군역, 군령권, 영토문제, 오위진법과 연관된 군제와 훈련, 무과제도, 무과시취 등 거시적인 안목에서 연구가 진행되었다.

조선후기 무예사 연구는 오위제에서 오군영체제로의 변화, 군사전술상의 절강병법, 단병전술, 장병전술, 기병전술, 도성을 방어하는 훈련도감, 금위영, 어영청, 수어청, 총융청 등의 중앙군, 지방군제의 영장제와 속오군,『병학지남』,『기효신서』,『연병실기』, 무경칠서 등의 병서,『무예제보』,『무예제보번역속집』,『무예신보』,『무예도보통지』의 단병무예서 연구, 단병무예, 장병무예, 도수무예의 형태와 실제기법, 본국검, 쌍수도, 제독검, 쌍검, 예도, 왜검 등의 자세, 보검, 인검, 운검, 별운검, 환도의 외형적 특성, 칠성검의 규격, 정조와 장용영의 친위군영, 화성의 도성방위체제, 무과방목, 무반가문 연구 등으로 주제가 구체화되고 역동적인 변화의 원인을 규명하는 내용으로 연구가 진행되었다.

위에서 언급한 전체적인 연구시각을 바탕으로 조선후기에 초점을 맞추어 선행연구들을 분석하면 다음과 같다. 조선후기 군사 분야는 중앙군제와 지방군제로 구분되어 연구되었다. 중앙군제와 관련해서는 조선후기 오군영 확립과정, 훈련도감, 그리고 수도방위체제, 도성수비와 삼수병제도와의 연관성을 추적하여 설명하는 방식의 연구가 이루어졌다.[2] 지방군제는 영장제와 속

오군 제도를 군제측면에서 규명하는 연구가 있었고[3], 군사전술과 단병무예
서 보급에 대한 연구가 진행되었다.[4] 이외에 조선후기 단병무예서의 모범이
되어 준『기효신서』에 대한 연구는 역사학, 군사학, 체육학, 건축학 분야에
서 다양한 각도로 연구가 진행되었다.[5]

　다음은 조선후기 군제와 병서에 관한 학술 연구 성과도 주목된다.[6] 연구
의 방향은 주로 조선시대 간행된 병서들을 체계적으로 정리하거나 군사적으
로 국방에 어떤 역할을 했는지를 규명하는데 맞추어져 있다. 이외에 군영등
록의 대표적인 연구는 장서각소장 자료의 군제사적 의미[7], 장서각 소장 군
영자료의 기초적 검토와『어영청중순등록』을 통한 무예 보급의 새로운 검
토[8] 등이 있다. 이는 장서각 소장 군영자료를 전체 목록 작성 및 서지조사를
통한 서지학적 연구를 하였고, 『어영청중순등록』을 활용하여 18세기 무예
보급에 있어서 어영청 군사들의 무예보급현황을 전체적으로 검토한 것이다.
이 연구는 새로운 자료를 활용하여 무예의 보급과 실상을 실제적으로 조명
했다는 점에서 주목된다.

　다음은 조선후기 단병무예서 연구이다. 『무예제보』에 대한 연구는 역사
학자들과 체육학자들에 의해 이루어졌다. 하지만『무예제보』자체를 다루기
보다는 편찬배경이나『무예도보통지』관련성을 추적하는 연구가 주류를 이
루고 있다.[9] 그렇기 때문에『무예제보』의 간행과정과 무예서 편찬의 특성과
의미 등의 연구[10]는 부족하다. 『무예제보번역속집』의 연구는 군사자료에 대
한 서지학적 접근과 병서언해 연구 그리고『무예제보』와『무예제보번역속집』
을 함께 다룬 연구가 있지만[11] 앞으로 무예서의 연구도 활발히 이루어져야
한다는 과제를 남기고 있다.

　『무예도보통지』는 무예서의 고전으로서 일찍부터 많은 연구자들에 의해
서 연구되어 왔지만, 이 책의 전체적인 규명은 2001년 진단학회의 주최로
열린 학술대회에서 국어학, 역사학, 미술사학, 체육학 학자들에 의해 비로소
이루어졌다.[12] 그리고『무예도보통지』의 편찬과정과 배경 등에 대해서도 연
구가 이루어졌다. 정조시대의 무예를 통한 장용영 창설, 『무예도보통지』의

편찬배경, 법전의 시취내용을 통해 전체적으로 조망한 연구[13], 체육사적인 시각에서 무예가 24기로 성립되는 편찬과정을 살피는 연구[14]가 주로 이루어졌다. 이외에『무예도보통지』편찬책임실무자인 이덕무라는 인물을 중심으로 무예서의 편찬과정과 무예관을 설명한 연구[15]도 있다.

이외에『무예도보통지』에 실려 있는 145종에 대한 인용 문헌에 대한 연구[16], 북한의『무예도보통지』에 대한 연구 동향[17], 우리나라의『무예도보통지』에 대한 연구 동향[18], 그리고 남북한『무예도보통지』의 성과와 과제를 다룬 연구도 있다.[19], 이어『무예도보통지』가 유네스코 세계기록유산으로 등재되기 위한 전략과 방안에 대한 연구[20]도 있다.

다음은『무예도보통지』에 나오는 도검무예를 중심으로 다룬 연구 성과들이다. 쌍수도, 예도, 왜검과 교전, 제독검, 본국검, 쌍검의 단병기의 기술과정을 중심으로 한 연구[21], 개별적인 도검무예와 관련해서는 쌍수도에 관한 기원과 형성과정을 중심으로 살펴본 연구[22], 본국검에 대한 연구[23], 왜검에 대한 연구[24], 예도에 관한 연구[25], 쌍검에 관한 연구[26], 등패 기법 분석[27], 월도 기법 연구[28], 그리고『무예도보통지』에 나오는 '세'를 중심으로 검토한 연구가 있다.[29] 이 연구들은 도검무예에 대한 동작기술 또는 자세, 그리고 연원에 관한 연구를 주로 하였다. 그러나 도검무예의 기법을 상호 비교하는 연구는 그 중요성에도 불구하고 미진한 형편이다.[30] 따라서 다양한 도검무예의 기법을 종합적으로 정리하기 위해서는 좀 더 활발한 도검무예에 대한 연구가 필요하다. 이를 보완하기 위하여『무예도보통지』에 실려 있는 도검무예 12기 중에서 마상도검무예 2기를 제외한 도검무예 10기를 전체적으로 조명한 연구가 있다.[31] 그러나 개별적인 자세만을 살펴봄으로써 전체적으로 한·중·일본의 검법이 어떻게 다르고 공통점이 있는지를 파악하지 못한 아쉬움이 있다. 그러므로 한·중·일 삼국의 도검무예 기법에 대한 분석 연구가 필요하다.

다음은 무예 교류사 관련 연구이다. 먼저 중국의『紀效新書』, 일본의『兵法秘傳書』, 한국의『武藝圖譜通志』의 '長兵短用說篇'의 동작기술을 한·중·일의 무예 교류사 측면에서 검토한 연구32)가 있다. 연구자는 중국, 일본, 한국의 대표적인 무서들을 선정하여 그 안에 담긴 내용들을 상세하게 검토하였다. 다음은 한·중 무술을 비교한 현지조사보고서인『무술, 중국을 보는 또 하나의 窓』의 연구가 있다.33) 연구자들은 중국의 무술의 어제와 오늘, 조직과 관리, 전승과 실태를 구체적으로 점검하여 한국무술의 현황과 발전방안 그리고 특성과 전망 등을 비교하여 제시한 특징이 있다. 다음은 한·중·일 도검무예를 살펴본 연구34)이다. 연구자는 조선후기 임진왜란을 기점으로 조선에 수용된 한국, 중국, 일본 삼국의 도검무예의 수용, 정비, 보급 과정의 실체를 규명하였다.

다음은『무예도보통지』의 대표적인 단행본으로는 김위현의『국역무예도보통지』35), 김광석의『무예도보통지 실기해제』36), 임동규의『실연·완역 무예도보통지』37), 국립민속박물관의『한국무예자료집성』38), 나영일의『조선 중기 무예서 연구』39) 그리고 박청정의『무예도보통지주해』40), 박금수의『조선의 武와 전쟁』41) 등을 꼽을 수 있다. 이외에 송일훈·김산·최형국 공저의『정조대왕 무예 신체관 연구』42), 임성묵의『본국검예』1·243), 이국노의『실전우리검도-銳刀·本國劍』이 있다.44)

다음은 외국인의 시각에서 도검무예를 순차적으로 연구한 사례도 있다. 일본인의 시각에서『무예도보통지』를 바라보고 있는데, 특히 도검기 연구에 치중하여, 일본 도검기가 조선에 수용되었다는 점을 강조하고 있다.45)『무예도보통지』영역 관련 연구로는 Sang H. Kim, 『Muye Dobo Tongji: Comprehensive Illustrated Manual of Martial Arts』46) 가 있다. 이 연구는 단순하게 1984년에 번역된『국역무예도보통지』를 직역하는 수준으로 되어 있다.47) 따라서 기존에 번역된『무예도보통지』의 오역을 바로잡고 다양한 무예용어를 확립할 필요가 있다. 이외에『무예도보통지』에 나오는 마상무예를 중심으로 기병전술에 초점을 맞춘 연구도 있다.48)

이처럼 도검무예에 대한 연구는 주로『무예도보통지』에 나오는 개별 도검무예 연구들로 진행되어 왔다. 하지만 도검무예의 기법들에 대한 동아시아 도검무예에 대한 종합적인 연구는 아직까지 부족하였다. 따라서 이를 구명하는 연구가 진행되어야 할 것이다.

이를 규명하기 위한 방안으로 『무예도보통지』에 실려 있는 한국·중국·일본의 검법이 어떻게 다르고 공통점이 있는지에 대한 도검기법에 대한 분석 연구를 통해 조선후기 도검무예사 연구에 대한 새로운 시각을 제공할 필요가 있다. 아울러 한·중·일 삼국의 도검무예 교류사에 기초 자료로 활용될 수 있다.

4. 기대효과 및 활용방안

첫째, 학제 간 연구를 통한 한·중·일 도검무예에 대한 올바른 이해를 도모할 수 있다. 임진왜란 이후 『무예도보통지』 도검무예 연구는 역사학과 군사학, 체육학 등에서 각각 연구가 진행되고는 있지만, 상호간의 교류를 통한 연구의 역량강화는 이뤄지지 않고 있는 실정이다. 그러므로 이 연구는 역사학의 이론과 체육학 분야의 실기가 하나로 융합되어 연구되는 모델을 제시할 수 있으며, 역사학, 군사학, 체육학 분야 등 오늘날 학제 간 연구의 학문적 기초 토대 작업이 될 것이다. 이를 통해 학문간 소통 차원에서 조선후기 『무예도보통지』에 대한 전반적인 배경과 한·중·일 도검무예에 대한 올바른 이해를 도모할 수 있다.

둘째, 한·중·일 도검무예 재현에 대한 올바른 역사 인식을 제공할 수 있다. 오늘날은 다양한 전통무예 단체들이 『무예도보통지』의 도검무예를 자의적으로 해석한 사료와 기법으로 일반 대중들에게 각기 다르게 재현하고 있다. 그러므로 이 연구를 통하여 한·중·일 도검무예를 재현하고 있는 전통무예 단체들에게 도검무예에 대한 올바른 기초 지식과 실증적 기법을 제공하여 하나로 통합하여 표준화 할 수 있는 단서와 올바른 역사 인식을 제시할 수 있다.

셋째, 무예 교재 및 프로그램 개발에 활용될 수 있다. 이 연구는 한·중·일 도검무예의 실제와 이론의 역사성을 재정립하여 현 정부차원에서 시행중인 〈전통무예진흥법〉의 정책 및 무예학계 교육 프로그램의 일환으로 시행중인 『무예 교재 개발』에 새로운 자료로 활용될 수 있다.

넷째, 한·중·일 도검무예 문화콘텐츠 자원으로 활용될 수 있다. 『무예도보통지』에 실려 있는 도검무예는 외국인과 내국인에게 우리나라의 전통무예를 알리는 좋은 소재이다. 실제로 24반무예경당협회, 전통무예십팔기보존회, 수원시립공연단산하 무예24기시범단, 한민족마상무예·격구협회 등 전통무예단체들이 도검무예를 재현하여 일반인들에게 시범을 보이고 있다.

또한 공연, 애니메이션, 캐릭터, 영화 등에서 다양하게 도검무예가 소재로 활용되고 있다. 따라서 한국·중국·일본의 도검무예에 대한 객관적 사료를 통한 도검기법 체계를 제공함으로써 일반 대중들에게 우리나라 전통문화와 나아가서 전통무예에 대한 올바른 인식과 함께 도검무예를 실용적인 측면으로 확대시킬 수 있다.

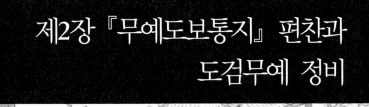

제2장 『무예도보통지』 편찬과
도검무예 정비

| 조선통신사행렬도
(朝鮮通信使行列圖) 中
마상재 |
국립중앙박물관 소장

| 한인희마도(韓人戲馬圖) | 국립중앙박물관 소장

1. 『무예도보통지』 도검무예 구성과 내용

『무예도보통지』는 1790년(정조 14)에 편찬되었다. 한문본 4권 4책, 언해본 1권 1책으로 총 5권 5책으로 구성되어 있다. 이 무예서에는 화기를 제외한 다양한 단병무예 24기의 무예가 실려 있다. 권1에는 장창, 죽장창, 기창(旗槍), 당파, 기창(騎槍), 낭선 등 6기, 권2에는 쌍수도, 예도, 왜검, 교전 등 4기, 권3에는 제독검, 본국검, 쌍검, 마상쌍검, 월도, 마상월도, 협도, 등패 등 8기, 권4에는 권법, 곤방, 편곤, 마상편곤, 격구, 마상재의 6기를 각각 싣고 있다.

『무예도보통지』의 무예의 구성을 살펴보면 이 무예서가 단순히 기존의 『무예신보』 18기에다 별도로 마상무예 6기를 덧붙여서 만들어진 것은 아니라는 점을 알 수 있다. 마상무예 6기는 권1의 기창(騎槍) 1기, 권3의 마상쌍검, 마상월도 2기, 권4의 마상편곤, 격구, 마상재 등 3기로 각각 구분하여 싣고 있으며 기창은 창류에, 마상쌍검, 마상월도는 도검류에 각각 포함시켜서 구분한 것이다. 이는 『무예신보』가 만들어진 후 별도의 권에 마상무예 6기를 독립적으로 구분하여 『무예도보통지』로 만든 것이 아니라는 것을 의미한다.

『무예도보통지』를 『기효신서』, 『무비지』와 함께 비교해 볼 때, 『무예제보』는 『기효신서』와 『무비지』의 단병기의 내용과 비슷하지만 『무예도보통지』는 그보다 훨씬 많은 유형의 무예를 담고 있다.[49] 『무예도보통지』 범례에 따르면, 『무예도보통지』는 기본적으로 창, 도, 권의 기예로 나누고, 왜검에서 나온 교전과 마상무예를 별도로 구분하는 방식을 쓰고 있음을 알 수 있다. 이러한 분류방식은 중국이나 일본의 무예분류방식과 다른 독특한 것이다.

『무예도보통지』를 편찬한 이덕무, 박제가, 백동수는 『무예도보통지』 무예를 특성별로 나누어 책을 엮은 것은 나름대로 원칙과 의미가 있었다. 권1은 창류 6기를, 권2와 권3은 도검류로서 12기의 도검무예를 다루고 있는데, 쌍수도, 예도, 왜검, 그리고 왜검교전은 오래토록 연구되고 많이 시행했던 도검무예로서 그 분량이 많아 독립된 내용으로 만들어 권2에 배치했다. 권3

은 제독검, 본국검, 쌍검, 마상쌍검, 월도, 마상월도, 협도, 등패의 8기를 실었
다. 그리고 권4는 권법과 기타 무예 6기로 구분하였다.

『무예도보통지』의 내용을 자세히 살펴보면 다음과 같이 설명할 수 있다.
『무예도보통지』는 장령(將領), 졸오(卒伍)할 것 없이 모든 사람이 쉽게 익힐
수 있도록 실용성을 강조하면서 만든 책이다. 이것은 이 책의 편찬자들인 이
덕무와 박제가가 병기총서(兵技總敍)에서 『무예도보통지』를 찬술한 뜻으로

> "이미 만세 태평한 시대를 맞이하여 앞으로도 계속 태평성대를 이루려는 정조
> 의 뜻에 부합하기 위함이었다.[50]"

라고 한 것에서 알 수 있다. 『무예도보통지』를 비롯하여 『무예제보』, 『무
예제보번역속집』 그리고 『기효신서』 역시 일본을 염두에 두고 그에 대한 대
비책으로서 무예를 최우선으로 생각하여 만들어졌다. 특히 근접전에 강한
왜검과의 전투에서 이길 수 있는 방책을 우선시 하였다는 점이다. 이는 왜검
과 왜검교전의 분량이 보(譜)와 도(圖) 모두 다른 것보다 월등히 많은데서
알 수 있다.[51]

『무예도보통지』에 실려 있는 도검류에 대한 내용이다. 권2와 권3에는 등
패를 포함하여 도검류 12기가 소개되어 있다. 권2에는 일본의 쌍수도, 한국
의 예도, 일본의 왜검, 왜검교전 4기, 권3에는 중국의 제독검, 한국의 본국검,
중국의 쌍검, 마상쌍검, 월도, 마상월도, 협도, 등패 등 8기가 나온다. 일반적
으로 도(刀)는 한날 칼, 검(劍)은 양날 칼을 말한다. 일반적으로 도가 베는
것을 위주로 한다면, 검은 도에 비해 상대적으로 찌르기 위주라고 볼 수 있
다. 왜구들이 쓰는 검은 찌르기보다는 베기 위주였다. 왜검보(倭劍譜)는 한
날 칼인 예도로 그려져 있다. 후세에는 도와 검이 혼용되어 쓰이고 있음을
알 수 있다. 등패의 경우, 등패를 사용하여 수비하고 칼을 사용하여 공격을
하는 내용을 함께 다루고 있다.[52] 쌍수도, 예도, 왜검, 왜검교전, 쌍검, 제독
검, 본국검, 마상쌍검, 등패는 모두 요도(腰刀)를 쓰고 있다.

요도는 일반적으로 패용을 편리하게 하기 위해 칼집과 고리가 있는 칼로
서 우리나라에서는 주로 환도(環刀)를 말한다. 쌍수도의 연습에서도 요도로
대신하였다. 월도란 달이 누운 것과 같은 모양을 한 언월도를 말하는 것으로
눈썹이 뾰족한 것과 같다고 하여 미첨도(眉尖刀)라고도 하였다. 협도는 중국
에서는 미첨도라고도 하고, 일본에서는 장도(長刀)와 무치도(無薙道)라고도
하였다.

특히 『무예도보통지』 도검무예의 편찬방식은 도식(圖式), 인용문헌, 개별
보(譜), 총보(總譜), 총도(總圖)의 다섯 가지 순서로 되어 있다. 먼저 도식을
통해 금식(今式, 한국), 화식(華式, 중국), 왜식(倭式, 일본)의 나라별 도검 형
태를 소개하고, 이어 인용문헌을 통해 도검무예의 전거를 설명하고 있다. 다
음은 도검무예에 대한 실기에 대한 내용으로 보에서는 대표적인 개별 동작
자세와 함께 그림을 실어 설명하고, 총보에서는 전체 동작에 대한 자세명을
순서에 따라 나열하여 암기하게 하였다. 마지막으로 총도에서는 보와 총보
의 내용을 종합적으로 이해할 수 있게 전체동작 자세와 방향 그리고 순서를
그림을 통해 알려주고 있다.

이처럼 『무예도보통지』의 도검무예는 편찬책임자인 이덕무가 백동수, 박
제가와 함께 단순히 책상머리에서 『무예도보통지』를 쓴 것이 아니라 직접
몸으로 무예를 익히고 고증하였음을 밝히고 있는 것이다. 이는 명물도수의
실용성에 초점을 맞추고 군사들이 쉽게 이해하고 훈련할 수 있도록 도검무
예에 대한 표준매뉴얼을 제작하고자 했음을 보여주는 것이다.53)

2. 『무예도보통지』 도검무예 인용문헌

『무예도보통지』에는 145종의 인용문헌이 실려 있다. 이 중에서 도검무예
에 해당하는 쌍수도, 예도, 왜검, 제독검, 본국검, 쌍검, 월도, 협도, 등패 등
9가지 도검무예이다. 단, 왜검교전은 도검무예에 대한 인용문헌이 없는 관계

로 여기서는 제외하였다. 이에 대한 인용문헌을 검토하면 〈표 2〉에 자세하다.

〈표 2〉『무예도보통지』 도검무예

유형	순번	무예명	대문문헌	소주문헌	인물문헌	총계
도검무예	1	쌍수도	4	0	2	6
	2	예도	13	4	2	19
	3	왜검	8	2	3	13
	4	제독검	1	1	0	2
	5	본국검	2	0	1	3
	6	쌍검	9	3	0	12
	7	월도	3	2	1	6
	8	협도	3	2	1	6
	9	등패	17	3	3	23
총 계			60	17	13	90

위의 〈표 8〉의 아홉 가지 종류의 도검무예에 인용된 문헌의 총계는 90개이다. 유형을 대문과 소주 그리고 인물의 세 가지로 구분하여 살펴보면 다음과 같다. 대문문헌 60개, 소주문헌 17개, 인물문헌 13개 등이다. 개별 도검무예에 대한 인용문헌을 검토하면, 등패가 대문문헌 17개, 소주문헌 3개, 인물문헌 3개 등 23개로 다른 도검무예에 비해 많은 인용문헌이 나왔다. 다음은 10개 이상의 인용문헌이 보이는 도검무예는 예도 총19개, 왜검 총13개, 쌍검 총12개의 순으로 나타났다. 10개 이하의 인용문헌이 보이는 도검무예는 쌍수도, 월도, 협도가 동일하게 총 6개로 나타났으며, 본국검이 총3개, 제독검이 총2개 순으로 드러났다.

도검무예에 대한 인용문헌을 개별 도검무예별로 상세하게 살펴보면 다음과 같다. 쌍수도는 총 6개의 인용문헌이다. 대문문헌은 4개로,『중화고금주』1개,『한서』1개,『후한서』〈풍이전〉 1개,『도검록』1개 등이다. 인물문헌은 2개로 척계광의『기효신서』1개, 모원의의『무비지』1개 등이다.

예도는 총 19개의 인용문헌이다. 대문문헌은 13개로『무비지』1개,『청이록』1개, 『무예신보』1개, 『사물기원』1개, 『관자』1개, 『석명』1개, 『주례정의』1개, 『방언』1개, 『몽계필담』1개, 『본초강목』1개, 『무편』1개, 『왜한삼재도회』1개, 『본초』1개 등이다. 소주문헌은 4개로 『무비지』1개, 『등절보』1개, 『육일거사집』1개, 『열자』1개 등이다. 인물문헌은 2개로 척계광의 『기효신서』1개와 모원의의 『무비지』1개 등이다. 예도의 인용문헌에서 『무비지』가 세 가지 분류에 다 포함되어 있어 가장 중요한 역할을 했다는 것을 알 수 있다.

왜검은 총 13개의 인용문헌이다. 대문문헌은 8개로 『예기』〈월령〉1개, 『왜지』1개, 『왜한삼재도회』1개, 『무비지』1개, 『고공기』1개, 『자휘』1개, 『사기』1개, 『광박물지』1개 등이다. 소주문헌은 2개로 『사기』〈효무기〉1개, 『본초강목』1개 등이다. 인물문헌은 3개로 모원의의 『무비지』1개, 양신의 『단연총록』1개, 양안상순의 『왜한삼재도회』1개 등이다.

왜검에서 부각되는 인용문헌은 『왜한삼재도회』, 『사기』, 『무비지』이다. 이들 문헌은 두 가지 이상 분류에서 반복해서 나오고 있다. 제독검은 총 2개의 인용문헌이다. 대문문헌은 1개로 『징비록』이다. 소주문헌은 『역림』1개이다. 본국검은 총 3개의 인용문헌이다. 대문문헌은 2개로 『동국여지승람』1개, 『무비지』1개 등이다. 인물문헌은 1개로 모원의의 『무비지』이다.

쌍검은 총 12개의 인용문헌이다. 대문문헌은 9개로 『예기도식』1개, 『무편』2개, 『원사』〈왕영전〉1개, 『병략찬문』1개, 『가어』1개, 『사기』1개, 『춘추번로』1개, 『열사전』1개 등이다. 소주문헌은 3개로 『방언』1개, 『정자통』1개, 『예기』1개 등이다. 쌍검에서 주목되는 인용문헌은 2회 반복해서 나온 『무편』이다.

월도는 총 6개의 인용문헌이다. 대문문헌은 3개로 『예기도식』1개, 『무비지』1개, 『병장기』1개 등이다. 소주문헌은 2개로 『위략』1개, 『병장기』1개 등이다. 인물문헌은 1개로 모원의의 『무비지』이다. 월도에서 주목되는 인용문헌은 『무비지』와 『병장기』이다.

협도는 총 6개의 인용문헌이다, 대문문헌은 3개로 『왜한삼재도회』1개,

『삼재도회』1개, 『화명초』1개 등이다. 소주문헌은 2개로 『무예신보』1개, 『일본기』1개 등이다. 인물문헌은 1개로 모원의의 『무비지』이다. 월도와 협도에서 주목되는 인용문헌은 『무비지』이다.

등패는 총 23개의 인용문헌이다. 대문문헌은 17개로 『병장기』2개, 『천공개물』1개, 『구곡자록』1개, 『습유기』1개, 『사기』1개, 『우서』1개, 『시집전』〈소융〉1개, 『육도』1개, 『좌전』1개, 『주례』〈하관〉1개, 『용어하도』1개, 『무경총요』1개, 『도설』1개, 『송사』〈곽자전〉1개, 『옥해』1개, 『무편』1개 등이다. 소주문헌은 3개로 『본초습유』1개, 『제민요술』1개, 『석명』1개 등이다. 인물문헌은 3개로 척계광의 『기효신서』2개, 모원의의 『무비지』1개 등이다. 등패에서 주목되는 인용문헌은 『병장기』, 『기효신서』이다.

이상과 같이 『무예도보통지』에 실려 있는 도검무예에 대한 인용문헌을 검토하였다. 이를 통해 이덕무, 백동수, 박제가 등이 청대에 수용된'명물도수학'의 관점에서 방대한 중국문헌과 한국문헌 그리고 일본문헌을 총 망라하여 동아시아 무예 기록을 교류사의 관점에서 인용함으로써 군사들이 실제로 한국·중국·일본의 도검무예를 이해하고 활용할 수 있도록 실용주의의 차원에서 『무예도보통지』를 종합적인 안목에서 정리하였다고 볼 수 있다.

3. 도검무예의 '세'

1) 도법무예의 '세'

『무예도보통지』에 수록된 도검무예 10기의 명칭과 속칭을 살펴보면, 일반적으로 속칭 없이 사용된 도검무예로 왜검(倭劍), 왜검교전(倭劍交戰), 쌍검(雙劍), 월도(月刀), 협도(挾刀)[54], 등패의 6기가 있다. 이와 반대로 여러 개의 용어가 함께 쓰인 도검무예도 있었다. 그 예로 쌍수도(雙手刀)는 장도(長刀), 용검(用劍), 평검(平劍)으로 쓰이기도 했고, 예도(銳刀)는 단도(短刀), 제독검(提督劍)은 요도(腰刀), 본국검(本國劍)은 신검(新劍) 등으로 쓰였다. 조선후기 도검의 용어개념은 도와 검의 명확한 구분 없이 혼용하여 쓰였던 것으로 보인다. 이는 오늘날과 같이 도검의 용어를 형태적으로 구분하여 쓰기보다는 당시의 '칼'이라는 보편적인 하나의 용어로서 사용했기 때문이라고 생각된다.

『무예도보통지』에 수록된 도검류는 쌍수도(雙手刀), 예도(銳刀), 왜검(倭劍), 왜검교전(倭劍交戰), 제독검(提督劍), 본국검(本國劍), 쌍검(雙劍), 마상쌍검(馬上雙劍), 월도(月刀), 마상월도(馬上月刀), 협도(挾刀), 등패(藤牌) 등 12기이다. 이 기예들 중에서 필자가 도의 유형으로 선정한 것은 쌍수도, 예도, 월도, 협도, 등패의 다섯 가지 유형이다. 다섯 가지 유형을 선정한 이유는 '도(刀)'라는 형태적인 요소가 가장 크게 작용하였다. 단, 등패는 요도가 함께 사용되기에 요도를 기준으로 도로 구분하였다는 점을 밝힌다. 다만 요도는 쌍수도와 예도와 함께 소도류(小刀類), 월도와 협도는 대도류(大刀類)로 분류할 수 있는 차이점이 있다.

하지만 여기서는 검과 대칭되는 종류로써 도를 하나로 보았다. 『무예도보통지』에 나오는 '세'의 용어는 일반적으로 세력이 강하다든가 혹은 위세가 등등하다 등의 용례에서 보이는 것처럼 외적으로 드러나는 형세나 모양, 혹은 힘이나 영향력 등을 가리키는 말이다. 하지만 이것을 무예에 적용하면 의미의 변화가 생긴다. 즉 일반적으로 '세'는 '자세'라는 의미로 이해되고 있지만 특정한 세를 통해서 나오는 힘, 그리고 변화라는 의미도 함께 포함하고 있다.55)

쌍수도, 월도, 협도, 등패가 명나라의 기예를 대표하는 것이라면, 예도는 조선의 기예를 대표하는 것이라고 할 수 있다. 쌍수도(장도)는 조선후기 최초의 무예서인 『무예제보』에 수록된 6기 무예 중 유일하게 실린 도검무예이다.56) 이외에 예도, 월도, 협도, 등패는 『무예신보』에 수록된 도검무예이다. 특히 예도는 중국의 모원의가 편찬한 『무비지』에 수록되어 있는데, '조선에서 건너온 검법이다'라고 하여 일명 '조선세법'이라고 지칭하였다.

월도는 대표적으로 관우가 사용한 청룡언월도를 떠올리면 이해하기 쉽다.

이 무예는 전투에서 사용하는 실전용보다는 훈련에서 군사들에게 웅장함을 시각적으로 드러내는 훈련용이다. 협도 또한 월도와 동일하게 군사들을 훈련시키는 훈련용 도검무예라고 볼 수 있다.

등패는 방패와 요도를 동시에 사용하여 공격과 방어가 자유로운 실전용 도법무예라고 할 수 있다. 실제로 조선군대의 원앙진의 구성을 살펴보면, 등패 2명, 낭선 2명, 장창 4명, 당파 2명, 화병 1명, 대장 1명 등 총 12명의 배치 가운데 유일하게 도검무예로 배치되는 것이 등패이다. 이를 통해 등패는 실전용임을 알 수 있다.

『무예도보통지』에 실려 있는 도검무예는 보, 총보, 총도의 3단계절차로 나누어 군사들을 실용적이면서 단계적으로 훈련시켰다. 먼저 보는 개별 도검무예에 대표되는 세들을 엄선하여 내용을 설명하고 그 아래에 군사들을 2인 1조로 하여 2가지 세의 그림을 그려서 시각적으로 파악하게 하였다.

다음으로 총보에서는 전체적인 '세'에 대한 명칭과 몸이 움직이는 방향에 대한 선을 그려놓음으로써 전후좌우의 선을 따라 세의 명칭을 전체적으로 암기하면서 방향을 숙지하도록 하였다. 마지막으로 총도에서는 보의 대표적인 개별 세와 총보의 전체적인 '세'의 명칭과 방향을 암기함으로써 전체적인 윤곽이 머릿속에 있는 상태에서 도검무예에 대한 전체적인 내용을 그림으로 표현하여 시각적이고 역동적인 세를 처음부터 끝까지 연결하여 설명하였다. 이러한 방식은 군사들이 총도만 보더라도 어떻게 해야 하는지를 한 눈에 알 수 있도록 배려한 것이다.

여기서는 쌍수도, 예도, 월도, 협도, 등패의 다섯 가지 유형 이하 도법 5기를 중심으로 '세'를 살펴보고자 한다. 쌍수도는 보 15세, 총도 38세, 예도는 보 28세, 총도 39세, 월도는 보 18세, 총도 33세, 협도는 보 18세, 총도 37세, 등패는 보 8세, 총도 20세이다.

위에서 언급한 보는 각 도법무예의 대표적인 개별 세를 의미하고, 총도는 개별 세를 하나로 연결하여 시작부터 종료까지 세 전체가 어떠한 흐름 속에서 이루어지는지를 시각적으로 보여주는 것이다. 그러므로 도법 5기의 세는

보와 총도를 함께 비교하면서 살펴보는 것이 좋다. 도 5기의 총 세는 보 87
세, 총도 167세로 구성되어 있다.

먼저, 개별 도법무예의 명칭과 세로 구분하여 일차적으로 개별 도법무예
의 대표적인 개별 세를 파악하고, 다음으로는 다른 도법무예에 중복되는 세
는 어느 정도 되는 지를 파악하고자 한다. 도법 5기인 쌍수도, 예도, 월도,
협도, 등패의 명칭에 따라 대표적인 세를 분석해서 정리하면 다음의 〈표 3〉
과 같다.

〈표 3〉 도법무예 '세'

순번	쌍수도 (雙手刀)	예도(銳刀)	월도(月刀)	협도(挾刀)	등패(藤牌)
1	見賊出劍 견적출검	擧鼎거정	龍躍在淵 용약재연	龍躍在淵 용약재연	起手勢 기수세
2	持劍對賊 지검대적	點劍점검	新月上天 신월상천	中平一刺 중평일자	躍步勢 약보세
3	向左防賊 향좌방적	左翼좌익	猛虎張爪 맹호장조	烏龍擺尾 오룡파미	低平勢 저평세
4	向右防賊 향우방적	豹頭표두	鷙鳥斂翼 지조염익	五化纏身 오화전신	金鷄畔頭勢 금계반두세
5	向上防賊 향상방적	坦腹탄복	金龍纏身 금룡전신	龍光射牛斗 용광사우두	滾牌勢 곤패세
6	向前擊賊 향전격적	跨右과우	五關斬將 오관참장	右半月 우반월	埋伏勢 매복세
7	初退防賊 초퇴방적	撩掠요략	右一擊 우일격	蒼龍歸洞 창룡귀동	仙人指路勢 선인지로세
8	進前殺賊 진전살적	御車어거	向前擊賊 향전격적	丹鳳展翅 단봉전시	斜行勢 사행세
9	持劍進坐 지검진좌	展旗전기	龍光射牛斗 용광사우두	五化纏身 오화전신	
10	拭劍伺賊 식검사적	看守간수	向後一擊 향후일격	中平一刺 중평일자	
11	閃劍退坐 섬검퇴좌	銀蟒은망	蒼龍歸洞 창룡귀동	龍光射牛斗 용광사우두	
12	揮劍向賊 휘검향적	鑽擊찬격	月夜斬蟬 월야참선	左半月 좌반월	

순번	쌍수도 (雙手刀)	예도(銳刀)	월도(月刀)	협도(挾刀)	등패(藤牌)
13	再退防賊 재퇴방적	腰擊요격	奔霆走空翻身 분정주공번신	銀龍出海 은룡출해	
14	三退防賊 삼퇴방적	殿翅전시	介馬斬良 개마참량	烏雲罩頂 오운조정	
15	藏劍賈勇 장검고용	右翼우익	劍按膝上 검안슬상	左一擊 좌일격	
16		揭擊게격	長蛟出海 장교출해	右一擊 우일격	
17		左夾좌협	藏劍收光 장검수광	前一擊 전일격	
18		跨左과좌	堅劍賈勇	堅劍賈勇	
			수검고용	수검고용	
19		掀擊흔격			
20		逆鱗역린			
21		斂翅염시			
22		右夾우협			
23		鳳頭봉두			
24		橫沖횡충			
25		太阿倒他 태아도타			
26		呂仙斬蛇 여선참사			
27		羊角弔天 양각조천			
28		金剛步雲 금강보운			
총계	15	28	18	18	8

(표 출처 : 『무예도보통지영인본』, 권2, 권3, 경문사, 1981)

그림순서	자세명	무예도보통지	도검무예	기법
1-1	용약재연세 (龍躍在淵勢)		월도(月刀) 협도(挾刀)	공격
1-2	용광사우두세 (龍光射牛斗勢)		월도(月刀) 협도(挾刀)	방어
1-3	창룡귀동세 (蒼龍歸洞勢)		월도(月刀) 협도(挾刀)	공격
1-4	수검고용세 (竪劍賈勇勢)		월도(月刀) 협도(挾刀)	방어
1-5	오관참장세 (五關斬將勢)		월도(月刀)	공격

그림순서	자세명	무예도보통지	도검무예	기법
1-6	중평일자세 (中平一刺勢)		협도(挾刀)	공격
1-7	오화전신세 (五化纏身勢)		협도(挾刀)	방어

위의 〈표 3〉은 쌍수도, 예도, 월도, 협도, 등패의 대표적인 세를 분석하고 정리한 내용이다. 도법무예의 대표 세를 살펴보면, 쌍수도와 예도는 중복되는 세가 없었다. 월도와 협도에서만 용약재연세(龍躍在淵勢), 용광사우두세(龍光射牛斗勢), 창룡귀동세(蒼龍歸洞勢), 수검고용세(堅劍賈勇勢) 등 4세가 동일하게 나타난다. 이외에 개별 도검무예에서 중복되는 세는 월도의 오관참장세(五關斬將勢)와 협도의 중평일자세(中平一刺勢)와 오화전신세(五化纏身勢) 등이 있었다. 이에 대한 대표적인 세는 다음과 같다.

위의 〈표 3〉은 쌍수도, 예도, 월도, 협도, 등패의 다섯 가지 도법무예로 구성되어 있다. 이 중에서 대표적인 세로 용약재연세(龍躍在淵勢), 용광사우두세(龍光射牛斗勢), 창룡귀동세(蒼龍歸洞勢), 수검고용세(堅劍賈勇勢), 오관참장세(五關斬將勢), 중평일자세(中平一刺勢), 오화전신세(五化纏身勢)의 7개이다. 각 세에 대한 세부적인 설명을 하면 다음과 같다

용약재연세(龍躍在淵勢)는 월도와 협도에 공통으로 보이는 '세'로서 한 손으로 병장기를 세워 잡고, 다른 손으로 앞을 한 번 치는 동작이다. 특히 협도에서는 한번 뛰어서 앞을 치도록 하는 동작이 강조되고 있다. 또한 이 '세'는 월도의 특징인 위엄과 용맹함을 잘 표현해 주는 동작이라고 볼 수 있다.

이 자세의 발 동작은 왼발과 오른발이 나란하게 서 있는 모양이다. 손의 동작은 한손으로 도의 손잡이를 잡고 있는 단수 형태이며, 눈의 시선은 정면 방향을 응시하고 있다. 도검의 위치는 오른손이 어깨 높이에서 도의 손잡이를 잡고 왼손은 왼쪽 허리에 끼고 있는 모습이다. 전체적인 동작의 도검기법은 한번 뛰어 왼 주먹으로 앞을 치는 공격 자세이다.

용광사우두세(龍光射牛斗勢)는 용이 내뿜는 빛이 하늘에 있는 견우성(牽牛星)과 북두성(北斗星)을 비춘다는 뜻으로, 월도와 협도의 크고 긴 칼날의 힘찬 움직임을 나타내는 동작이다.

이 자세의 발 동작은 오른 발이 무릎 높이로 들어 앞에 있고 왼발이 뒤에서 밀어주는 모양이다. 손의 동작은 양손으로 도의 손잡이를 잡고 있는 쌍수 형태이며, 눈의 시선은 정면 위의 방향을 응시하고 있다. 도검의 위치는 양손이 도의 손잡이를 잡고 오른쪽 허리에서부터 위쪽을 향하고 쭉 뻗고 있는 모습이다. 전체적인 동작의 도검기법은 왼쪽으로 끌어 물러나는 방어 자세이다. 창룡귀동세(蒼龍歸洞勢)는 푸른 용이 돌아가는 모습으로 뒤를 향해 한번 치는 동작이다. 발의 동작은 오른발이 무릎 높이로 들어 앞에 있고 왼발이 뒤에서 밀어주는 모양이다. 손의 동작은 양손으로 도의 손잡이를 잡고 있는 쌍수 형태이며, 눈의 시선은 정면 방향을 응시하고 있다. 도검의 위치는 양손이 도의 손잡이를 잡고 오른쪽 허리에서부터 위쪽을 향하고 있는 모습이다. 전체적인 동작의 도검기법은 뒤를 향해 한번 치고 몸을 돌려 앞을 향하는 공격 자세이다.

수검고용세(堅劍賈勇勢)는 마치는 동작이다. 발의 동작은 왼발이 무릎을 굽혀 앞에 있고 오른발이 뒤에서 밀어주는 모양이다. 손의 동작은 양손으로 도의 손잡이를 잡고 있는 쌍수 형태이며, 눈의 시선은 왼쪽 방향을 응시하고 있다. 도검의 위치는 도를 수직으로 세워 놓고 왼손이 밑에 오른손이 위를 잡고 있는 모습이다. 전체적인 동작의 도검기법은 상대방을 주시하는 방어 자세이다.

오관참장세(五關斬將勢)는 좌우로 돌면서 크게 내려치는 동작이다. 발의

동작은 오른발이 무릎 높이로 들어 앞에 있고 왼발이 뒤에서 밀어주는 모양
이다. 손의 동작은 양손으로 도의 손잡이를 잡고 있는 쌍수 형태이며, 눈의
시선은 정면 위의 방향을 응시하고 있다. 도검의 위치는 양손이 도의 손잡이
를 잡고 오른쪽 허리 바깥쪽에서 위쪽으로 향하고 있는 모습이다. 전체적인
동작의 도검기법은 공격 자세이다.

　중평일자세(中平一刺勢)는 칼을 가슴과 허리 사이의 높이의 중간 위치에
서 수평으로 잡고 찌르는 준비 동작이다. 발의 동작은 오른발이 무릎 높이로
들어 앞에 있고 왼발이 뒤에서 밀어주는 모양이다. 손의 동작은 양손으로
도의 손잡이를 잡고 있는 쌍수 형태이며, 눈의 시선은 정면 위의 방향을 응
시하고 있다. 도검의 위치는 왼손은 왼쪽허리 앞에서 손잡이를 잡고 오른손
은 오른팔을 뻗어 손잡이를 잡아 앞으로 쭉 뻗고 있는 모습이다. 전체적인
동작의 도검기법은 오른손과 오른발로 한 번 찌르는 공격 동작이다.

　오화전신세(五化纏身勢)는 다섯 개의 꽃이 몸을 감싼다는 의미를 표현하
는 동작이다. 즉 현란한 움직임으로 몸을 방어할 수 있도록 하는 자세로 칼
을 지고 양손으로 몸을 위에서 아래로 크게 휘둘러 치는 동작이다.

　발의 동작은 왼발이 앞에 있고 오른발이 뒤에서 밀어주는 모양이다. 손의
동작은 손의 동작은 양손으로 도의 손잡이를 잡고 있는 쌍수 형태이며, 눈의
시선은 오른쪽 위의 방향을 응시하고 있다. 도검의 위치는 양손이 도의 손잡
이를 잡고 뒤쪽에서 앞쪽으로 쭉 뻗고 있는 모습이다. 전체적인 동작의 도검
기법은 오른손과 오른 다리로 방어하는 자세이다.

　다음은 도법무예에 대한 전체적인 '세'의 흐름을 살펴보고자 한다. 쌍수도
는 왜구의 침략을 계기로 일본에서 중국으로 전해진 뒤 중국화 된 도법무예
이다. 본래 이름인 장도(長刀)에서 알 수 있듯이 칼날의 길이가 커서 두 손으
로 잡고 사용하는 도검무예이다. 견적출검세(見賊出劍勢), 지검대적세(持劍
對賊勢), 향좌(向左), 향우세(向右勢), 향상방적세(向上防敵勢), 향전살적세(向
前殺賊勢), 초퇴(初退), 재퇴(再退), 삼퇴방적세(三退防敵勢), 진전살적세(進前
殺賊勢), 지검진좌세(持劍進坐勢), 식검사적세(拭劍伺賊勢), 섬검퇴좌세(閃劍

退坐勢), 휘검향적세(揮劍向賊勢), 장검고용세(藏劍賈用勢)는 실제 동작이 공격과 방어를 용이하게 할 수 있는 중국식 검의 전형적인 모습을 보이고 있다.

예도(銳刀)의 세는 본문에서 그림과 함께 28세로 설명하고 있다. 이 세들을 토대로 각 세를 반복하고 전체적으로 설명한 총도에는 총 39세가 나오게 된다. 본문에서 설명되는 세는 『무비지』의 조선세법에서 설명된 24세와 태아도타세(太阿倒拖), 여선참사(呂仙斬蛇), 양각조천(羊角弔天), 금강보운(金剛步雲)의 4개의 세가 『무예도보통지』에서 증보되어 총 28세가 되었다. 그러나 총보에서 사용되는 세에는 『무비지』의 '조선세법' 12세를 포함한 본문의 16세와 예도 본문의 세를 설명하고 있다. 총보에는 『무비지』의 조선세법의 24세 중 13세만이 사용되고 있다. 그러므로 예도는 『무비지』를 통해 조선에 소개된 후 조선에서 다시 보를 만들어 훈련한 것으로 보인다.

『무예도보통지』의 범례에서 '이미 모씨(茅氏)의 세법으로 도보를 만들었으나 지금 연습하는 보(譜)와 아주 다른 까닭에 부득불 금보(今譜)로써 별도로 총보를 만들었다.'라는 내용을 통해 그저 『무비지』의 조선세법으로 훈련한 것이 아님을 알 수 있기 때문이다.

월도의 세는 용약재연(龍躍在淵), 신월상천(新月上天), 맹호장과(猛虎張爪), 오관참장(五關斬將), 용광사우두(龍光射牛斗), 월야참선(月夜斬蟬), 분정주공번신(奔霆走空飜身), 개마참량(介馬斬良), 검안슬상(劍按膝上), 상골분익(霜鶻奮翼), 장검수광(藏劍收光), 수검고용(豎劍賈勇) 등이다. 이 세들은 『무예제보번역속집』 청룡언월도에서 실려 있다. 『무예제보번역속집』의 청룡언월도조에서 중원의 교사로 인해 전습법을 가지고 보를 만들었다는 내용을 통해 중국에서 기원했다는 것을 알 수 있다.[57]

협도는 총 18세 중 처음 시작인 용약재연(龍躍在淵)과 마지막인 수검고용(豎劍賈勇)을 포함하여 용광사우두(龍光射牛斗), 창룡귀동(蒼龍歸洞)의 4세는 월도와 같은 것이고, 나머지 세 중에서 중평(中平)은 창류에서 사용된 세이고, 오화전신(五化纏身)은 쌍검과 권법에 나오는 세이다. 협도는 기본적으로 긴 자루를 가지고 있어 월도와 같은 사용체계를 가지고 있는 동시에 월도에 비해 작은 칼날을 가지고 있어 날렵한 찌르기의 창류 특성도 갖고 있다.

이것은 『무예제보번역속집』에서의 협도의 세인 조천(朝天), 중평(中平), 약보(躍步), 도창(到槍), 가상(架上), 반창(反槍), 비파(琵琶), 한강차어(漢江又魚), 선옹채약(仙翁採藥), 틈홍문(闖鴻門) 등 10세 중에서 조천, 중평, 가상, 비파, 틈홍문 등 5세가 창류의 세이다. 협도의 기원은 협도의 다른 이름인 미첨도(眉尖刀)가 송나라의 무기 체계에서부터 볼 수 있는 것으로 중국임을 알 수 있다.58)

등패의 세는 기수(起手), 개찰의(開札衣), 약보(躍步), 저평(低平), 금계반두(金鷄畔頭), 곤패(滾牌), 선인지로(仙人指路), 매복(埋伏), 사행(斜行) 등이다. 여기에서 매복을 제외하고는 다른 무예들과 전혀 다른 세를 사용하고 있다. 이것은 방패를 들고 검이나 표창을 사용하는 등패는 쌍수도나 월도와 같이 하나의 무기를 가진 공방기술이 아닌 두 가지 무기를 가지고 방어와 공격을 하는 특성을 가지고 있기 때문이다.59) 방패를 사용하여 방어하는 세로는 기수, 금계반두, 선인지로, 매복이 있고 등패 뒤에 숨어서 표창을 던지는 저평 등이 있다.

2) 검법무예의 '세'

『무예도보통지』에 실려 있는 검법무예는 왜검, 왜검교전, 제독검, 본국검, 쌍검 등 5기이다. 왜검과 왜검교전의 기원은 일본, 제독검은 중국, 본국검의 기원은 한국 그리고 연원이 불분명한 쌍검 등으로 구분할 수 있다. 또한 검에 대한 속칭으로는 제독검은 요도(腰刀), 본국검은 신검 등으로 불리고, 왜검, 왜검교전, 쌍검은 단일 명칭으로 통용되고 있다.

그러나 왜검은 다른 검법무예와 달리 토유류(土由類), 운광류(運光流), 천유류(千柳類), 유피류(柳彼類) 등 4가지 유파의 검술을 소개하고 있다. 4가지 유파 중 운광류만 전해지고 나머지 유파의 검술은 실전되었다고 덧붙여 설명하고 있다. 그 외에 총보와 총도에는 유파의 검술을 소개하고 있다. 왜검

은 김체건(金體乾)이 훈련대장 유혁연(柳赫然)의 명령으로 1675년(숙종 즉위)
부터 1679년(숙종 5) 3월 사이에 동래 왜관에 숨어 들어가 왜검 기법을 익히
고, 1682년(숙종 8)에 통신사 사행을 따라 일본에 갔다가 4종류의 검보를 얻
어온 후 왜검을 조선에 전파한 것으로 보인다.[60]

제독검은 명나라의 제독 이여송(李如松)의 부하 낙상지(駱尙志)가 창과 칼
과 낭선 등의 기법을 조선의 금군(禁軍)에게 가르쳤으므로 이것을 명명하여
제독검이라고 지칭하였다.[61] 본국검은 『신증동국여지승람』에 실린 신라화
랑 황창랑 고사에서 유래를 찾을 수 있다. 황창랑이 백제의 왕을 죽이기 위
해 가면을 쓰고 검무를 추었는데, 그때 그의 검무가 신라의 검법이며, 본국
검[62]이라고 지칭한다고 기록되어 있다.

쌍검에 대한 기원은 『무예도보통지』에 상세하게 기록하지 않았다. 이는
쌍검이 어떤 기원을 두어 발생했다기보다는 조선 내에서 자연스럽게 형성되
었던 것은 아닌지 추정해 볼 수 있다.[63]

왜검, 왜검교전, 제독검, 본국검, 쌍검의 검법 5기를 중심으로 '세'를 살펴
보고자 한다. 왜검은 보 111세, 총도 111세, 왜검교전은 보 50세, 총도 50세,
제독검은 보 14세, 총도 28세, 본국검은 보 24세, 총도 33세, 쌍검은 보 13세,
총도 20세이다.

위에서 언급한 보는 각 검법무예의 대표적인 개별 세를 의미하고, 총도는
개별 세를 하나로 연결하여 처음부터 종료까지의 전체적인 세가 어떠한 흐
름 속에서 이루어지는지를 시각적으로 보여주는 것이다. 따라서 보와 총도
를 함께 비교하면서 설명하고자 한다. 검법 5기의 총 세는 보 212세, 총도
243세이다.

먼저 개별 검법무예의 명칭과 세로 구분하여 일차적으로 개별 검법무예의
대표적인 개별 세를 파악하고, 다음으로는 다른 검법무예에 중복되는 세는
어느 정도 되는 지를 파악하고자 한다.

왜검, 왜검교전, 제독검, 본국검, 쌍검 중에서 왜검은 세의 명칭을 줄 수
있는 부분이 토유류, 운광류, 천유류, 류피류 등의 유파 명칭에서 비롯된 세

에 대한 내용이 일부만 보인다. 왜검교전의 경우 세보다는 두 사람이 실제로 검을 들고 교전하는 형태를 취하였기에 실제 기예에 해당하는 세에 대한 명칭이 보이는 부분만을 정리하였다. 이러한 이유로 검법무예의 명칭에 따른 대표 세 분석은 왜검, 왜검교전, 제독검, 본국검, 쌍검만을 대상으로 하였다. 이에 대한 내용은 〈표 4〉와 같다.

〈표 4〉 검법무예 '세'

순번	왜검(倭劍)	왜검교전 (倭劍交戰)	제독검 (提督劍)	본국검 (本國劍)	쌍검(雙劍)
1	藏劍再進 장검재진	見賊出劍 견적출검	對賊出劍 대적출검	持劍對賊 지검대적	持劍對賊 지검대적
2	藏劍三進 장검삼진		進前殺賊 진전살적	右內掠 우내략	見賊出劍 견적출검
3	千利 천리		向右擊賊 향우격적	進前殺賊 진전살적	飛進擊賊 비진격적
4	跨虎 과호		向左擊賊 향좌격적	金鷄獨立 금계독립	初退防賊 초퇴방적
5	速行 속행		揮劍向賊 휘검향적	後一擊 후일격	向右防賊 향우방적
6	山時雨 산시우		初退防賊 초퇴방적	金鷄獨立 금계독립	向左防賊 향좌방적
7	水鳩心 수구심		向後擊賊 향후격적	猛虎隱林 맹호은림	進前殺賊 진전살적
8	柳絲 유사		向右防賊 향우방적	雁字 안자	前一擊 전일격
9	初度手 초도수		向左防賊 향좌방적	直符送書 직부송서	五化纏身 오화전신
10	再弄 재농		勇躍一刺 용약일자	拔艸尋蛇 발초심사	後一擊 후일격
11			再退防賊 재퇴방적	豹頭壓頂 표두압정	鷙鳥斂翼 지조염익
12			拭劍伺賊 식검사적	朝天 조천	藏劍收光 장검수광
13			藏劍賈勇 장검고용	左挾獸頭 좌협수두	項莊起舞 항장기무

순번	왜검(倭劍)	왜검교전 (倭劍交戰)	제독검 (提督劍)	본국검 (本國劍)	쌍검(雙劍)
14				向右防賊 향우방적	
15				殿旗 전기	
16				左腰擊 좌요격	
17				右腰擊 우요격	
18				後一刺 후일자	
19				長蛟噴水 장교분수	
20				白猿出洞 백원출동	
21				右鑽擊 우찬격	
22				勇躍一刺 용약일자	
23				向右防賊 향우방적	
24				兕牛相戰 시우상전	
총계	10	1	13	24	13

(표 출처 : 『무예도보통지영인본』, 권2, 권3, 경문사, 1981)

위의 〈표 4〉는 왜검, 왜검교전, 제독검, 본국검, 쌍검의 대표적인 세를 정리하고 분석한 내용이다. 검법무예의 대표 세를 살펴보면, 용약일자세(勇躍一刺勢)는 제독검과 본국검에서 보였다. 지검대적세(持劍對賊勢), 후일격(後一擊)은 본국검과 쌍검에서 보였으며, 견적출검세(見賊出劍勢)는 왜검교전과 쌍검에서 동일하게 나타났다. 초퇴방적세(初退防賊勢), 향좌방적세(向左防賊勢)은 제독검과 쌍검에 보였으며, 진전살적세(進前殺賊勢), 향우방적세(向右防賊勢)는 제독검, 본국검, 쌍검에서 모두 공통으로 나타났다. 이에 대한 대표적인 세는 다음과 같다.

그림순서	자세명	무예도보통지	도검무예	기법
1-8	용약일자세 (勇躍一刺勢)		제독검(提督劍) 본국검(本國劍)	공격
1-9	지검대적세 (持劍對賊勢)		본국검(本國劍) 쌍검(雙劍)	방어
1-10	후일격 (後一擊)		본국검(本國劍) 쌍검(雙劍)	공격
1-11	견적출검세 (見賊出劍勢)		왜검교전(倭劍交戰) 쌍검(雙劍)	방어
1-12	초퇴방적세 (初退防賊勢)		제독검(提督劍) 쌍검(雙劍)	방어

그림순서	자세명	무예도보통지	도검무예	기법
1-13	향좌방적세 (向左防賊勢)		제독검(提督劍) 쌍검(雙劍)	방어
1-14	진전살적세 (進前殺賊勢)		제독검(提督劍) 본국검(本國劍) 쌍검(雙劍)	공격
1-15	향우방적세 (向右防賊勢)		제독검(提督劍) 본국검(本國劍) 쌍검(雙劍)	방어

위의 〈표 4〉는 왜검, 왜검교전, 제독검, 본국검, 쌍검의 다섯 가지 검법무예로 구성되어 있다. 이 중에서 대표적인 세로 용약일자세(勇躍一刺勢), 지검대적세(持劍對賊勢), 후일격(後一擊), 견적출검세(見賊出劍勢), 초퇴방적세(初退防賊勢), 향좌방적세(向左防賊勢), 진전살적세(進前殺賊勢), 향우방적세(向右防賊勢)의 8개이다. 각 세에 대한 세부적인 설명을 하면 다음과 같다.

용약일자세(勇躍一刺勢)는 일보 앞으로 뛰어 올랐다가 나아가며 찌르는 동작이다. 발의 동작은 오른발이 앞에 있고 왼발이 뒤에 서 있는 모습이다. 손의 동작은 양손으로 검의 손잡이를 잡고 있는 쌍수 형태이며, 눈의 시선은 정면방향을 응시하고 있다. 도검의 위치는 양손이 검을 잡고 칼날을 위로 돌려 어깨 앞으로 수평을 유지한 채 쭉 뻗어있는 모양이다. 전체적인 동작의 도검기법은 찌르는 공격 자세이다.

지검대적세(持劍對賊勢)는 검을 왼쪽어깨에 의지하고 적과 마주보고 있는 동작이다. 발의 동작은 오른발이 앞에 왼발이 뒤에 있는 모습이다. 손의 동작은 양손으로 검의 손잡이를 잡고 있는 쌍수 형태이며, 눈의 시선은 후면에서 앞의 방향을 바라보고 있는 모습이다. 도검의 위치는 양손으로 검을 잡아 왼쪽 어깨에 대고 수직 방향으로 세우고 있는 모양이다. 전체적인 동작의 도검기법은 방어 자세이다.

후일격(後一擊)은 뒤에 있는 적을 한 번에 치는 동작이다. 발의 동작은 오른발을 무릎 높이로 들어 앞으로 나가고 왼발이 뒤에서 밀어주는 모양이다. 손의 동작은 양손으로 검의 손잡이를 잡고 있는 쌍수 형태이며, 눈의 시선은 후면의 앞쪽 방향을 응시하고 있다. 도검의 위치는 양손으로 검을 잡고 단전에서부터 칼날이 위로 향하고 있는 모습이다. 전체적인 동작의 도검기법은 오른손과 오른 다리로 한 번 치는 공격 자세이다.

견적출검세(見賊出劍勢)는 적을 보고 검을 뽑는 동작이다. 발의 동작은 오른발이 무릎 위로 들어 앞에 나오고 왼발이 뒤에서 밀어주는 모양이다. 손의 동작은 양손으로 검의 손잡이를 잡고 있는 쌍수 형태이며, 눈의 시선은 정면 방향을 응시하고 있다. 도검의 위치는 오른쪽 검은 오른쪽 어깨 위에 들고 있고 왼쪽 검은 왼쪽 허리 앞에 수평으로 들고 있다. 전체적인 동작의 도검기법은 오른손과 왼 다리로 한 걸음 뛰는 방어 자세이다.

초퇴방적세(初退防賊勢)는 처음 물러나서 적을 방어하는 동작이다. 발의 동작은 오른발이 앞굽이 자세로 무릎을 굽혀 앞에 있고 왼발이 뒤에서 밀어주는 모양이다. 손의 동작은 양손으로 검의 손잡이를 잡고 있는 쌍수 형태이며, 눈의 시선은 정면 방향의 위를 응시하고 있다. 도검의 위치는 오른쪽 검은 왼쪽 겨드랑이에 끼어 칼날이 위로 향하고 하고 왼손 검은 팔을 뻗어 어깨에서 위를 향하고 있는 모습이다. 전체적인 동작의 도검기법은 오른쪽 칼을 왼쪽 겨드랑이 끼고 오른쪽으로 세 번 돌아 물러나는 자세이다.

향좌방적세(向左防賊勢)는 왼쪽으로 향하여 적을 방어하는 동작이다. 발의 동작은 오른발이 앞굽이 자세로 무릎을 굽혀 앞에 나오고 왼발이 뒤에서 밀어주는 모양이다. 손의 동작은 양손으로 검의 손잡이를 잡고 있는 쌍수 형태이며, 눈의 시선은 왼쪽 방향을 응시하고 있다. 도검의 위치는 오른쪽 검은 오른쪽 어깨위로 왼쪽 검은 왼쪽 어깨 위로 양쪽 어깨가 모두 나란히 펴진 상태에서 칼날이 바깥쪽을 향하고 있는 모습이다. 전체적인 동작의 도검기법은 방어 자세이다.

진전살적세(進前殺賊勢)는 앞으로 나아가 검으로 적을 베는 동작이다. 발의 동작은 우상보(右上步)이며, 손의 동작은 양손으로 검의 손잡이를 잡고 있는 쌍수 형태이며, 눈의 시선은 정면 방향을 응시하고 있다. 도검의 위치는 신체의 단전에서부터 칼날이 위로 향하게 하는 모습이다. 전체적인 동작의 도검기법은 상대방을 베는 공격 동작이다.

향우방적세(向右防賊勢)는 오른쪽을 향해 적을 방어하는 동작이다. 발의 동작은 왼발이 무릎 높이로 들어 앞에 나오고 오른발이 뒤에서 밀어주는 모양이다. 손의 동작은 양손으로 검의 손잡이를 잡고 있는 쌍수 형태이며, 눈의 시선은 후면의 앞쪽 방향을 응시하고 있다. 도검의 위치는 양손으로 검을 잡고 칼날을 틀어서 목 부위에서 앞으로 상대의 하복부를 향하게 하고 있는 모습이다. 전체적인 동작의 도검기법은 오른쪽을 막는 방어 자세이다.

다음은 검법무예에 대한 전체적인 '세'의 흐름을 살펴보고자 한다. 왜검(倭劍)은 토유류(土由流), 운광류(運光流), 천유류(千柳流), 유피류(柳彼流)의 4가지 유파의 검법으로 소개하고 있다. 또한 현재 운광류의 검술만이 전해지고 다른 유파의 검법은 실전되었다고 밝히고 있다.

토유류(土由流)에서는 장검재진(藏劍再進)과 장검삼진(藏劍三進)의 2가지 세가 보였으며 운광류(運光流)에서는 천리(千利), 과호(跨虎), 속행(速行), 산시우(山時雨), 수구심(水鳩心), 유사(柳絲) 등 6가지의 세가 보였다. 천유류(千柳流)에서는 초도수(初度手), 재농(再弄), 장검재진(藏劍再進), 장검삼진(藏劍三進)의 4가지 세가 보였지만 유피류(柳彼流)에서는 세가 보이지 않았다.

왜검교전(倭劍交戰)에서는 견적출검세(見賊出劍勢)만 보였다. 그러나 교전

총도(總圖)에서는 처음에 시작하는 개문(開門)에서 마지막에 종료하는 상박(相撲)까지의 절차를 통하여 군사들이 교전상황을 대비한 훈련하는 방법을 명료하게 정리하여 전하고 있다.[64] 왜검교전은 원래 모검(牟劍)이라는 명칭으로 사용되다가 정조대에 도검무예의 명칭을 통일화 시키는 과정에서 왜검교전으로 변경되었다. 왜검의 특징은 제독검이나 본국검, 쌍검과 같이 세를 통한 동작의 설명이 아닌 세를 사용하지 않고 동작에 대한 설명으로 되어 있다는 점이다.[65]

제독검에서 사용된 세를 보면 총 13가지의 세 중에서 견적출검(見賊出劍), 진전살적(進前殺賊), 휘검향적(揮劍向賊), 향좌방적(向左防敵), 향우방적(向右防敵), 식검사적(拭劍伺賊), 초퇴방적(初退防敵), 재퇴방적(再退防敵), 장검고용(藏劍賈用) 등 9가지의 세가 쌍수도에서 사용한 세와 동일하다. 또한 향좌격적(向左擊賊), 향우격적(向右擊賊), 향후격적(向後擊賊)과 같은 세는 쌍수도의 향좌방적(向左防賊), 향우방적(向右防賊), 향전격적(向前擊賊)과 같은 실제 동작을 설명하는 방식으로 만들어진 세이다. 그러므로 그 기원이 중국에서 온 것을 알 수가 있다.[66]

본국검은 총 24가지의 세 중에서 쌍수도에서 사용된 '세명'과 같은 작명방식의 '세명'으로는 지검대적(持劍對賊), 진전격적(進前擊賊), 후일격(後一擊), 향우방적(向右防敵), 진전살적(進前殺賊), 후일자(後一刺), 향전살적(向前殺賊) 등 7가지가 있다. 이에 비해 예도에서 사용된 '세명'에는 좌요격(左腰擊), 우요격(右腰擊), 찬격(鑽擊), 전기(展旗), 조천(朝天), 발초심사(撥草尋蛇), 백원출동세(白猿出洞勢)가 있다. 세의 분석으로 볼 때 본국검은 기존에 있던 중국의 검법과 예도 등의 기술로 다시 만들어진 기법으로 볼 수도 있다.

그러나 『무예도보통지』에서 황창랑의 고사를 인용하면서 그 기원을 조선에 두고자 하는 의도와 편찬당시 정황으로 볼 때 단순히 다시 창작한 것으로 보기는 힘들다. 이에 대해 허인욱은 본국검의 기원을 민간에서 전래된 검법이 후대에 채택된 것으로 보았다.[67]

쌍검은 13세로 되어 있다. 이 세들 중 쌍수도에서 사용된 세와 같은 것은 지검대적(持劍對賊), 견적출검(見賊出劍), 초퇴방적(初退防敵), 향우방적(向右防敵), 향좌방적(向左防賊), 휘검향적(揮劍向賊), 진전살적(進前殺賊)이 있고, 동일 작명 방식의 세에는 향후격적(向後擊賊)이 있다. 나머지 세인 비진격적(飛進擊賊), 오화전신(五花纏身), 지조염익(鷙鳥斂翼), 장검수광(藏劍收光), 항장기무(項莊起舞), 대문(大門) 중에서 오화전신세(五化纏身勢)는 협도에서 지조염익세(鷙鳥斂翼勢)와 장검수광세(藏劍收光勢)는 월도에서 동일한 세를 볼 수 있다.

또한 임진왜란 당시 선조가 중국 군사의 쌍검을 인상 깊게 보고서 쌍검 교습을 훈련도감에 전교하는 내용을 보아 쌍검은 중국에서 그 근원을 찾을 수 있다. 『선조실록』 1594년(선조 27) 9월 3일 기사 내용에서 확인할 수 있다.

전교하기를, "옛날 사람이 쌍검을 쓴 지는 오래이다. 冉閔 같은 사람은 왼손에 雙刀矛 오른손에 鉤戟을 잡고 군사를 공격하였고, 高皇帝의 맹장 王弼은 쌍검을 휘두르며 僞吳王의 군사를 맞아 싸우러 갔으니, 이것이 그 한 예이다. 지금도 중국인은 쌍검을 많이 쓴다. 전에 義州에 있을 때 어떤 중국인이 쌍검을 잘 사용하는 것을 보았는데 푸른 무지개가 떠서 그의 몸을 감싼 듯 하였고 그 민첩한 상황이 마치 휘날리는 눈이 회오리바람을 따라 돌 듯 하여 바로 쳐다볼 수 없었으므로 마음에 늘 기이하게 여겼었다. 전에는 평양 사람도 꽤 전습하였었다. 또 들으니 중국인은 말 위에서 쌍검을 쓴다고 하는데 이는 더욱 어려운 일이다. 내 생각에는 여러 가지 무예를 모두 익히는 것이 좋다고 여긴다. 쌍검의 사용을 가르치지 않아서는 안 되지만 그 일이 마땅한지의 여부를 참작하여 시행하라." 하였다. 훈련도감이 회계하기를, "쌍검의 사용은 다른 기예보다 가장 어려우므로 중국 군사 중에도 능숙한 자가 많지 않습니다. 비유하자면 騎射 같은 것은 반드시 익숙하게 말 달리기를 익혀 사람과 말이 호응하여야만 좌우로 활 쏘는 것을 배울 수 있습니다. 살수 중에도 그 技術에 능숙한 자는 많이 얻기 어렵습니다. 그 중 몇 사람에게 오로지 쌍검을 가르치게 한다면 재능을 완성시킬 수 있을 것이므로 차례로 교습하겠습니다."하니, 알았다고 전교하였다.[68]

위 기사는 중국인이 쌍검을 많이 사용하였다는 내용이다. 이어 중국 군사의 쌍검 시범을 본 선조가 훈련도감(訓鍊都監)에 지시하여 살수 중에서 쌍검을 배울 수 있는 사람을 차출하여 그 재능을 완성시킬 수 있도록 교습하라는 것이다. 이를 통해 도검무예의 하나인 쌍검만을 습득케 함으로써 한 가지 기예에 전문가가 될 수 있는 살수를 양성할 수 있는 계기를 마련하였다고 볼 수 있다.

제3장
한국의 도검무예
유형과 기법

| 철종어진모사도(哲宗御眞模寫圖) | 국립고궁박물관 소장

| 충간공등 칠사도 | 육군박물관 소장

1. 본국검(本國劍)

『무예도보통지』권3에 실려 있는 본국검은 신검(新劍) 또는 예도(銳刀)와 같은 요도(腰刀)로 불린다고 하였다.[69] 본국검은 『신증동국여지승람(新增東國輿地勝覽)』에 실린 신라의 화랑 황창랑(黃昌郎) 고사에서 유래되었다. 황창랑이 백제의 왕을 죽이기 위해 가면을 쓰고 검무를 추었는데 그때 그의 검무가 신라의 검법이며 본국검이라 지칭되었다고 하였다.[70]

위에서 설명한 한국의 『동국여지승람』 이외에 중국의 모원의가 편찬한 『무비지』가 인용문헌으로 실려 있다. 이를 통해 한국의 검법이 중국까지 전파되어 중국의 병서에 실려 있었다는 점은 한국과 중국이 검법이 서로 교류되고 있었음을 알 수 있다.

본국검의 세는 전체 24개 동작으로 이루어져 있다. 지검대적세(持劍對賊勢)로 시작하여 내략세(內掠勢), 진전격적세(進前擊賊勢), 금계독립세(金鷄獨立勢), 후일격세(後一擊勢), 금계독립세(金鷄獨立勢), 맹호은림세(猛虎隱林勢), 안자세(雁字勢), 직부송서세(直符送書勢), 발초심사세(撥艸尋蛇勢), 표두압정세(豹頭壓頂勢), 조천세(朝天勢), 좌협수두세(左挾獸頭勢), 향우방적세(向右防賊勢), 전기세(展旗勢), 좌요격세(左腰擊勢), 우요격세(右腰擊勢), 후일자세(後一刺勢), 장교분수세(長蛟噴水勢), 백원출동세(白猿出洞勢), 우찬격세(右鑽擊勢), 용약일자세(勇躍一刺勢), 향전살적세(向前殺賊勢), 시우상전세(兕牛相戰勢)로 마치는 것이다. 각 세 들을 전체적으로 설명하면 〈그림 1-16〉에 자세하다.

〈그림 1-16〉 본국검 전체 동작

순서	자세명	무예도보통지(한국)	기법
1	지검대적세 (持劍對賊勢)		방어
2	내략세 (內掠勢)		방어
3	진전격적세 (進前擊賊勢)		공격
4	금계독립세 (金鷄獨立勢)		방어
5	후일격세 (後一擊勢)		공격
6	금계독립세 (金鷄獨立勢)		방어

순서	자세명	무예도보통지(한국)	기법
7	맹호은림세 (猛虎隱林勢)		방어
8	안자세 (雁字勢)		공격
9	직부송서세 (直符送書勢)		공격
10	발초심사세 (撥艸尋蛇勢),		공격
11	표두압정세 (豹頭壓頂勢)		공격
12	조천세 (朝天勢)		방어

순서	자세명	무예도보통지(한국)	기법
13	좌협수두세 (左挾獸頭勢)		방어
14	향우방적세 (向右防賊勢)		방어
15	전기세 (展旗勢)		방어
16	좌요격세 (左腰擊勢),		공격
17	우요격세 (右腰擊勢),		공격
18	후일자세 (後一刺勢)		공격

순서	자세명	무예도보통지(한국)	기법
19	장교분수세 (長蛟噴水勢)		공격
20	백원출동세 (白猿出洞勢)		방어
21	우찬격세 (右鑽擊勢)		공격
22	용약일자세 (勇躍一刺勢)		공격
23	향전살적세 (向前殺賊勢)		공격
24	시우상전세 (兕牛相戰勢)		공격

위의 〈그림 1-16〉은 본국검(本國劍)의 전체 동작 24세를 정리한 내용이
다. 『무예도보통지』 권3의 본국검보(本國劍譜)에서는 그림 1장에 2인이 1조
가 되어서 각자 1가지 세를 취하는 형식으로 2세씩 나와 있다. 각 세에 대한
내용이 총 12장으로 구성되어 있다. 각 세에 보이는 내용을 검토하면 다음과
같다.

1. 지검대적세 [방어]	2. 내략세 [방어]	3. 진전격적세 [공격]	4. 금계독립세 [방어]	5. 후일격세 [공격]

지검대적세(持劍對賊勢)는 검을 왼쪽 어깨에 의지하고 적과 마주보고 있
는 동작이다. 보법은 오른발이 앞에 왼발이 뒤에 있는 모습이다. 손의 동작
은 양손으로 검의 손잡이를 잡고 있는 쌍수 형태이며, 눈의 시선은 후면에서
앞을 바라보고 있는 모습이다. 도검의 위치는 양손으로 검을 잡아 왼쪽 어깨
에 대고 수직 방향으로 세우고 있는 모양이다. 전체적인 동작의 도검기법은
방어 자세이다.

내략세(內掠勢)는 검으로 몸의 안쪽을 스쳐 올리는 동작이다. 발의 동작은
오른발을 무릎 높이로 들어 앞에 나오고 왼발이 뒤에서 밀어주는 모양이다.
손의 동작은 양손으로 검의 손잡이를 잡고 있는 쌍수 형태이며, 눈의 시선은
왼쪽 방향을 응시하고 있다. 도검의 위치는 중앙의 가슴부위에서 칼날이 밑
으로 향하고 있는 모양이다. 전체적인 동작의 도검기법은 방어 자세이다.

진전격적세(進前擊賊勢)는 앞으로 나아가며 검으로 적을 치는 동작이다.
발의 동작은 오른발을 무릎 높이로 들어 앞으로 나오고 왼발이 뒤에서 밀어
주는 모양이다. 손의 동작은 양손으로 검의 손잡이를 잡고 있는 쌍수 형태이

며, 눈의 시선은 정면의 방향을 응시하고 있다. 도검의 위치는 양손으로 검을 잡고 단전에서부터 칼날이 위로 향하고 있는 모습이다. 전체적인 동작의 도검기법은 오른손과 오른다리로 앞을 한 번 치는 공격 자세이다.

금계독립세(金鷄獨立勢)는 금계라는 새가 적을 공격하기 위해 외다리로 우뚝 서 있는 모습을 표현한 동작이다. 발의 동작은 왼발을 무릎 높이로 들고 앞으로 나가고 오른발이 뒤에서 밀어주는 모양이다. 손의 동작은 양손으로 검의 손잡이를 잡고 있는 쌍수 형태이며, 눈의 시선은 후면 방향의 앞쪽을 응시하고 있다. 도검의 위치는 양손이 검을 잡고 오른쪽 어깨에서 수직으로 세워 칼날이 앞을 향하고 있는 모습이다. 전체적인 동작의 도검기법은 왼편으로 돌아 칼을 들고 왼쪽 다리를 들고 뒤를 돌아보는 방어 자세이다.

후일격세(後一擊勢)는 뒤에 있는 적을 검으로 한 번에 치는 동작이다. 발의 동작은 오른발을 무릎 높이로 들어 앞으로 나가고 왼발이 뒤에서 밀어주는 모양이다. 손의 동작은 양손으로 검의 손잡이를 잡고 있는 쌍수 형태이며, 눈의 시선은 후면 방향의 앞쪽을 응시하고 있다. 도검의 위치는 양손으로 검을 잡고 단전에서부터 칼날이 위로 향하고 있는 모습이다. 전체적인 도검기법은 오른손과 오른 다리로 앞으로 나아가 검으로 한 번 치는 공격 자세이다.

6. 금계독립세 [방어]	7. 맹호은림세 [방어]	8. 안자세 [공격]	9. 직부송서세 [공격]	10. 발초심사세 [공격]

맹호은림세(猛虎隱林勢)는 호랑이가 수풀 속에 숨어 있는 모습을 형상화한 동작이다. 발의 동작은 왼발을 무릎 위로 들어 앞에 나오고 오른발이 뒤에서 밀어주는 모양이다. 손의 동작은 양손으로 검의 손잡이를 잡고 있는

쌍수 형태이며, 눈의 시선은 정면의 방향을 응시하고 있다. 도검의 위치는 양손으로 검을 잡고 양팔을 앞으로 뻗어 목에서부터 칼날이 위로 향하고 있는 모습이다. 전체적인 동작의 도검기법은 오른쪽으로 두 번 돌고 왼편으로 도는 방어 자세이다.

안자세(雁字勢)는 기러기 무리가 V자형으로 날아가는 모습을 형상화한 동작이다. 발의 동작은 왼발이 무릎 높이로 들어 앞에 나가고 오른발이 뒤에서 밀어주는 모양이다. 손의 동작은 양손으로 검의 손잡이를 잡고 있는 쌍수 형태이며, 눈의 시선은 후면에서 앞쪽 방향을 응시하고 있다. 도검의 위치는 양손에 검을 잡아 목에서부터 칼날을 위쪽으로 틀어서 수평으로 뻗고 있는 모습이다. 전체적인 동작의 도검기법은 오른쪽을 향하여 좌우로 감아 오른손과 왼다리로 한 번 찌르는 공격 자세이다.

직부송서세(直符送書勢)는 병부의 부신을 신속하게 보내듯이 찌르는 동작이다. 발의 동작은 오른발이 무릎 높이로 들어 앞으로 나아가고 왼발이 뒤에서 밀어주는 모양이다. 손의 동작은 양손으로 검의 손잡이를 잡고 있는 쌍수 형태이며, 눈의 시선은 정면 방향을 응시하고 있다. 도검의 위치는 양손으로 검을 잡고 오른쪽어깨아래에서 칼날이 틀어서 앞쪽 아래를 향하여 양팔을 쭉 뻗어 찌르는 모습이다. 전체적인 동작의 도검기법은 오른쪽으로 한 번 돌아 오른손과 왼발로 왼쪽으로 한 번 찌르는 공격 자세이다.

발초심사세(撥艸尋蛇勢)는 풀을 헤쳐 뱀을 찾는 모습을 형상화한 동작이다. 발의 동작은 오른발을 무릎 위로 들어 앞에 나가고 왼발이 뒤에서 밀어주는 모양이다. 손의 동작은 양손으로 검의 손잡이를 잡고 있는 쌍수 형태이며, 눈의 시선은 정면 방향을 응시하고 있다. 도검의 위치는 양손으로 검을 잡고 오른쪽 어깨아래에서 양팔을 쭉 뻗어 정면으로 치는 모습이다. 전체적인 동작의 도검기법은 오른손과 오른 다리로 한번 치는 공격 자세이다.

11. 표두압정세 [공격]	12. 조천세 [방어]	13. 좌협수두세 [방어]	14. 향우방적세 [방어]	15. 전기세 [방어]

　표두압정세(豹頭壓頂勢)는 표범의 정수리를 칼끝으로 겨누어 누르는 듯한 동작이다. 발의 동작은 왼발이 앞에 오른발이 뒤에 있는 모양이다. 손의 동작은 양손으로 검의 손잡이를 잡고 있는 쌍수 형태이며, 눈의 시선은 정면에서 왼쪽 방향으로 고개를 기울여 응시하고 있다. 도검의 위치는 양손으로 검을 잡아 오른쪽 어깨에서 아래로 양팔을 쭉 뻗어 칼날을 옆으로 틀어 찌르고 있는 모습이다. 전체적인 동작의 도검기법은 좌우로 감아 오른손과 오른발로 앞을 한 번 찌르는 공격 자세이다.

　조천세(朝天勢)는 아침에 태양이 뜨는 모습을 형상화한 동작이다. 발의 동작은 오른발을 무릎 높이로 들어 앞으로 나가고 왼발이 뒤에서 밀어주는 모양이다. 손의 동작은 양손으로 검의 손잡이를 잡고 있는 쌍수 형태이며, 눈의 시선은 후면의 앞쪽 방향을 응시하고 있다. 도검의 위치는 양손이 검을 잡고 이마 위에서 위로 향하는 상단세(上段勢)를 취하고 있는 모습이다. 전체적인 동작의 도검기법은 오른쪽으로 돌아 앞으로 나아가 뒤를 향하는 방어 자세이다.

　좌협수두세(左挾獸頭勢)는 짐승의 머리를 왼쪽 겨드랑이에 낀 듯 한 모습을 형상화한 동작이다. 발의 동작은 오른발을 무릎 높이로 들어 앞으로 나가고 왼발이 뒤에서 밀어주는 모양이다. 손의 동작은 양손으로 검의 손잡이를 잡고 있는 쌍수 형태이며, 눈의 시선은 후면의 왼쪽 방향을 응시하고 있다. 도검의 위치는 양손이 검을 잡고 왼쪽 어깨에 의지하여 수직으로 세운 모습이다. 전체적인 동작의 도검기법은 방어 자세이다.

향우방적세(向右防賊勢)는 오른쪽을 향해 적을 방어하는 동작이다. 발의 동작은 왼발이 무릎 높이로 들어 앞에 나오고 오른발이 뒤에서 밀어주는 모양이다. 손의 동작은 양손으로 검의 손잡이를 잡고 있는 쌍수 형태이며, 눈의 시선은 후면의 오른쪽 방향을 응시하고 있다. 도검의 위치는 양손으로 검을 잡고 칼날을 틀어서 목 부위에서 앞으로 상대의 하복부를 향하게 하고 있는 모습이다. 전체적인 동작의 도검기법은 오른쪽을 막는 방어 자세이다.

전기세(展旗勢)는 깃발을 펼치는 듯 한 모습의 동작이다. 발의 동작은 오른발을 앞굽이 자세로 무릎을 굽혀 앞에 나오고 왼발이 뒤에서 밀어주는 모양이다. 손의 동작은 양손으로 검의 손잡이를 잡고 있는 쌍수 형태이며, 눈의 시선은 정면 방향을 응시하고 있다. 도검의 위치는 양손이 검을 잡고 칼날을 틀어서 목 부위에서 앞으로 쭉 뻗는 모습이다. 전체적인 동작의 도검기법은 오른발을 들고 안으로 스쳐 방어하는 자세이다.

16. 좌요격세 [공격]	17. 우요격세 [공격]	18. 후일자세 [공격]	19. 장교분수세 [공격]	20. 백원출동세 [방어]

좌요격세(左腰擊勢)는 왼쪽의 허리 부위를 치는 동작이다. 발의 동작은 오른발이 무릎 위로 들어 앞으로 나아가고 왼발이 뒤에서 밀어주는 모양이다. 손의 동작은 양손으로 검의 손잡이를 잡고 있는 쌍수 형태이며, 눈의 시선은 정면의 오른쪽 방향의 허리를 응시하고 있다. 도검의 위치는 검이 왼쪽 어깨 옆에서부터 칼끝이 아래로 향하고 있다. 전체적인 동작의 도검기법은 왼발을 들고 왼쪽 검으로 왼쪽을 목을 씻는 공격 자세이다.

우요격세(右腰擊勢)는 오른쪽의 허리 부위를 치는 동작이다. 발의 동작은 오른발이 무릎 위로 들어 앞으로 나가고 왼발이 뒤에서 밀어주는 모양이다. 손의 동작은 양손으로 검의 손잡이를 잡고 있는 쌍수 형태이며, 눈의 시선은 후면의 오른쪽 방향을 응시하고 있다. 도검의 위치는 양손으로 검을 잡아 오른쪽어깨 뒤로 칼을 둘러메고 있는 모습이다. 전체적인 동작의 도검기법은 오른발을 들고 오른쪽 검으로 오른쪽 목을 씻는 공격 자세이다.

후일자세(後一刺勢)는 뒤로 향하여 한 번 찌르는 동작이다. 발의 동작은 오른발이 무릎 위로 들어 앞으로 나가고 왼발이 뒤에서 밀어주는 모양이다. 손의 동작은 양손으로 검의 손잡이를 잡고 있는 쌍수 형태이며, 눈의 시선은 후면의 왼쪽을 응시하고 있다. 도검의 위치는 양손으로 검을 잡아 오른쪽어깨위에서 칼을 틀어서 앞으로 찌르는 모습이다. 전체적인 동작의 도검기법은 오른손과 왼발로 한 번 찌르는 공격 자세이다.

장교분수세(長蛟噴水勢)는 이무기가 물을 뿜어내는 모습을 형상화한 동작이다. 발의 동작은 오른발이 무릎 위로 들어 앞으로 나가고 왼발이 뒤에서 밀어주는 모양이다. 손의 동작은 양손으로 검의 손잡이를 잡고 있는 쌍수 형태이며, 눈의 시선은 정면 방향을 응시하고 있다. 도검의 위치는 상체를 조금 숙이고 양손으로 검을 잡아 단전에서부터 위로 향하고 있는 모습이다. 전체적인 동작의 도검기법은 오른손과 오른발로 나아가 검으로 한 번 치는 공격 자세이다.

백원출동세(白猿出洞勢)는 하얀 원숭이가 동굴을 나가면서 좌우를 살피듯이 나아가는 동작이다. 발의 동작은 오른발이 앞에 나오고 왼발이 뒤에 있는 모양이다. 손의 동작은 양손으로 검의 손잡이를 잡고 있는 쌍수 형태이며, 눈의 시선은 정면을 응시하고 있다. 도검의 위치는 양손에 검을 잡고 왼쪽어깨에 의지하여 수직으로 세운 모습이다. 전체적인 동작의 도검기법은 오른손과 오른 다리를 들고 있는 방어 자세이다.

21. 우찬격세 [공격]	22. 용약일자세 [공격]	23. 향전살적세 [공격]	24. 시우상전세 [공격]

우찬격세(右鑽擊勢)는 오른쪽으로 비비어 찌르는 동작이다. 발의 동작은 왼발이 앞에 나오고 오른발이 뒤에 있는 모양이다. 손의 동작은 양손으로 검의 손잡이를 잡고 있는 쌍수 형태이며, 눈의 시선은 오른쪽 방향을 응시하고 있다. 도검의 위치는 오른쪽 어깨에서부터 칼날을 바깥쪽으로 틀어서 왼쪽 어깨 밑으로 향하고 있는 모습이다. 전체적인 동작의 도검기법은 오른손과 오른발로 오른쪽을 비비어 찌르는 공격 자세이다.

용약일자세(勇躍一刺勢)는 일보 앞으로 뛰어 올랐다가 나아가며 찌르는 동작이다. 발의 동작은 오른발과 왼발이 나란히 서 있는 모양이다. 손의 동작은 양손으로 검의 손잡이를 잡고 있는 쌍수 형태이며, 눈의 시선은 정면 방향을 응시하고 있다. 도검의 위치는 양손의 검을 잡고 칼날을 틀어서 가슴에서부터 양팔을 쭉 뻗어 찌르는 모습이다. 전체적인 동작의 도검기법은 오른손과 왼발로 한 번 찌르는 공격 자세이다.

향전살적세(向前殺賊勢)는 앞을 향하여 나아가 적을 베는 동작이다. 발의 동작은 오른발을 앞굽이 자세로 무릎을 굽혀 앞에 나가고 왼발이 뒤에서 밀어주는 모양이다. 손의 동작은 양손으로 검의 손잡이를 잡고 있는 쌍수 형태이며, 눈의 시선은 정면 방향을 응시하고 있다. 도검의 위치는 양손이 검을 잡고 가슴에서부터 양팔을 아래로 쭉 뻗고 있는 모습이다. 전체적인 동작의 도검기법은 오른손과 오른발로 앞을 나가며 검으로 치는 공격 자세이다.

시우상전세(兕牛相戰勢)는 외뿔소가 서로 고개를 박고 뿔로 받는 듯 찌르는 동작이다. 발의 동작은 오른발이 무릎을 굽혀 앞에 있고 왼발이 뒤에서 밀어주는 모양이다. 손의 동작은 양손으로 검의 손잡이를 잡고 있는 쌍수 형태이며, 눈의 시선은 정면 방향을 응시하고 있다. 도검의 위치는 양손이 검을 잡고 오른쪽 어깨 아래에서부터 무릎 방향으로 칼날이 내려오는 모습이다. 전체적인 동작의 도검기법은 오른손과 오른발로 한 번 찌르는 공격 자세이다.

이상과 같이 본국검의 전체 24세를 검토한 바, 공격기법은 진전격적세(進前擊賊勢), 후일격세(後一擊勢), 안자세(雁字勢), 직부송서세(直符送書勢), 발초심사세(撥艸尋蛇勢), 표두압정세(豹頭壓頂勢), 좌요격세(左腰擊勢), 우요격세(右腰擊勢), 후일자세(後一刺勢), 장교분수세(長蛟噴水勢), 우찬격세(右鑽擊勢), 용약일자세(勇躍一刺勢), 향전살적세(向前殺賊勢), 시우상전세(兕牛相戰勢)의 14세였다.

방어기법은 지검대적세(持劍對賊勢), 내략세(內掠勢), 금계독립세(金鷄獨立勢·중복), 맹호은림세(猛虎隱林勢), 조천세(朝天勢), 좌협수두세(左挾獸頭勢), 향우방적세(向右防賊勢), 전기세(展旗勢), 백원출동세(白猿出洞勢) 등 10세였다.

이를 통해 본국검의 도검기법은 방어보다는 공격에 좀 더 치중한 도검무예라는 것을 파악할 수 있었다.

2. 예도(銳刀)

『무예도보통지』 권2에 실려 있는 예도(銳刀)는 일명 단도(短刀)라고 한다.[71] 또한 모원의가 편찬한 『무비지』에는 '조선세법(朝鮮勢法)'으로 수록되어 있다. 그 내용은 다음과 같다.

> 근래 호사자가 있어서 조선에서 얻었는데 세법을 구비되어 있었다. 진실로 중국에서 잃어버린 것을 사례에서 구하여 알려고 하였다고 언급하였다.[72]

위의 내용을 통해『무예도보통지』의 예도가 중국의『무비지』에는 '조선세법'이라는 명칭으로 불리고 있다는 것을 알 수 있다.

『무예도보통지』예도에서는 도검기법을 안법(眼法), 격법(擊法), 세법(洗法), 자법(刺法)의 네 가지로 구분하여 자세들을 설명하고 있다. 또한 예도에서 사용하는 도검의 형태는 중국의 요도(腰刀)를 사용하였다고 하였다.[73] 그리고 구보(舊譜)에 기재되어 있는 쌍수도, 예도, 왜검, 쌍검, 제독검, 본국검, 마상쌍검 등은 도검기법은 달랐으나 모두가 요도를 사용했으며, 칼의 양쪽에 날이 있는 것을 검(劍)이라고 하고, 한쪽만 날이 있는 것을 도(刀)라고 했으나, 후세에는 도와 검이 서로 혼용되었다[74]고 언급하였다. 당시에 도검의 구분이 없었지만, 군사들이 실용적으로 쉽게 훈련할 수 있는 조건으로 요도가 선택된 것이다.

예도에 실려 있는 인용문헌은『무비지』이외에『청이록』,『무예신보』,『사물기원』,『관자』,『석명』,『주례정의』,『방언』,『몽계필담』,『본초강목』,『무편』,『왜한삼재도회』,『본초』[75],『등절보』,『육일거사집』,『열자』,『기효신서』등이다. 예도 또한 본국검과 마찬가지로 한국의『무예신보』와 중국의『기효신서』,『무비지』에 실려 있는 검법들을 통해 상호간 교류하고 있었다는 것을 파악할 수 있다.

예도의 세는 전체 28개 동작으로 이루어져 있다. 우리나라의『무예도보통지』에는 28세가 실려 있지만 중국의『무비지』에는 〈조선세법〉이라는 명칭으로 24세만이 실려 있다. 맨 뒤에 나오는 네 가지 자세는『무예도보통지』에서만 추가한 자세들이다.

예도에 대한 전체적인 자세는 거정세(擧鼎勢)를 시작으로 점검세(點劍勢), 좌익세(左翼勢), 표두세(豹頭勢), 탄복세(坦腹勢), 과우세(跨右勢), 요략세(撩掠勢), 어거세(御車勢), 전기세(展旗勢), 간수세(看守勢), 은망세(銀蟒勢), 찬격세(鑽擊勢), 요격세(腰擊勢), 전시세(殿翅勢), 우익세(右翼勢), 게격세(揭擊勢), 좌협세(左夾勢), 과좌세(跨左勢), 흔격세(掀擊勢), 역린세(逆鱗勢), 염시세(斂翅勢), 우협세(右夾勢), 봉두세(鳳頭勢), 횡충세(橫沖勢), 태아도타세(太阿倒他

勢), 여선참사세(呂仙斬蛇勢), 양각조천세(羊角弔天勢), 금강보운세(金剛步雲勢)로 마치는 것이다. 각 세들을 전체적으로 설명하면 〈그림 1-17〉과 같다.

〈그림 1-17〉 예도 전체 동작

순번	자세명	무비지(중국)	무예도보통지(한국)	기법
1	거정세 (擧鼎勢)			방어
2	점검세 (點劍勢)			공격
3	좌익세 (左翼勢)			공격
4	표두세 (豹頭勢)			공격
5	탄복세 (坦腹勢)			공격

순번	자세명	무비지(중국)	무예도보통지(한국)	기법
6	과우세 (跨右勢)			공격
7	요략세 (撩掠勢)			방어
8	어거세 (御車勢)			방어
9	전기세 (展旗勢)			공격
10	간수세 (看守勢)			공격
11	은망세 (銀蟒勢)			방어

순번	자세명	무비지(중국)	무예도보통지(한국)	기법
12	찬격세 (鑽擊勢)			공격
13	요격세 (腰擊勢)			공격
14	전시세 (殿翅勢)			방어
15	우익세 (右翼勢)			방어
16	게격세 (揭擊勢)			공격
17	좌협세 (左夾勢)			공격

순번	자세명	무비지(중국)	무예도보통지(한국)	기법
18	과좌세 (跨左勢)			공격
19	혼격세 (掀擊勢)			공격
20	역린세 (逆鱗勢)			공격
21	염시세 (斂翅勢)			공격
22	우협세 (右夾勢)			공격
23	봉두세 (鳳頭勢)			공격

순번	자세명	무비지(중국)	무예도보통지(한국)	기법
24	횡충세 (橫沖勢)			공격
25	태아도타세 (太阿倒他勢)	×		방어
26	여선참사세 (呂仙斬蛇勢)	×		기타
27	양각조천세 (羊角弔天勢)	×		기타
28	금강보운세 (金剛步雲勢)	×		공격

위의 〈그림 1-17〉은 예도(銳刀)의 전체 동작 28세를 정리한 내용이다. 『무예도보통지』 권2에 나오는 예도보(銳刀譜)에서는 그림 1장에 2인이 1조가 되어서 각자 1가지 세를 취하는 형식으로 2세씩 나와 있다. 각 세에 대한 내용이

총 14장으로 구성되어 있다. 각 세에 보이는 내용을 검토하면 다음과 같다.

1. 거정세 [방어]	2. 점검세 [공격]	3. 좌익세 [공격]	4. 표두세 [공격]

거정세(擧鼎勢)는 솥을 드는 모습의 동작이다. 발의 동작은 왼발이 앞으로 나오고 오른발이 뒤에 있는 모습이다. 손의 동작은 양손으로 검의 손잡이를 잡고 있는 쌍수 형태이다. 눈의 시선은 정면의 위쪽 방향을 응시하고 있으며, 도검의 위치는 머리의 이마 정면 위로 오른쪽에서 왼쪽 방향으로 칼날이 바깥쪽을 향하고 있는 모습이다.

전체적인 동작의 도검기법은 왼쪽 다리 오른손의 평대세(平擡勢)를 취하고 앞을 향해 당겨 베어 쳐서 가운데로 살(殺)하는 것이다. 연결동작으로 일보 물러나서 군란세(裙襴勢)를 취하는 법이다. 상대방을 제압하고 방어하는 동작이다.

점검세(點劍勢)는 검을 점찍듯 찌르는 동작이다. 발의 동작은 오른발과 왼발이 나란히 병렬보(竝列步)를 취하는 모습이다. 손의 동작은 양손으로 검의 손잡이를 잡고 있는 쌍수 형태이며, 눈의 시선은 정면 아래의 방향을 응시하고 있다. 도검의 위치는 칼날이 단전에서 무릎 밑으로 하단의 자세를 취하고 있다.

전체적인 동작의 도검기법은 한쪽으로 치우쳐 피하며 재빨리 나아가며 부딪쳐 훑어서 찌르는 것이다. 연결동작으로 오른다리와 오른손의 발초심사세(撥艸尋蛇勢)로 앞을 향해 앞에 오른발을 내딛고 뒤쪽의 왼발은 끌어당기는 걸음으로 들어가는 자세를 취한다. 상대방을 찌르는 공격 동작이다.

좌익세(左翼勢)는 왼쪽 날개로 치는 동작이다. 발의 동작은 왼발이 앞으로 나가고 오른발이 뒤에 있는 모습이다. 손의 동작은 양손으로 검의 손잡이를 잡고 있는 쌍수 형태이며, 눈의 시선은 정면 방향을 응시하고 있다. 도검의 위치는 오른쪽 어깨의 앞에 칼날이 위로 가도록 잡고 있는 모습이다.

전체적인 동작의 도검기법은 검을 위로 치켜 올려 돋우고 아래로 눌러서 바로 손아귀를 찌르는 것이다. 연결동작은 오른다리와 오른손의 직부송서세(直符送書勢)를 취하여 앞을 향해 앞발을 내딛고 뒷발은 당겨 붙여 끌면서 나아가 역린자(逆鱗刺)를 하는 자세이다. 상대방을 찌르는 공격 동작이다.

표두세(豹頭勢)는 곧 표범의 머리로 치는 동작이다. 발의 동작은 오른발이 앞으로 나오고 왼발이 뒤에서 중심을 잡고 있는 모습이다. 손의 동작은 양손으로 검의 손잡이를 잡고 있는 쌍수 형태이며, 눈의 시선은 정면에서 왼쪽 방향을 향해 응시하고 있다. 도검의 위치는 오른쪽의 머리위로 칼날을 위로 하여 비스듬히 상단으로 들고 있다.

전체적인 동작의 도검기법은 검을 벽력 같이 쳐서 위로 살(殺)하는 것이다. 연결동작으로 왼다리와 왼손의 태산압정세(泰山壓頂勢)로 취하여, 앞을 향해 앞발을 내딛고 뒷발은 당겨 붙여 끌면서 나아가 위로 치켜 올려 돋우고 찌르는 것이다. 상대방의 머리를 치는 공격 동작이다.

5. 탄복세 [공격]	6. 과우세 [공격]	7. 요략세 [방어]	8. 어거세 [방어]

탄복세(坦腹勢)는 배를 헤치고 찌르는 동작이다. 발의 동작은 오른발이 앞으로 왼발 뒤에 있는 모습이다. 손의 동작은 양손으로 검의 손잡이를 잡고 있는 쌍수 형태이며, 눈의 시선은 정면 방향을 응시하고 있다. 도검의 위치

는 왼쪽 겨드랑이에 손잡이가 있으며, 칼날이 위로 오도록 틀어서 앞을 향하고 있는 모습이다.

전체적인 동작의 도검기법은 앞으로 대들어 찌르는 것이다. 연결동작으로 산이 무너지듯 나아가서 오른다리 오른손의 창룡출수세(蒼龍出水勢)로 앞을 향해 걸음이 나아가 허리를 치는 형태이다. 상대방을 찌르는 공격 동작이다.

과우세(跨右勢)는 오른편을 걸쳐 치는 동작이다. 발의 동작은 오른발과 왼발이 나란히 있는 병렬보의 모습이다. 손의 동작은 양손으로 검의 손잡이를 잡고 있는 쌍수 형태이며, 눈의 시선은 정면 방향을 응시하고 있다. 도검의 위치는 신체의 복부의 가운데서 오른쪽 방향으로 칼날을 옆으로 틀어서 바깥쪽을 향하여 수평으로 유지하고 있다.

전체적인 동작의 도검기법은 검을 치켜 올려 얽어서 아래로 찌르는 것이다. 연결동작으로 왼다리 오른손의 작의세(綽衣勢)를 취하여 앞을 향해 걸어 나아가 가로로 치는 자세이다. 상대방을 치는 공격 동작이다.

요략세(撩掠勢)는 검을 밑에서 위로 치켜서 훑는 방어 동작이다. 발의 동작은 병렬보의 모습으로 왼발이 오른발보다 앞에 위치하고 있다. 손의 동작은 양손으로 검의 손잡이를 잡고 있는 쌍수 형태이며, 눈의 시선은 오른쪽 아래 방향을 응시하고 있다. 도검의 위치는 신체의 중단에서 칼날이 밑으로 무릎까지 내려가는 하단세를 취하고 있다.

전체적인 동작의 도검기법은 능히 막고 받아서 밑으로 찌르고, 왼쪽을 가리며 오른쪽을 방어하는 자세이다. 연결동작으로 왼다리 왼손의 장교분수세(長蛟分水勢)로 앞을 향해 앞발을 내딛으며 뒷발을 당겨 끌면서 나아가 비비며 치는 동작이다. 상대방의 공격을 막는 방어 동작이다.

어거세(御車勢)는 수레를 어거하는 방어 동작이다. 발의 동작은 오른발이 앞굽이 자세를 하고 왼발이 뒤에서 밀어주는 형태를 취하고 있다. 손의 동작은 양손으로 검의 손잡이를 잡고 있는 쌍수 형태이며, 눈의 시선은 정면 방향을 응시하고 있다. 도검의 위치는 왼쪽 겨드랑이에 끼고 칼날이 밑으로 향하여 정면을 향한 모습이다.

전체적인 동작의 도검기법은 멍에를 매서 어거하여 가운데서 찌르거나, 상대의 두 손을 깎아 베는 것이다. 연결동작으로 오른손의 충봉세(衝鋒勢)로 앞을 향해 물러 걸음해서 봉두세(鳳頭勢)를 취하는 형식이다. 상대방을 방어하는 동작이다.

9. 전기 [공격]	10. 간수세 [공격]	11. 은망세 [방어]	12. 찬격세 [공격]

전기세(展旗勢)는 기를 펼치듯 치는 동작이다. 발의 동작은 오른발이 앞굽이 자세를 하고 왼발이 뒤에서 밀어주는 형태를 취하고 있다. 손의 동작은 양손으로 검의 손잡이를 잡고 있는 쌍수 형태이며, 눈의 시선은 정면 방향을 응시하고 있다. 도검의 위치는 칼날이 바깥쪽을 향하고 오른쪽 허리에서 시작하여 어깨위로 세운 모습이다.

전체적인 동작의 도검기법은 얽고 비벼 갈아서 위로 찌르는 것이다. 연결동작으로 왼다리 왼손의 탁탑세(托塔勢)로 앞을 향해 앞발을 내딛고 뒷발을 당겨 끌면서 나아가 검을 점찍듯 찌르는 자세이다. 상대방을 치는 공격 동작이다.

간수세(看守勢)는 감시하고 지켜서 치는 동작이다. 발의 동작은 왼발이 앞굽이 자세를 취하고 뒤에 왼발이 밀어주는 형태를 취하고 있다. 손의 동작은 양손으로 검의 손잡이를 잡고 있는 쌍수 형태이며, 눈의 시선은 정면 방향을 응시하고 있다. 도검의 위치는 칼날이 밑으로 오른쪽 허리에서 정면방향으로 수평으로 놓여 있는 모습이다.

전체적인 동작의 도검기법은 상대의 적을 지키고 감시할 수 있으니, 모든 병기가 공격해 들어오는 것을 방어하다가, 모든 병기가 공격해 들어오지 못할 때 그 기미를 따라서 형세를 돌리며 굴려서 찌르는 것이다. 연결동작으로 왼다리 오른손의 호준세(虎蹲勢)로 앞을 향해 걸음이 나아가 허리를 치는 동작이다. 상대방을 치는 공격 동작이다.

은망세(銀蟒勢)는 은빛 구렁이가 기어가는 방어 동작이다. 발의 동작은 오른발이 앞으로 나와 있고 왼발이 뒤에서 지탱하고 있는 모습이다. 손의 동작은 양손으로 검의 손잡이를 잡고 있는 쌍수 형태이며, 눈의 시전은 정면 방향을 응시하고 있다. 도검의 위치는 신체가 옆으로 서 있는 상태에서 오른쪽 얼굴에서 칼날이 위로 향하여 수평으로 앞을 보고 있는 모습이다.

전체적인 동작의 도검기법은 사방으로 돌아보아 온 몸을 보호하고, 사면을 보면서 찌를 수 있다. 연결동작으로 앞을 향하면 왼손 왼다리로, 뒤를 향하면 오른손 오른다리로 움직이면 좌우선풍(左右旋風)하여 번개 치듯 재빨리 살(殺)할 수 있다. 상대방을 방어하는 동작이다.

찬격세(鑽擊勢)는 비비어 치는 동작이다. 발의 동작은 왼쪽 발이 무릎 높이로 들고 왼발이 뒤에서 중심을 지탱해 주는 모습이다. 손의 동작은 양손으로 검의 손잡이를 잡고 있는 쌍수 형태이며, 눈의 시선은 정면 방향을 응시하고 있다. 도검의 위치는 상단세로 얼굴 앞에서부터 머리 위로 올린 상태로서 칼날은 신체의 바깥쪽을 향하고 있다.

전체적인 동작의 도검기법은 비비어치는 것으로 부딪혀 훑어서 찌르는 자세이다. 연결동작으로 거위 형용과 오리걸음으로 달리며 내질러서 왼다리 왼손의 백원출동세(白猿出洞勢)로 앞을 향해 앞발을 내딛고 뒷발을 당겨 끌면서 전진하여 허리를 치는 동작이다. 상대방을 공격하는 동작이다.

13. 요격세 [공격]	14. 전시세 [방어]	15. 우익세 [방어]	16. 계격세 [공격]

요격세(腰擊勢)는 허리를 치는 동작이다. 발의 동작은 오른발을 무릎 위로 들고 왼발이 중심을 지탱하는 모습이다. 손의 동작은 양손으로 검의 손잡이를 잡고 있는 쌍수 형태이며, 눈의 시선은 후면 방향을 응시하고 있다. 도검의 위치는 왼쪽 허리에서 수평으로 정면을 향하며 칼날 또한 밑으로 향해 있다.

전체적인 동작의 도검기법은 비껴 질러서 가운데로 찌르는 것이다. 몸, 걸음, 손, 검이 급한 우레 같이 빠르니, 치는 법은 검중의 으뜸이 되는 격법이다. 연결동작으로 오른발 오른손의 참사세(斬蛇勢)로 앞을 향해 걸음이 나아가 역린자의 동작을 취한다. 상대방을 치는 공격 동작이다.

전시세(展翅勢)는 날개를 펴면서 차는 방어 동작이다. 발의 동작은 오른발과 왼발이 나란히 병렬보의 모습이다. 손의 동작은 양손으로 검의 손잡이를 잡고 있는 쌍수 형태이며, 눈의 시선은 정면의 아래 방향을 응시하고 있다. 도검의 위치는 칼날이 바깥쪽으로 향하여 신체의 명치에서 발 아래로 향하고 있다.

전체적인 동작의 도검기법은 얽어 꼬는 격법(格法)으로 위로 찌를 수 있고 밑에서 위로 치켜 훑어서 아래로 살(殺)할 수 있다. 연결동작으로 오른다리 오른손의 편섬세(偏閃勢)로 앞을 향해 앞발을 내딛고 뒷발을 끌어당겨 나아가서 거정격(擧鼎格)을 취한다. 상대방을 막는 방어 동작이다.

우익세(右翼勢)는 오른편 날개로 치는 방어 동작이다. 발의 동작은 오른발과 왼발이 나란히 있는 병렬보의 모습이다. 손의 동작은 양손으로 검의 손잡이를 잡고 있는 쌍수 형태이며, 눈의 시선은 오른쪽 방향을 응시하고 있다. 도검의 위치는 왼쪽 어깨에 칼등을 의지하고 있는 모습이다.

전체적인 동작의 도검기법은 양쪽 날개를 얽어 찌르는 것이다. 연결동작으로 왼다리 오른손의 안자세(雁字勢)로 앞을 향해 앞발이 전진하고 뒷발은 이에 따라 붙이며 나아가 허리를 치는 동작이다. 상대방을 방어하는 동작이다.

게격세(揭擊勢)는 도검을 들어 치는 동작이다. 발의 동작은 기마자세이다. 손의 동작은 양손으로 검의 손잡이를 잡고 있는 쌍수 형태이며, 눈의 시선은

정면 방향을 응시하고 있다. 도검의 위치는 왼쪽가슴에서 오른쪽 방향으로
칼날이 위로 올라가 수평하게 있는 모습이다.

전체적인 동작의 도검기법은 얽는 격으로 위로 찌르는 것이다. 연결동작
으로 한 걸음 한 걸음 걷는 방식으로 나아가 왼다리 왼손의 호좌세(虎坐勢)
로 앞을 향해 걸음을 물려 걸어 내질러 씻는 자세이다. 상대방을 공격하는
동작이다.

17. 좌협세 [공격]	18. 과좌세 [공격]	19. 흔격세 [공격]	20. 역린세 [공격]

좌협세(左夾勢)는 왼편으로 껴서 찌르는 동작이다. 발의 동작은 왼발이 앞
굽이 자세로 앞에 오른발이 뒤에서 중심을 지탱해 주는 모습이다. 손의 동작
은 양손으로 검의 손잡이를 잡고 있는 쌍수 형태이며, 눈의 시선은 정면 방
향의 위를 응시하고 있다. 도검의 위치는 왼쪽 허리에서 칼날이 위로 향하여
머리 방향으로 세운 모습이다.

전체적인 동작의 도검기법은 내질러 찔러서 가운데를 살(殺)하는 것이다.
연결동작으로 오른다리 오른손의 수두세(獸頭勢)로 앞을 향해 걸음이 나아
가며 허리를 치는 자세이다. 상대방을 찌르는 공격 동작이다.

과좌세(跨左勢)는 왼편으로 걸쳐 치는 동작이다. 발의 동작은 오른발과 왼
발이 나란히 있는 병렬보의 모습이다. 손의 동작은 양손으로 검의 손잡이를
잡고 있는 쌍수 형태이며, 눈의 시선은 정면 방향을 응시하고 있다. 도검의
위치는 신체의 단전에서 왼쪽으로 검을 옆으로 눕혀서 수평을 취하고 있는
모습이다. 칼날은 신체의 바깥쪽을 향하고 있다.

전체적인 동작의 도검기법은 쓸어 노략하여 아래로 찌르는 것이다. 연결

동작으로 오른다리 오른손의 제수세(提水勢)로 앞을 향해 걸음이 나아가 쌍으로 교차해 얽는 자세이다. 상대방을 치는 공격 동작이다.

흔격세(掀擊勢)는 흔들어 치는 동작이다. 발의 동작은 왼발이 앞으로 뻗어 있고, 오른 발이 뒤에서 중심을 잡고 있는 모습이다. 손의 동작은 양손으로 검의 손잡이를 잡고 있는 쌍수 형태이며, 눈의 시선은 정면 방향을 응시하고 있다. 도검의 위치는 칼날이 신체의 위쪽으로 향하여 오른쪽 어깨에서 시작하여 정면 방향을 보고 있다.

전체적인 동작의 도검기법은 흔들어 치켜 올려 위로 치거나 부딪혀 훑어 들어가 비비어 찌르는 것이다. 연결동작으로 왼다리 오른손의 조천세(朝天勢)로 앞을 향해 물러 걸어서 탄복자(坦腹刺)를 취하는 자세이다. 상대방을 치는 공격 동작이다.

역린세(逆鱗勢)는 비늘을 거슬러 찌르는 동작이다. 발의 동작은 왼발이 앞굽이 자세를 취하고 오른발이 뒤에서 밀어 주는 모습이다. 손의 동작은 양손으로 검의 손잡이를 잡고 있는 쌍수 형태이며, 눈의 시선은 뒤쪽의 정면 방향을 응시하고 있다. 도검의 위치는 신체의 단전에서 시작하여 상대방 눈까지 겨누고 있으며, 칼날은 밑으로 향하고 있다.

전체적인 동작의 도검기법은 목구멍과 목을 똑바로 찌를 수 있다. 연결동작으로 오른다리 오른손의 탐해세(探海勢)로 앞을 향해 앞발을 먼저 내딛고 뒷발을 끌어당기며 나아가 좌익격(左翼擊)을 취하는 자세이다. 상대방을 찌르는 공격 동작이다.

21. 염시세 [공격]	22. 우협세 [공격]	23. 봉두세 [공격]	24. 횡충세 [공격]

염시세(斂翅勢)는 날개를 거두고 치는 동작이다. 발의 동작은 오른 발이 앞에 왼발이 뒤에 있는 모습이다. 손의 동작은 양손으로 검의 손잡이를 잡고 있는 쌍수 형태이며, 눈의 시선은 뒤쪽의 정면 방향을 응시하고 있다. 도검의 위치는 신체의 단전에서 오른쪽 아래로 수평을 유지하여 칼날이 바깥쪽을 향하게 하고 있다.

전체적인 동작의 도검기법은 상대방 적에게 패한 척 속일 수 있다. 연속동작으로 왼손 왼발, 오른손 오른발의 발사세(拔蛇勢)로 거꾸로 물러나다가 갑자기 걸음을 내딛어 허리를 치는 자세이다. 상대방을 치는 공격 동작이다.

우협세(右夾勢)는 오른편으로 껴서 치는 동작이다. 발의 동작은 왼발이 앞굽이 자세로 나오고 오른발이 뒤에서 중심을 잡고 있는 모습이다. 손의 동작은 양손으로 검의 손잡이를 잡고 있는 쌍수 형태이며, 눈의 시선은 후면의 정면방향의 위쪽을 응시하고 있다. 도검의 위치는 칼날이 밑으로 오른쪽 허리에서 머리 방향의 앞쪽으로 향하고 있다.

전체적인 동작의 도검기법은 얽어 꼬아 찔러서 가운데로 찌를 수 있다. 연결동작으로 왼다리 오른손의 분충세(奔沖勢)로 앞을 향해서 걸어 거정격(擧鼎格)의 자세를 취한다. 상대방을 치는 공격 동작이다.

봉두세(鳳頭勢)는 봉의 머리로 씻는 동작이다. 발의 동작은 오른발이 앞에 왼발이 뒤에서 밀어주는 모습이다. 손의 동작은 양손으로 검의 손잡이를 잡고 있는 쌍수 형태이며, 눈의 시선은 정면 아래의 방향을 응시하고 있다. 도검의 위치는 신체의 단전에서 무릎 아래로 칼날이 밑으로 내려오는 하단의 형태를 취하고 있다.

전체적인 동작의 도검기법은 씻어 찔러 얽어서 살(殺)할 수 있다. 연결동작으로 오른다리 오른손의 백사농풍세(白蛇弄風勢)로 앞을 향해 앞발을 내딛고 뒷발을 끌어당겨 붙여 나아가 들어 치는 동작이다. 상대방을 치는 공격 동작이다.

횡충세(橫沖勢)는 가로질러 치는 동작이다. 발의 동작은 왼발이 앞쪽에 오른발이 뒤쪽이 위치하고 있는 모습이다. 손의 동작은 양손으로 검의 손잡이를 잡고 있는 쌍수 형태이며, 눈의 시선은 정면 방향을 응시하고 있다. 도검의 위치는 칼날이 위쪽으로 향하여 오른쪽 어깨에서 수평으로 정면 방향으로 향하고 있다.

전체적인 동작의 도검기법은 재빨리 뛰며, 머리를 숙여 피하고 둥글게 돌리면서 살(殺)하며 진퇴할 수 있고 양수 양각을 상황에 따라 질러 나아가 앞발을 내딛고 뒷발을 끌어 당겨 붙이면서 나아가며 밑에서 위로 치켜 올리면서 노략하는 자세이다. 상대방을 치는 공격 동작이다.

25. 태아도타세 [방어]	26. 여선참사세 [기타]	27. 양각조천세 [기타]	28. 금강보운세 [공격]

태아도타세(太阿倒他勢)는 적의 유효거리 안에 들어가 먼저 왼손으로 칼등을 굳게 잡고 오른손을 들어 하늘을 향하여 높이 쳐드는 방어 동작이다. 발의 동작은 왼발이 앞쪽에 오른발이 뒤에 있는 모습이다. 손의 동작은 왼손으로만 칼날을 잡고 있는 단수 형태이며, 눈의 시선은 정면 방향을 응시하고 있다. 도검의 위치는 왼쪽 허리에서 뒤쪽으로 칼날이 밑으로 향하여 있다.

전체적인 동작의 도검기법은 오른손과 오른쪽 무릎을 가볍게 치고 오른발로 왼발을 비스듬히 치고 그대로 거정세(擧鼎勢)로 들어가는 자세이다. 상대방을 제압하는 방어 동작이다.

여선참사세(呂仙斬蛇勢)는 왼손으로 허리를 고이고 오른손으로 비스듬히 칼 허리를 잡아 공중을 향하여 한길 남직한 높이로 던져 칼등이 원을 그리며 굴러 떨어지면 가만히 한걸음 나가서 손으로 받아 드는 동작이다.

발의 동작은 오른발을 들고 왼발이 뒤에서 중심을 잡아주는 모습이다. 손

의 동작은 양손에 검이 없는 형태이며, 눈의 시선은 정면 방향의 위를 응시
하고 있다. 도검의 위치는 정면 위에 공중에 떠 있다.

전체적인 동작의 도검기법은 기타이다. 공격과 방어를 정확하게 구분할
수 없기 때문이다.

양각조천세(羊角弔天勢)는 양의 뿔이 하늘에 닿는 듯한 동작이다. 검을 든
자가 무릎을 꿇고 칼날을 손가락 사이에 끼어서 빙빙 돌리면서 뿔이 하늘로
뻗쳐오른 양의 동작이다. 발의 동작은 기마자세이다. 손의 동작은 한 손을
쓰는 단수 형태이며, 눈의 시선은 정면의 위쪽 방향을 응시하고 있다. 도검
의 위치는 왼쪽의 머리 위쪽에 왼손 검지와 중지사이에 끼워져 있다.

전체적인 동작의 도검기법은 기타이다. 공격과 방어를 정확하게 구분할
수 없기 때문이다.

금강보운세(金剛步雲勢)는 세 차례 몸을 돌려 좌우로 돌아보고 높이 칼날
을 쳐들어 머리 위로 감쌌다가 휘두르며 내치는 동작이다. 발의 동작은 왼발
이 앞에 있으며, 오른발이 뒤에 있는 모습이다. 손의 동작은 양손으로 검의
손잡이를 잡고 있는 쌍수 형태이며, 눈의 시선은 정면의 위쪽 방향을 응시하
고 있다. 도검의 위치는 정면 머리 위에 칼날이 바깥쪽으로 향하고 있다.
전체적인 동작의 도검기법은 공격 동작이다.

이상과 같이 예도의 28세를 검토한 바, 공격기법은 점검세(點劍勢), 좌익
세(左翼勢), 표두세(豹頭勢), 탄복세(坦腹勢), 과우세(跨右勢), 어거세(御車勢),
전기세(展旗勢), 간수세(看守勢), 찬격세(鑽擊勢), 요격세(腰擊勢), 게격세(揭
擊勢), 좌협세(左夾勢), 과좌세(跨左勢), 흔격세(掀擊勢), 역린세(逆鱗勢), 염시
세(斂翅勢), 우협세(右夾勢), 봉두세(鳳頭勢), 횡충세(橫沖勢), 금강보운세(金
剛步雲勢) 등 19세이었다.

방어기법은 거정세(擧鼎勢), 요략세(撩掠勢), 어거세(御車勢), 은망세(銀蟒
勢), 전시세(殿翅勢), 우익세(右翼勢), 태아도타세(太阿倒他勢)등 7세였다. 이
외에 기타로 여선참사세(呂仙斬蛇勢), 양각조천세(羊角弔天勢)의 2세가 있었
다. 이를 통해 예도의 도검기법은 방어보다는 공격에 치중한 기법이라는 것

을 알 수 있었다.

3. 도검무예 기법 특징

정조대 편찬된 『무예도보통지』에는 한국(朝鮮)의 본국검(本國劍), 예도(銳刀), 중국(明)의 제독검(提督劍), 쌍검(雙劍), 월도(月刀), 협도(挾刀), 등패(藤牌), 일본(倭)의 쌍수도(雙手刀), 왜검(倭劍), 왜검교전(倭劍交戰)등 삼국의 도검무예가 실려 있다. 도검형태를 구분하는 방식으로는 금식(今式, 한국), 화식(華式, 중국), 왜식(倭式, 일본)의 3가지 그림으로 구분하여 쉽게 이해할 수 있도록 하였다.

아울러 각각의 도검기법에는 '세(勢)'를 붙여 그 동작이 의미하는 뜻을 파악할 수 있도록 하였다. 『무예도보통지』에 권2와 권3에 실려 있는 한국의 도검무예는 본국검(本國劍)과 예도(銳刀)의 2기이다. 우리나라 도검무예 기법의 특징을 정리하면 다음과 같다.

본국검(本國劍)은 지검대적세(持劍對賊勢)로 시작하여 내략세(內掠勢), 진전격적세(進前擊賊勢), 금계독립세(金鷄獨立勢), 후일격세(後一擊勢), 금계독립세(金鷄獨立勢), 맹호은림세(猛虎隱林勢), 안자세(雁字勢), 직부송서세(直符送書勢), 발초심사세(撥艸尋蛇勢), 표두압정세(豹頭壓頂勢), 조천세(朝天勢), 좌협수두세(左挾獸頭勢), 향우방적세(向右防賊勢), 전기세(展旗勢), 좌요격세(左腰擊勢), 우요격세(右腰擊勢), 후일자세(後一刺勢), 장교분수세(長蛟噴水勢), 백원출동세(白猿出洞勢), 우찬격세(右鑽擊勢), 용약일자세(勇躍一刺勢), 향전살적세(向前殺賊勢), 시우상전세(兕牛相戰勢)로 마치는 것 총 24세이었다.

본국검(本國劍)의 24세 동작을 대상으로 공방기법을 구분하여 살펴보면 다음과 같다. 공격기법은 진전격적세(進前擊賊勢), 후일격세(後一擊勢), 안자세(雁字勢), 직부송서세(直符送書勢), 발초심사세(撥艸尋蛇勢), 표두압정세(豹頭壓頂勢), 좌요격세(左腰擊勢), 우요격세(右腰擊勢), 후일자세(後一刺勢), 장교분수세(長蛟噴水勢), 우찬격세(右鑽擊勢), 용약일자세(勇躍一刺勢), 향전살적세(向前殺賊勢), 시우상전세(兕牛相戰勢)의 14세이었다.

방어기법은 지검대적세(持劍對賊勢), 내략세(內掠勢), 금계독립세(金鷄獨立勢-중복), 맹호은림세(猛虎隱林勢), 조천세(朝天勢), 좌협수두세(左挾獸頭勢), 향우방적세(向右防賊勢), 전기세(展旗勢), 백원출동세(白猿出洞勢)의 10세이었다. 이들 자세들을 공방의 기법으로 분류하여 살펴본 바, 공격은 14세, 방어는 10세로 본국검은 공격 위주의 기법이었다.

예도(銳刀)는 전체 동작이 거정세(擧鼎勢)를 시작으로 점검세(點劍勢), 좌익세(左翼勢), 표두세(豹頭勢), 탄복세(坦腹勢), 과우세(跨右勢), 요략세(撩掠勢), 어거세(御車勢), 전기세(展旗勢), 간수세(看守勢), 은망세(銀蟒勢), 찬격세(鑽擊勢), 요격세(腰擊勢), 전시세(殿翅勢), 우익세(右翼勢), 게격세(揭擊勢), 좌협세(左夾勢), 과좌세(跨左勢), 흔격세(掀擊勢), 역린세(逆鱗勢), 염시세(斂翅勢), 우협세(右夾勢), 봉두세(鳳頭勢), 횡충세(橫沖勢), 태아도타세(太阿倒他勢), 여선참사세(呂仙斬蛇勢), 양각조천세(羊角弔天勢), 금강보운세(金剛步雲勢)로 마치는 28세이었다.

예도(銳刀)의 28세 동작을 대상으로 공방기법을 구분하여 살펴보면 다음과 같다. 공격기법은 점검세(點劍勢), 좌익세(左翼勢), 표두세(豹頭勢), 탄복세(坦腹勢), 과우세(跨右勢), 어거세(御車勢), 전기세(展旗勢), 간수세(看守勢), 찬격세(鑽擊勢), 요격세(腰擊勢), 게격세(揭擊勢), 좌협세(左夾勢), 과좌세(跨左勢), 흔격세(掀擊勢), 역린세(逆鱗勢), 염시세(斂翅勢), 우협세(右夾勢), 봉두세(鳳頭勢), 횡충세(橫沖勢), 금강보운세(金剛步雲勢)의 19세이었다.

방어기법은 거정세(擧鼎勢), 요략세(撩掠勢), 어거세(御車勢), 은망세(銀蟒勢), 전시세(殿翅勢), 우익세(右翼勢), 태아도타세(太阿倒他勢)의 7세이었다. 이외에 기타 동작으로는 여선참사세(呂仙斬蛇勢), 양각조천세(羊角弔天勢)의 2세이었다. 예도(銳刀)의 자세들을 대상으로 전체적인 공방기법을 분류하여 살펴본 바, 공격은 19세, 방어는 7세, 공방은 2세로 예도는 공격 위주의 기법이었다.

이상과 같이 한국의 도검무예인 본국검(本國劍)과 예도(銳刀) 2기의 공방기법을 개별 도검무예별로 살펴보았다. 전체적인 동작과 기법의 특징에 대한 내용은 〈표 5〉에 자세하다.

〈표 5〉 한국의 도검무예 기법 특징

도검무예명	전체동작	도검기법			특징
		공격	방어	공방	
본국검(本國劍)	24	14	10	0	공격
예도(銳刀)	28	19	7	2	
총계	52	33	17	2	

위의 〈표 5〉를 통해 알 수 있는 것은 한국의 도검무예인 본국검(本國劍), 예도(銳刀) 2기의 전체동작의 수는 52개, 공방의 기법으로는 공격이 33개, 방어는 17개, 기타는 2개로 나타났다. 세부적으로는 본국검은 24개 동작에 공격 14개, 방어 10개로 공격 위주의 도검기법이었다. 예도가 28개 동작에 공격이 19개, 방어 7개, 기타 2개로 공격 위주의 도검기법이었다. 이를 통해 한국의 도검무예인 본국검(本國劍)과 예도(銳刀)는 전체동작이 방어보다는 공격 위주의 도검기법을 많이 사용하고 있음을 알 수 있었다.

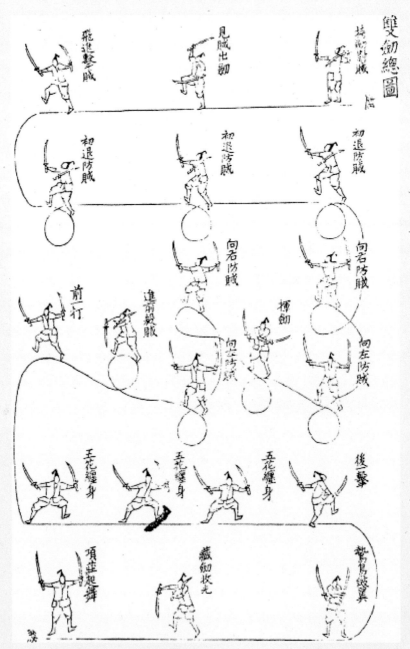

| 쌍검총도 전체 |

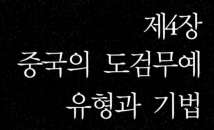

제4장
중국의 도검무예
유형과 기법

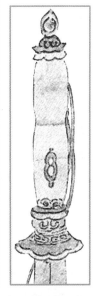

| 소나무와 선인(松下人物圖) | 국립중앙박물관 소장

칼-부분

| 청나라 병사 그림(胡兵圖) | 국립중앙박물관 소장

1. 제독검(提督劍)과 쌍검(雙劍)

1) 제독검(提督劍)

제독검(提督劍)은 『무예도보통지』 권3에 실려 있다. 제독검은 예도처럼 허리에 차는 칼이라고 하였다.[76] 제독검의 유래는 이여송이 창안했으며 전체 14세로 구성되었다고 밝히고 있다.[77] 이 검법은 임진왜란 시기 명나라 장수들을 통하여 조선에 전해졌다.

특히 명나라 장수 낙상지(駱尚志)가 당시 영의정으로 있던 유성룡(柳成龍)에게 건의하여 명나라 교사(教師)들에게 조선의 금군 한사립(韓士立) 등 70여 명이 창, 검, 낭선 등 단병무예를 체계적으로 배웠다는 내용이다. 또한 낙상지가 이여송 제독 밑에 있었으므로 제독검이 여기서 나왔다고 설명하고 있다.[78] 또한, 제독검은 유성룡이 편찬한 『징비록』과 『역림』의 인용문헌이 기록되어 있다.

제독검의 전체 '세(勢)'는 14개 동작으로 이루어져 있다. 대적출검세(對賊出劍勢)로 시작하여 진전살적세(進前殺賊勢), 향우격적세(向右擊賊勢), 향좌격적세(向左擊賊勢), 휘검향적세(揮劍向賊勢), 진전살적세(進前殺賊勢), 초퇴방적세(初退防賊勢), 향후격적세(向後擊賊勢), 향우방적세(向右防賊勢), 향좌방적세(向左防賊勢), 용약일자세(勇躍一刺勢), 재퇴방적세(再退防賊勢), 식검사적세(拭劍伺賊勢), 장검고용세(藏劍賈勇勢)로 마치는 것이다. 각 세들을 전체적으로 설명하면 〈그림 1-18〉에 자세하다.

〈그림 1-18〉 제독검 전체 동작

순서	자세명	무예도보통지(한국)	기법
1	대적출검세 (對賊出劍勢)		방어

순서	자세명	무예도보통지(한국)	기법
2	진전살적세 (進前殺賊勢)		공격
3	향우격적세 (向右擊賊勢)		공격
4	향좌격적세 (向左擊賊勢)		공격
5	휘검향적세 (揮劍向賊勢)		공격
6	진전살적세 (進前殺賊勢)		공격
7	초퇴방적세 (初退防賊勢)		방어

순서	자세명	무예도보통지(한국)	기법
8	향후격적세 (向後擊賊勢)		공격
9	향우방적세 (向右防賊勢)		방어
10	향좌방적세 (向左防賊勢)		방어
11	용약일자세 (勇躍一刺勢)		공격
12	재퇴방적세 (再退防賊勢)		방어
13	식검사적세 (拭劍伺賊勢)		방어

순서	자세명	무예도보통지(한국)	기법
14	장검고용세 (藏劍賈勇勢)		방어

위의 〈그림 1-18〉은 제독검(提督劍)의 전체 동작 14세를 정리한 내용이다.
『무예도보통지』 권3의 제독검보(提督劍譜)에서는 그림 1장에 2인이 1조가
되어서 각자 1가지 세를 취하는 형식으로 2세씩 나와 있다. 각 세에 대한
내용이 총 7장으로 구성되어 있다. 각 세에 보이는 내용을 검토하면 다음과
같다.

1. 대적출검세 [방어]	2. 진전살적세 [공격]	3. 향우격적세 [공격]	4. 향좌격적세 [공격]	5. 휘검향적세 [공격]

대적출검세(對賊出劍勢)는 적을 마주보고 검을 뽑는 동작이다. 발의 동작
은 왼발이 앞에 나오고 오른발이 뒤에 있는 모양이다. 손의 동작은 오른손으
로 검을 잡고 있는 단수 형태이다. 눈의 시선은 정면 방향을 응시하고 있다.
도검의 위치는 몸은 정면을 응시하고 왼손은 왼쪽 허리를 잡고 오른손은 검
을 잡고 머리 뒤쪽으로 왼쪽어깨 위에 칼등이 밑을 보도록 수평으로 올려놓
은 모양이다. 전체적인 동작의 도검기법은 방어 자세이다.

진전살적세(進前殺賊勢)는 앞으로 나아가 검으로 적을 베는 동작이다. 발
의 동작은 오른발이 무릎 높이로 들려 앞에 나오고 왼발이 뒤에서 밀어주는

모양이다. 손의 동작은 양손으로 검의 손잡이를 잡고 있는 쌍수 형태이며, 눈의 시선은 정면 방향을 응시하고 있다. 도검의 위치는 몸의 단전에서부터 칼날이 위로 향하는 모양이다. 전체적인 동작의 도검기법은 공격 자세이다.

향우격적세(向右擊賊勢)는 오른쪽을 향해 적을 공격하는 동작이다. 발의 동작은 오른발이 앞굽이 자세로 무릎을 굽혀 앞에 나오고 왼발이 뒤에서 밀어주는 모양이다. 손의 동작은 양손으로 검의 손잡이를 잡고 있는 쌍수 형태이며, 눈의 시선은 정면 방향을 응시하고 있다. 도검의 위치는 오른쪽어깨에서 수평으로 칼날을 위로 틀어서 상대방 오른쪽 가슴을 향해 팔을 쭉 뻗고 있는 모습이다. 전체적인 동작의 도검기법은 상대방의 오른쪽 가슴을 찌르는 공격 자세이다.

향좌격적세(向左擊賊勢)는 왼쪽을 향해 적을 공격하는 동작이다. 발의 동작은 오른발이 앞굽이 자세로 무릎을 굽혀 앞에 나오고 왼발이 뒤에서 밀어주는 모양이다. 손의 동작은 양손으로 검의 손잡이를 잡고 있는 쌍수 형태이며, 눈의 시선은 정면 방향을 응시하고 있다. 도검의 위치는 오른쪽어깨에서 수평으로 칼날을 위로 틀어서 상대방 왼쪽 가슴을 향해 팔을 쭉 뻗고 있는 모습이다. 전체적인 동작의 도검기법은 상대방의 왼쪽 가슴을 찌르는 공격 자세이다.

휘검향적세(揮劍向賊勢)는 적을 향해 검을 휘두르는 동작이다. 발의 동작은 오른발이 앞굽이 자세로 무릎을 굽혀 앞에 나오고 왼발이 뒤에서 밀어주는 모양이다. 손의 동작은 양손으로 검의 손잡이를 잡고 있는 쌍수 형태이며, 눈의 시선은 정면 방향을 응시하고 있다. 도검의 위치는 양팔을 쭉 뻗어 어깨에서부터 칼날을 돌려서 수평으로 찌르는 모양이다. 전체적인 동작의 도검기법은 찌르는 공격 자세이다.

6. 진전살적세 [공격]	7. 초퇴방적세 [방어]	8. 향후격적세 [공격]	9. 향우방적세 [방어]	10. 향좌방적세 [방어]

진전살적세(進前殺賊勢)는 앞으로 나아가 검으로 적을 베는 동작이다. 발의 동작은 오른발이 무릎 높이로 들려 앞에 나오고 왼발이 뒤에서 밀어주는 모양이다. 손의 동작은 양손으로 검의 손잡이를 잡고 있는 쌍수 형태이며, 눈의 시선은 정면 방향을 응시하고 있다. 도검의 위치는 몸의 단전에서부터 칼날이 위로 향하는 모양이다. 전체적인 동작의 도검기법은 공격 자세이다.

초퇴방적세(初退防賊勢)는 처음 물러났다가 적을 방어하는 동작이다. 발의 동작은 오른발이 무릎 높이로 들어 앞에 나오고 왼발이 뒤에서 밀어주는 모양이다. 손의 동작은 양손으로 검의 손잡이를 잡고 있는 쌍수 형태이며, 눈의 시선은 오른쪽 방향을 응시하고 있다. 도검의 위치는 양손이 검을 잡고 왼쪽 어깨 위에서 수평으로 칼날이 위로 가게 앞으로 막고 있는 모습이다. 전체적인 동작의 도검기법은 방어 자세이다.

향후격적세(向後擊賊勢)는 뒤를 향해 적을 내려치는 동작이다. 발의 동작은 오른발이 무릎 높이로 들어 앞에 나오고 왼발이 뒤에 있는 모양이다. 손의 동작은 양손으로 검의 손잡이를 잡고 있는 쌍수 형태이며, 눈의 시선은 뒤의 정면 방향을 응시하고 있다. 도검의 위치는 몸이 뒤로 향한 상태에서 양손이 검을 잡고 오른쪽 무릎에서부터 칼날이 위로 향하고 있는 모습이다. 전체적인 동작의 도검기법은 상대방을 치는 공격 자세이다.

향우방적세(向右防賊勢)는 오른쪽을 향해 적을 방어하는 동작이다. 발의 동작은 오른발이 무릎 높이로 들어 앞에 나오고 왼발이 뒤에서 밀어주는 모양이다. 손의 동작은 양손으로 검의 손잡이를 잡고 있는 쌍수 형태이며, 눈

의 시선은 정면 방향을 응시하고 있다. 도검의 위치는 양손으로 검을 잡고
칼날을 틀어서 양팔을 쭉 뻗어 오른쪽을 막는 모습이다. 전체적인 동작의
도검기법은 오른쪽을 막는 방어 자세이다.

향좌방적세(向左防賊勢)는 왼쪽을 향해 적을 방어하는 동작이다. 발의 동
작은 오른발이 앞굽이 자세로 무릎을 굽혀 앞에 나오고 왼발이 뒤에서 밀어
주는 동작이다. 손의 동작은 양손으로 검의 손잡이를 잡고 있는 쌍수 형태이
며, 눈의 시선은 정면 방향을 응시하고 있다. 도검의 위치는 양손으로 검을
잡고 칼날을 틀어서 양팔을 쭉 뻗어 왼쪽을 막는 모습이다. 전체적인 동작의
도검기법은 왼쪽을 막는 방어 자세이다.

11. 용약일자세 [공격]	12. 재퇴방적세 [방어]	13. 식검사적세 [방어]	14. 장검고용세 [방어]

용약일자세(勇躍一刺勢)는 일보 앞으로 뛰어 올랐다가 나아가며 찌르는
동작이다. 발의 동작은 오른발이 앞에 있고 왼발이 뒤에 서 있는 모습이다.
손의 동작은 양손으로 검의 손잡이를 잡고 있는 쌍수 형태이며, 눈의 시선은
정면 방향을 응시하고 있다. 도검의 위치는 양손이 검을 잡고 칼날을 위로
돌려 어깨 앞으로 수평을 유지한 채 쭉 뻗어있는 모양이다. 전체적인 동작의
도검기법은 찌르는 공격 자세이다.

재퇴방적세(再退防賊勢)는 다시 물러나서 적을 방어하는 동작이다. 발의
동작은 오른발이 무릎 높이로 들어 앞에 나오고 왼발이 뒤에서 밀어주는 모
양이다. 손의 동작은 양손으로 검의 손잡이를 잡고 있는 쌍수 형태이며, 눈
의 시선은 왼쪽 방향을 응시하고 있다. 도검의 위치는 양손이 검을 잡고 왼

쪽어깨에 의지하여 수직으로 세운 상태의 모습이다. 전체적인 동작의 도검기법은 왼쪽을 방어하는 자세이다.

식검사적세(拭劍伺賊勢)는 검을 닦으며 적의 동향을 살피는 동작이다. 발의 동작은 몸을 숙인 채 왼발이 앞에 나와 있고 오른발이 뒤에 모양이다. 손의 동작은 오른손만으로 검을 잡고 있는 단수 형태이며, 눈의 시선은 왼쪽 방향의 뒤를 돌아보는 모습이다. 도검의 위치는 왼쪽의 뒤편의 어깨부터 아래로 칼날을 바깥으로 향하여 막고 있는 모습이다. 전체적인 동작의 도검기법은 왼쪽 뒤편의 적을 막기 위한 방어 자세이다.

장검고용세(藏劍賈勇勢)는 검을 감추고 날쌘 용맹으로 마무리 하는 동작이다. 발의 동작은 오른발이 앞에 나와 있고 왼발이 뒤에서 밀어주는 모양이다. 손의 동작은 오른손만으로 검을 잡고 있는 단수 형태이며, 눈의 시선은 정면방향을 응시하고 있다. 도검의 위치는 양팔을 벌려 채로 왼손에 검을 잡고 수평으로 뒤로 감추고 있는 모습이다. 전체적인 동작의 도검기법은 방어 자세이다.

이상과 같이 제독검의 전체동작 14세를 검토한 바, 공격기법은 진전살적세(進前殺賊勢), 향우격적세(向右擊賊勢), 향좌격적세(向左擊賊勢), 휘검향적세(揮劍向賊勢), 진전살적세(進前殺賊勢), 향후격적세(向後擊賊勢), 용약일자세(勇躍一刺勢),의 7세였다. 방어기법은 대적출검세(對賊出劍勢), 초퇴방적세(初退防賊勢), 향우방적세(向右防賊勢), 향좌방적세(向左防賊勢), 재퇴방적세(再退防賊勢), 식검사적세(拭劍伺賊勢), 장검고용세(藏劍賈勇勢)의 7세였다. 이를 통해 제독검의 전제척인 도검기법은 공격과 방어가 조화롭게 구성된 도검무예라는 것을 알 수 있었다.

2) 쌍검(雙劒)

쌍검(雙劒)은 『무예도보통지』 권3에 실려 있다. 쌍검은 다른 도검무예와는 달리 연원과 유래에 대한 내용이 기록되어 있지 않다. 쌍검은 두 개의

작은 검을 운용하는 기술이라고 볼 수 있다.

『무예도보통지』 권3에는 쌍검에 대한 형태가 그림으로 나와 있지는 않고 다만 칼날 길이와 자루길이 그리고 무게에 대한 내용이 간략하게 설명되어 있을 뿐이다. 또한 그림을 그리지 않은 이유를 요도(腰刀)의 가장 짧은 것을 택하여 사용했기 때문이라고 하였다.[79]

쌍검은 임진왜란 당시 선조가 명나라의 군사가 시범 보이는 쌍검을 인상 깊게 보고서 쌍검 교습을 훈련도감에 전교하는 내용이 있다.[80] 선조가 의주 (義州)에서 중국 군사의 쌍검을 보고 흡족하여 훈련도감에게 전교하여 쌍검 을 훈련시키는 일을 논의 하는 과정이다. 여기서 훈련도감은 쌍검의 도검무 예가 다른 기예보다 어려우므로 살수 중에서 특출한 자를 선정하여 집중적 으로 쌍검을 가르치게 하겠다는 내용이다. 또한 선조가 쌍검에 대한 중국의 고사(故事)를 들어 설명하고 있다. 이를 통해 쌍검은 중국에서 그 근원을 찾 을 수 있을 것이다.

쌍검에 실려 있는 인용문헌은 『예기도식』, 『무편』, 『원사』〈왕영전〉, 『병 략찬문』, 『가어』, 『사기』, 『춘추번로』, 『열사전』, 『방언』, 『정자통』, 『예기』 등 이다. 이 중에서 주목되는 인용문헌은 『무편』이다.

쌍검의 전체 '세(勢)'는 13개의 동작으로 이루어져 있다. 지검대적세(持劍 對賊勢)로 시작하여 견적출검세(見賊出劍勢), 비진격적세(飛進擊賊勢), 초퇴 방적세(初退防賊勢), 향우방적세(向右防賊勢), 향좌방적세(向左防賊勢), 진전 살적세(進前殺賊勢), 향좌방적세(向左防賊勢), 오화전신세(五花纏身勢), 향후 격적세(向後擊賊勢), 지조염익세(鷙鳥斂翼勢), 장검수광세(藏劍收光勢), 항장 기무세(項莊起舞勢)로 마치는 것이다. 각 세 들을 전체적으로 설명하면 〈그 림 1-19〉에 자세하다.

〈그림 1-19〉 쌍검 전체 동작

순서	자세명	무예도보통지(한국)	기법
1	지검대적세 (持劍對賊勢)		방어
2	견적출검세 (見賊出劍勢)		방어
3	비진격적세 (飛進擊賊勢)		공격
4	초퇴방적세 (初退防賊勢)		방어
5	향우방적세 (向右防賊勢)		방어
6	향좌방적세 (向左防賊勢)		방어

순서	자세명	무예도보통지(한국)	기법
7	진전살적세 (進前殺賊勢)		공격
8	향좌방적세 (向左防賊勢)		방어
9	오화전신세 (五花纏身勢)		방어
10	향후격적세 (向後擊賊勢)		공격
11	지조염익세 (鷙鳥斂翼勢)		방어
12	장검수광세 (藏劍收光勢)		공격

순서	자세명	무예도보통지(한국)	기법
13	항장기무세 (項莊起舞勢)		공격

위의 〈그림 1-19〉는 쌍검(雙劍)의 전체 동작 13세를 정리한 내용이다. 『무예도보통지』권3의 쌍검보(雙劍譜)에서는 그림 1장에 2인이 1조가 되어서 각자 1가지 세를 취하는 형식으로 2세씩 나와 있다. 각 세에 대한 내용이 총 7장으로 구성되어 있으며, 맨 마지막 장에는 1세만 나와 있다. 각 세에 보이는 내용을 검토하면 다음과 같다.

1. 지검대적세 [방어]	2. 견적출검세 [방어]	3. 비진격적세 [공격]	4. 초퇴방적세 [방어]	5. 향우방적세 [방어]

지검대적세(持劍對賊勢)는 검을 의지하여 상대방과 대적하고 있는 동작이다. 발의 동작은 오른발과 왼발이 나란히 서 있는 모양이다. 손의 동작은 양손으로 검의 손잡이를 잡고 있는 쌍수 형태이며, 눈의 시선은 오른쪽 방향의 위를 응시하고 있다. 도검의 위치는 오른쪽 검은 오른 어깨에 지고 왼쪽 검은 이마 위에 들고 바로 서 있는 모습이다. 전체적인 동작의 도검기법은 방어 자세이다.

견적출검세(見賊出劍勢)는 적을 보고 검을 뽑는 동작이다. 발의 동작은 오른발이 무릎 위로 들어 앞에 나오고 왼발이 뒤에서 밀어주는 모양이다. 손의 동작은 양손으로 검의 손잡이를 잡고 있는 쌍수 형태이며, 눈의 시선은 정면 방향을 응시하고 있다. 도검의 위치는 오른쪽 검은 오른쪽 어깨 위에 들고 있고 왼쪽 검은 왼쪽 허리 앞에 수평으로 들고 있다. 전체적인 동작의 도검 기법은 오른손과 왼 다리로 한 걸음 뛰는 방어 자세이다.

비진격적세(飛進擊賊勢)는 빨리 앞으로 나아가 적을 치는 동작이다. 발의 동작은 오른발을 무릎 위로 들어 올려 앞으로 나가고 왼발이 뒤에서 밀어주는 모양이다. 손의 동작은 양손으로 검의 손잡이를 잡고 있는 쌍수 형태이며, 눈의 시선은 정면 방향을 응시하고 있다. 오른쪽 검과 왼쪽 검은 동시에 양팔을 벌려 양쪽 어깨 높이에서 바깥쪽을 향하고 있는 모습이다. 전체적인 동작의 도검기법은 오른손과 오른발로 한 번 치는 공격 자세이다.

초퇴방적세(初退防賊勢)는 처음 물러나서 적을 방어하는 동작이다. 발의 동작은 오른발이 앞굽이 자세로 무릎을 굽혀 앞에 있고 왼발이 뒤에서 밀어주는 모양이다. 손의 동작은 양손으로 검의 손잡이를 잡고 있는 쌍수 형태이며, 눈의 시선은 정면 방향의 위를 응시하고 있다.

도검의 위치는 오른쪽 검은 왼쪽 겨드랑이에 끼어 칼날이 위로 향하고 하고 왼손 검은 팔을 뻗어 어깨에서 위를 향하고 있는 모습이다. 전체적인 동작의 도검기법은 오른쪽 칼을 왼쪽 겨드랑이 끼고 오른쪽으로 세 번 돌아 물러나는 자세이다.

향우방적세(向右防賊勢)는 오른쪽으로 향하여 적을 방어하는 동작이다. 발의 동작은 왼발이 앞굽이 자세로 무릎을 굽혀 앞에 나오고 오른발이 뒤에서 밀어주는 모양이다. 손의 동작은 양손으로 검의 손잡이를 잡고 있는 쌍수 형태이며, 눈의 시선은 오른쪽 방향을 응시하고 있다. 도검의 위치는 오른쪽 검은 오른쪽 어깨의 뒤쪽에 있고 왼쪽 검은 왼쪽 어깨의 앞쪽에 있다. 칼날이 모두 바깥쪽을 향하고 있다. 전체적인 동작의 도검기법은 방어 자세이다.

6. 향좌방적세 [방어]	7. 진전살적세 [공격]	8. 향좌방적세 [방어]	9. 오화전신세 [방어]	10. 향후격적세 [공격]

향좌방적세(向左防賊勢)는 왼쪽으로 향하여 적을 방어하는 동작이다. 발의 동작은 오른발이 앞굽이 자세로 무릎을 굽혀 앞에 나오고 왼발이 뒤에서 밀어주는 모양이다. 손의 동작은 양손으로 검의 손잡이를 잡고 있는 쌍수 형태이며, 눈의 시선은 왼쪽 방향을 응시하고 있다.

도검의 위치는 오른쪽 검은 오른쪽 어깨위로 왼쪽 검은 왼쪽 어깨 위로 양쪽 어깨가 모두 나란히 펴진 상태에서 칼날이 바깥쪽을 향하고 있는 모습이다. 전체적인 동작의 도검기법은 방어 자세이다.

진전살적세(進前殺賊勢)는 앞으로 나아가 검으로 적을 베는 동작이다. 발의 동작은 오른발이 앞굽이 자세로 앞에 나오고 왼발이 뒤에서 밀어주는 모양이다. 손의 동작은 양손으로 검의 손잡이를 잡고 있는 쌍수 형태이며, 눈의 시선은 왼쪽 방향을 응시하고 있다.

도검의 위치는 왼쪽 검은 오른쪽 겨드랑이에 끼고 오른쪽 검은 오른쪽 어깨에서 팔을 쭉 뻗어 아래로 칼날을 향하고 있는 모습이다. 전체적인 동작의 도검기법은 오른손과 오른 발로 앞을 한 번 치는 공격 자세이다.

향좌방적세(向左防賊勢)는 왼쪽으로 향하여 적을 방어하는 동작이다. 발의 동작은 오른발이 앞굽이 자세로 무릎을 굽혀 앞에 나오고 왼발이 뒤에서 밀어주는 모양이다. 손의 동작은 양손으로 검의 손잡이를 잡고 있는 쌍수 형태이며, 눈의 시선은 왼쪽 방향을 응시하고 있다. 도검의 위치는 오른쪽 검이 오른쪽 어깨위로 왼쪽 검은 왼쪽 어깨 위로 양쪽 어깨가 모두 나란히 펴진 상태에서 칼날이 바깥쪽을 향하고 있는 모습이다. 전체적인 동작의 도검기법은 방어 자세이다.

오화전신세(五花纏身勢)는 다섯 개의 꽃이 몸을 감싼다는 의미의 동작이다. 발의 동작은 왼발이 무릎 높이로 들어 앞에 나오고 오른발이 뒤에서 밀어주는 모양이다. 손의 동작은 양손으로 검의 손잡이를 잡고 있는 쌍수 형태이며, 눈의 시선은 후면의 앞쪽 방향을 응시하고 있다.

도검의 위치는 오른손 검이 팔을 옆으로 벌려 바깥쪽으로 향하고, 왼손 검은 몸의 앞쪽에 왼쪽 팔을 쭉 뻗은 상태로 칼날이 앞을 향하고 있는 모습이다. 전체적인 동작의 도검기법은 현란한 움직임으로 몸을 방어하는 자세이다.

향후격적세(向後擊賊勢)는 뒤를 향하여 적을 치는 동작이다. 발의 동작은 오른발이 무릎 높이로 들어 앞에 나가고 왼발이 뒤에서 밀어주는 모양이다. 손의 동작은 양손으로 검의 손잡이를 잡고 있는 쌍수 형태이며, 눈의 시선은 후면 방향의 앞쪽을 응시하고 있다.

도검의 위치는 오른손 검은 무릎 앞쪽에 있고 왼손 검은 왼쪽 팔을 뒤로 쭉 뻗어 몸의 뒤쪽에 있는 모습이다. 전체적인 동작의 도검기법은 공격 자세이다.

11. 지조염익세 [방어]	12. 장검수광세 [공격]	13. 항장기무세 [공격]

지조염익세(鷙鳥斂翼勢)는 새가 날개를 거두듯이 검을 접는 동작이다. 발의 동작은 오른발이 무릎을 굽혀 앞에 나오고 왼발이 뒤에 있는 모양이다. 손의 동작은 양손으로 검의 손잡이를 잡고 있는 쌍수 형태이며, 눈의 시선은 왼쪽방향을 응시하고 있다. 도검의 위치는 양손을 교차하여 오른쪽 검은 왼쪽 겨드랑이에 끼고 왼쪽 검은 오른쪽 겨드랑이게 끼고 있는 모습이다. 전체적인 동작의 도검기법은 방어 자세이다.

장검수광세(藏劍收光勢)는 검을 빛처럼 거두는 듯 한 동작이다. 발의 동작은 오른발이 무릎 위로 앞을 향하고 왼발이 뒤에서 밀어주는 모양이다. 손의 동작은 양손으로 검의 손잡이를 잡고 있는 쌍수 형태이며, 눈의 시선은 정면 방향을 응시하고 있다.

도검의 위치는 왼손 검은 오른쪽 겨드랑이에 끼고 오른손 검은 정면의 가슴에서부터 아래로 향하고 있는 모습이다. 전체적인 동작의 도검기법은 왼쪽 검을 오른쪽 겨드랑이에 끼고 오른쪽 검으로 오른발을 쳐들고 안으로 스쳐 한걸음 뛰어 좌우로 씻어 오른발을 들어 왼쪽 손과 왼쪽 다리로 앞을 한 번 찌르는 공격 자세이다.

항장기무세(項莊起舞勢)는 왼쪽 검으로 오른쪽을 한 번 씻어 대문을 만드는 동작이다. 발의 동작은 오른발과 왼발이 나란히 서 있는 모양이다. 손의 동작은 양손으로 검의 손잡이를 잡고 있는 쌍수 형태이며, 눈의 시선은 왼쪽 방향을 응시하고 있다.

도검의 위치는 양쪽 어깨를 나란히 벌려 오른손 검과 왼손 검이 어깨 높이에서 위로 향하고 있는 모습이다. 전체적인 동작의 도검기법은 공격 자세이다. 이상과 같이 쌍검의 전체동작 13세를 검토한 바, 공격기법은 비진격적세(飛進擊賊勢), 진전살적세(進前殺賊勢), 향후격적세(向後擊賊勢), 검수광세(藏劍收光勢), 항장기무세(項莊起舞勢) 등 5세였다. 방어기법은 지검대적세(持劍對賊勢), 견적출검세(見賊出劍勢), 초퇴방적세(初退防賊勢), 향우방적세(向右防賊勢), 향좌방적세(向左防賊勢), 향좌방적세(向左防賊勢), 오화전신세(五花纏身勢), 지조염익세(鷙鳥斂翼勢) 등 8세였다. 이를 통해 쌍검의 도검기법은 공격보다는 방어에 치중한 도검무예라는 것을 파악할 수 있었다.

2. 월도(月刀)와 협도(挾刀)

1) 월도(月刀)

월도(月刀)는 1610년(광해군 2)에 편찬된 『무예제보번역속집』에 청룡언월도(靑龍偃月刀)라는 명칭으로 처음 나온다. 먼저 청룡언월도의 실물 그림을 그려 넣고 길이와 넓이 등을 언해로 설명한 청룡언월도제(靑龍偃月刀製), 다음은 청룡언월도를 익히는 보에 대한 내용으로 각 자세에 대한 설명과 11개의 자세 동작 그림이 나와 있는 청룡언월도보(靑龍偃月刀譜)가 실려 있다.

다음은 청룡언월도의 자세명을 순서대로 그려놓은 청룡언월도세총도(靑龍偃月刀勢總圖), 마지막으로 청룡언월도에 대한 자세한 내용을 언해로 풀이한 청룡언월도 익히는 보인 '청룡언월도 니기는 보'로 구성되어 있다.

이처럼 『무예제보번역속집』 단계에서도 하나의 기예를 무기의 제원, 개별동작을 설명한 보, 전체동작의 자세 순서도를 그린 총도, 이해하기 쉽게 풀이한 언해 등 4단계로 구성하여 군사들이 월도에 대한 실제적인 훈련에 사용할 수 있게 배려한 점이 부각되었다.

『무예제보번역속집』에 실려 있는 청룡언월도의 전체 13개 동작의 자세명을 살펴보면, 용약재연세(龍躍在淵勢)를 시작으로 신월상천세(新月上天勢), 맹호장조세(猛虎張爪勢), 지조염익세(鷙鳥斂翼勢), 분정주공세(奔霆走空勢), 월야참선세(月夜斬蟬勢), 상골분권세(霜鶻奮拳勢), 오관참장세(五關斬將勢), 분정주공세(奔霆走空勢), 개마참량세(介馬斬良勢), 용광사우두세((龍光射牛斗勢), 오관참장세(五關斬將勢), 자전수광세(紫電收光勢)로 마치는 것이다.

다음은 『무예도보통지』 권3에 실려 있는 월도이다. 월도는 일명 언월도(偃月刀)로 불리어지기도 한다. 월도는 금식(今式)은 조선의 방식, 화식(華式)은 중국의 방식으로 그림이 그려져 있다. 모원의는 월도에 대하여 "조련하고 익힐 때는 그 웅대함을 보이는 것이 전중에는 쓸 수 없다"고 하였다.[81] 이는 실전에서 쓰는 군사 훈련용보다는 의례에서 행해지는 웅장함을 드러낼 때 사용되는 도검무예라고 볼 수 있다.

『무예제보번역속집』에서는 단순하게 월도의 그림 하나 만을 그려 놓고 무기도식의 재원을 설명하였다면,『무예도보통지』는 한 단계 진보하여 월도 그림의 무기 도식의 재원을 조선의 방식과 중국의 방식으로 구분하였다는 점이다. 또한 개별 보에 대한 내용도『무예도보통지』에서는 보, 총보, 총도의 세 단계로 구성하여 자세에 대한 이해도를 단계적으로 점검하였다는 것이다. 예를 들면, 개별 보에서는 각 자세에 대한 동작 이해를 시키고, 총보에서는 전체 자세명을 순서도를 익히게 하며, 총도에서는 실제 그림으로 글이 아닌 그림만 보면 그 동작들을 따라서 할 수 있도록 배려한 점이다.

『무예제보번역속집』에 실려 있는 월도는 청룡언월도제, 청룡언월도보, 청룡언월도세총도, '청룡언월도 니기는 보'로 구성되어 있다.『무예도보통지』의 편찬 방식과 비교하여 차이가 있음을 알 수 있다. 특히『무예도보통지』는 『무예제보번역속집』에 실려 있는 언해를 별도의 1권의 책으로 편찬되었다는 것이 특징이다. 월도에 실려 있는 인용문헌은『예기도식』,『무비지』,『병장기』,『위략』,『무비지』이다. 이 중에서 주목되는 인용문헌은『무비지』와 『병장기』이다.

『무예도보통지』에 실려 있는 월도의 '세(勢)'는 전체 18개 동작으로 이루어져 있다. 용약재연세(龍躍在淵勢)를 시작으로 신월상천세(新月上天勢), 맹호장조세(猛虎張爪勢), 지조염익세(鷙鳥斂翼勢), 금룡전신세(金龍纏身勢), 오관참장세(五關斬將勢), 내략세(內掠勢), 향전격적세(向前擊賊勢), 용광사우두세(龍光射牛斗勢), 창룡귀동세(蒼龍歸洞勢), 월야참선세(月夜斬蟬勢), 상골분익세(霜鵑奮翼勢), 분정주공번신세(奔霆走空翻身勢), 개마참량세(介馬斬良勢), 검안슬상세(劍按膝上勢), 장교출해세(長蛟出海勢), 장검수광세(藏劍收光勢), 수검고용세(竪劍賈勇勢)로 마치는 것이다.『무예제보번역속집』과『무예도보통지』에 실려 있는 월도의 각 세들을 전체적으로 비교하면 〈그림 1-20〉에 자세하다.

월도-장교출해세

〈그림 1-20〉『무예제보번역속집』, 『무예도보통지』 월도 비교

순서	자세명	무예번역속집(한국)	무예통지(한국)	기법
1	용약재연세 (龍躍在淵勢)			공격
2	신월상천세 (新月上天勢)			공격
3	맹호장조세 (猛虎張爪勢)			방어
4	지조염익세 (鷙鳥斂翼勢)			방어
5	분정주공세(속) (奔霆走空勢)			방어
	금룡전신세(통) (金龍纏身勢)			공격
6	월야참선세(속) (月夜斬蟬勢)			공격
	오관참장세(통) (五關斬將勢)			

순서	자세명	무예번역속집(한국)	무예통지(한국)	기법
7	상골분권세(속) (霜鶻奮拳勢)			방어
	내략세(통) (內掠勢)			공격
8	오관참장세(속) (五關斬將勢)			공격
	향전격적세 (向前擊賊勢)			
9	분정주공세(속) (奔霆走空勢)			방어
	용광사우두세(통) (龍光射牛斗勢)			
10	개마참량세(속) (介馬斬良勢)			공격
	창룡귀동세(통) (蒼龍歸洞勢)			
11	용광사우두세(속) (龍光射牛斗勢)			방어
	월야참선세(통) (月夜斬蟬勢)			공격
12	오관참장세(속) (五關斬將勢)			공격
	상골분익세(통) (霜鶻奮翼勢)			방어

순서	자세명	무예번역속집(한국)	무예통지(한국)	기법
13	자전수광세(속) (紫電收光勢) 분정주공번신세(통) (奔霆走空翻身勢)			방어
14	개마참량세 (介馬斬良勢)	×		공격
15	검안슬상세 (劍按膝上勢)	×		방어
16	장교출해세 (長蛟出海勢)	×		공격
17	장검수광세 (藏劍收光勢)	×		공격
18	수검고용세 (竪劍賈勇勢)	×		방어

위의 〈그림 1-20〉은 1610년(광해군 2)에 편찬된『무예제보번역속집』의 청룡언월도의 13개 동작과 1790년(정조 14)에 편찬된『무예도보통지』의 월도(月刀)의 18개 전체 동작을 비교한 내용이다.

먼저『무예제보번역속집』에 실려 있는 청룡언월도의 자세명을 살펴보면, 용약재연세(龍躍在淵勢)를 시작으로 신월상천세(新月上天勢), 맹호장조세(猛虎張爪勢), 지조염익세(鷙鳥斂翼勢), 분정주공세(奔霆走空勢), 월야참선세(月夜斬蟬勢), 상골분권세(霜鶻奮拳勢), 오관참장세(五關斬將勢), 분정주공세(奔霆走空勢), 개마참량세(介馬斬良勢), 용광사우두세((龍光射牛斗勢), 오관참장세(五關斬將勢), 자전수광세(紫電收光勢)로 마치는 13개 동작이다.

다음은『무예도보통지』월도의 자세명이다. 용약재연세(龍躍在淵勢)를 시작으로 신월상천세(新月上天勢), 맹호장조세(猛虎張爪勢), 지조염익세(鷙鳥斂翼勢), 금룡전신세(金龍纏身勢), 오관참장세(五關斬將勢), 내략세(內掠勢), 향전격적세(向前擊賊勢), 용광사우두세(龍光射牛斗勢), 창룡귀동세(蒼龍歸洞勢), 월야참선세(月夜斬蟬勢), 상골분익세(霜鶻奮翼勢), 분정주공번신세(奔霆走空翻身勢), 개마참량세(介馬斬良勢), 검안슬상세(劍按膝上勢), 장교출해세(長蛟出海勢), 장검수광세(藏劍收光勢), 수검고용세(堅劍賈勇勢)로 마치는 18개 동작이다.

두 개의 무예서에 실려 있는 월도 동작을 비교해 보면, 용약재연세(龍躍在淵勢), 신월상천세(新月上天勢), 맹호장조세(猛虎張爪勢), 지조염익세(鷙鳥斂翼勢)의 네 개의 자세는 동일한 순번으로 차이가 없다. 다섯 번째 동작부터『무예제보번역속집』은 분정주공세(奔霆走空勢),『무예도보통지』는 금룡전신세(金龍纏身勢)로 서로 상이한 자세가『무예제보번역속집』의 열세 번째 동작까지 이어진다. 열네 번째 동작부터 열여덟 동작까지는『무예도보통지』에만 나오고 있다.

두 무예서에 나오는 자세는 거의 동일하다. 다만 순서의 차이가 있을 뿐이다. 예를 들어『무예제보번역속집』에 분정주공세(奔霆走空勢), 상골분권세(霜鶻奮拳勢), 자전수광세(紫電收光勢)는『무예도보통지』에 분정주공번신세

(奔霆走空翻身勢), 상골분익세(霜鶻奮翼勢), 장검수광세(藏劍收光勢) 등으로
명칭이 약간 변경되어 보이고 있다. 이외에 야참선세(月夜斬蟬勢), 오관참장
세(五關斬將勢), 개마참량세(介馬斬良勢), 용광사우두세(龍光射牛斗勢) 등의
자세 명칭은 동일하게 두 개의 무예서에서 사용되고 있었다.

다만, 『무예도보통지』에서 새롭게 보이는 자세는 금룡전신세(金龍纏身
勢), 내략세(內掠勢), 향전격적세(向前擊賊勢), 창룡귀동세(蒼龍歸洞勢), 검안
슬상세(劍按膝上勢), 장교출해세(長蛟出海勢), 수검고용세(竪劍賈勇勢) 등 7개
의 동작이었다.

위에서 제시한 『무예제보번역속집』과 『무예도보통지』의 전체 자세들을
개별적으로 구분하여 각 세의 보이는 내용을 검토하면 다음과 같다.

『무예제보번역속집』과 『무예도보통지』에 동일하게 나오는 용약재연세
(龍躍在淵勢), 신월상천세(新月上天勢), 맹호장조세(猛虎張爪勢), 지조염익세
(鷙鳥斂翼勢)를 먼저 살펴보고자 한다.

1. 용약재연세 [공격]	2. 신월상천세 [공격]	3. 맹호장조세 [방어]	4. 지조염익세 [방어]

첫 번째 용약재연세(龍躍在淵勢)는 연못에서 용이 뛰어오르는 모습의 기
세를 과시하는 동작이다. 발의 동작은 왼발과 오른발이 나란하게 서 있는
모양이다. 손의 동작은 한 손으로 도의 손잡이를 잡고 있는 단수 형태이며,
눈의 시선은 정면 방향을 응시하고 있다. 도검의 위치는 왼손이 어깨 높이에
서 월도의 손잡이를 잡고 오른손은 오른쪽 허리에 끼고 있는 모습이다. 전체
적인 동작의 도검기법은 왼손으로 자루를 잡고 오른 손은 오른편에 끼고 칼

을 세워 바로 서서 있고 오른 주먹으로 앞을 한 번 치는 공격 자세이다.

두 번째 신월상천세(新月上天勢)는 초생달이 하늘에 떠오르는 모습이 동작이다. 발의 동작은 왼발을 무릎을 굽혀 앞에 나가고 오른발이 뒤에서 밀어주는 모양이다. 손의 동작은 한 손으로 도의 손잡이를 잡고 있는 단수 형태이며, 눈의 시선은 정면 방향을 응시하고 있다. 도검의 위치는 왼손으로 손잡이를 잡아 왼쪽 어깨 위에 의지하고 도는 칼날이 위쪽을 향하게 하고 있는 모습이다. 전체적인 동작의 도검기법은 앞으로 나아가 오른 주먹으로 앞을 한 번 치고 한걸음 뛰어 뒤를 돌아보는 공격 자세이다.

세 번째 맹호장조세(猛虎張爪勢) 는 호랑이가 손톱으로 할퀴는 듯 한 동작이다. 발의 동작은 오른발을 무릎을 굽혀 앞에 있고 왼발이 뒤에서 밀어주는 모양이다. 손의 동작은 양손으로 도의 손잡이를 잡고 있는 쌍수 형태이며, 눈의 시선은 오른쪽 위쪽 방향을 응시하고 있다. 도검의 위치는 양손으로 도를 잡고 오른쪽 어깨의 위쪽에 칼날이 바깥쪽을 향하여 있는 모습이다. 전체적인 동작의 도검기법은 오른쪽으로 세 번 돌아 물러나 제자리에 이르는 방어 자세이다.

네 번째 지조염익세(鷙鳥斂翼勢)는 새가 날개를 거두듯이 칼을 접는 동작이다. 발의 동작은 오른발이 무릎을 굽혀 앞에 나오고 왼발이 뒤에서 밀어주는 모양이다. 손의 동작은 한 손으로 도의 손잡이를 잡고 있는 단수 형태이며, 눈의 시선은 정면 방향의 위를 응시하고 있다. 도검의 위치는 왼손은 팔을 뻗어 앞에 있고 오른손은 도를 잡고 몸의 뒤쪽 하단부에 칼날이 바깥쪽을 향하고 있는 모습이다. 전체적인 동작의 도검기법은 방어 자세이다.

다음은 『무예제보번역속집』에 나오는 분정주공세(奔霆走空勢), 월야참선세(月夜斬蟬勢), 상골분권세(霜鶻奮拳勢), 오관참장세(五關斬將勢), 분정주공세(奔霆走空勢), 개마참량세(介馬斬良勢), 용광사우두세((龍光射牛斗勢), 오관참장세(五關斬將勢), 자전수광세(紫電收光勢)의 9개 동작과 『무예도보통지』의 금룡전신세(金龍纏身勢), 오관참장세(五關斬將勢), 내략세(內掠勢), 향전격적세(向前擊賊勢), 용광사우두세(龍光射牛斗勢), 창룡귀동세(蒼龍歸洞勢), 월야참선세(月夜斬蟬勢), 상골분익세(霜鵑奮翼勢), 분정주공번신세(奔霆走空翻身勢), 개마참량세(介馬斬良勢), 검안슬상세(劍按膝上勢), 장교출해세(長蛟出海勢), 장검수광세(藏劍收光勢), 수검고용세(豎劍賈勇勢)의 14개 동작을 비교하였다.

무예제보번역속집	5. 분정주공세 [방어]	6. 월야참선세 [공격]	7. 상궐분권세 [방어]	8. 오관참장세 [공격]
무예도보통지	5. 금룡전신세 [공격]	6. 오관참장세 [공격]	7. 내략세 [공격]	8. 향전격적세 [공격]

다섯 번째 『무예제보번역속집』의 분정주공세(奔霆走空勢)는 도를 들어 앞으로 나아가는 동작이다. 발의 동작은 오른발이 무릎 높이로 들어 앞으로 나가고 왼발이 뒤에서 밀어주는 모양이다. 손의 동작은 왼손이 도 뒤쪽을 잡고 오른손이 도의 날 바로 앞을 잡고 있는 쌍수 형태이다. 눈의 시선은 뒤쪽의 정면 방향을 응시하고 있다. 도검의 위치는 도의 날이 뒤쪽의 정면방향 위를 향하고 있는 모습이다. 전체적인 동작의 도검기법은 앞으로 나아가는 방어 자세이다.

『무예도보통지』의 금룡전신세(金龍纏身勢)는 도를 들어 왼쪽으로 휘둘러 나가는 동작이다. 발의 동작은 오른발이 무릎 높이로 들어 앞에 있고 왼발이 뒤에서 밀어주는 모양이다. 손의 동작은 왼손이 도 뒤쪽을 잡고 오른손이 도의 날 바로 앞을 잡고 있는 쌍수 형태이며, 눈의 시선은 정면 방향의 아래를 응시하고 있다. 도검의 위치는 양손이 도의 손잡이를 잡고 왼쪽 위에서 아래로 칼날이 바깥쪽을 향하고 있는 모습이다. 전체적인 동작의 도검기법은 공격 자세이다.

여섯 번째 『무예제보번역속집』의 월야참선세(月夜斬蟬勢)는 달밤에 매미를 베는 동작이다. 발의 동작은 왼발이 무릎 높이로 들어 앞에 있고 오른발이 뒤에서 밀어주는 모양이다. 손의 동작은 왼손이 도 뒤쪽을 잡고 오른손이 도의 날 바로 앞을 잡고 있는 쌍수 형태이며, 눈의 시선은 뒤의 정면 방향을 응시하고 있다. 도검의 위치는 왼 손은 도의 뒤쪽 끝을 오른 손은 도의 날 바로 앞을 잡고 왼쪽 허리에서부터 오른쪽 어깨까지 일직선으로 후면의 앞쪽을 향하고 있는 모습이다. 전체적인 동작의 도검기법은 몸을 뒤집으며 세 번 치는 공격 자세이다.

『무예도보통지』의 오관참장세(五關斬將勢)는 좌우로 돌면서 크게 내려치는 동작이다. 발의 동작은 오른발이 무릎 높이로 들어 앞에 있고 왼발이 뒤에서 밀어주는 모양이다. 손의 동작은 왼손이 도 뒤쪽을 잡고 오른손이 도의 날 바로 앞을 잡고 있는 쌍수 형태이며, 눈의 시선은 정면 방향의 위를 응시하고 있다. 도검의 위치는 양손이 도의 손잡이를 잡고 오른쪽 허리 바깥쪽에서 위쪽으로 향하고 있는 모습이다. 전체적인 동작의 도검기법은 공격 자세이다.

일곱 번째 『무예제보번역속집』의 상골분권세(霜鶻奮拳勢)는 흰 송골매가 날개를 흔드는 주먹 모양의 동작이다. 발의 동작은 오른발이 무릎 높이로 들어 앞에 있고 왼 발이 뒤에서 밀어주는 모양이다. 손의 동작은 왼손이 도의 날이 위쪽 방향을 향하고 있는 손잡이의 뒤쪽을 잡고 오른손이 도의 날 위쪽을 손으로 잡고 있는 모습이다. 눈의 시선은 뒤쪽의 정면 방향의 위를 응시하고 있다. 도검의 위치는 도의 날이 위쪽 방향을 바라보고 있으며, 왼손은 도의 손잡이 뒤쪽을 잡고 오른손은 도의 날 중간을 손으로 잡고 있는 모습이다. 전체적인 동작의 도검기법은 도를 들어 물러나며 앞을 향하는 방어 자세이다.

『무예도보통지』의 내략세(內掠勢)는 몸의 안쪽을 스쳐 치는 동작이다. 발의 동작은 오른발이 무릎 높이로 들어 앞에 있고 왼발이 뒤에서 밀어주는 모양이다. 손의 동작은 왼손이 도 뒤쪽을 잡고 오른손이 도의 날 바로 앞을 잡고 있는 쌍수 형태이며, 눈의 시선은 정면 방향의 위를 응시하고 있다. 도검의 위치는 양손이 도의 손잡이를 잡고 왼쪽 무릎에서 위쪽으로 향하고 있는 모습이다. 전체적인 동작의 도검기법은 공격 자세이다.

여덟 번째 『무예제보번역속집』의 오관참장세(五關斬將勢)는 좌우로 돌면서 크게 내려치는 동작이다. 발의 동작은 오른발이 무릎 높이로 들어 앞에 있고 왼발이 뒤에서 밀어주는 모양이다. 손의 동작은 왼손이 오른쪽 겨드랑이 사이로 도의 손잡이를 잡고 오른손은 어깨를 정면으로 쭉 뻗어 도의 날 바로 앞을 잡고 있는 쌍수 형태이며, 눈의 시선은 정면 방향의 위를 응시하고 있다. 도검의 위치는 오른쪽 겨드랑이에서 위쪽으로 도의 날이 향하고 있는 모습이다. 전체적인 동작의 도검기법은 공격 자세이다.

『무예도보통지』의 향전격적세(向前擊賊勢)는 앞을 향하여 적을 치는 동작이다. 발의 동작은 오른발이 무릎 높이로 들어 앞에 있고 왼발이 뒤에서 밀어주는 모양이다. 손의 동작은 왼손이 도 뒤쪽을 잡고 오른손이 도의 날 바로 앞을 잡고 있는 쌍수 형태이며, 눈의 시선은 정면 방향의 위를 응시하고 있다. 도검의 위치는 양손이 도의 손잡이를 잡고 왼쪽 무릎에서 위쪽을 향하고 있는 모습이다. 전체적인 동작의 도검기법은 앞을 한 번 치는 공격 자세이다.

	9. 분정주공세 [방어]	10. 개마참량 [공격]	11. 용광사우두세 [방어]	12. 오관참장세 [공격]	13. 자전수광세 [방어]
무예 제보 번역 속집					
	9. 용광사우두세 [방어]	10. 창룡귀동세 [공격]	11. 월야참선세 [공격]	12. 상골분익세 [방어]	13. 분정주공번신세 [방어]
무예도 보통지					

　아홉 번째 『무예제보번역속집』의 분정주공세(奔霆走空勢)는 도를 들어 앞으로 나아가는 동작이다. 발의 동작은 오른발이 무릎 높이로 들어 앞으로 나가고 왼발이 뒤에서 밀어주는 모양이다. 손의 동작은 왼손이 도 뒤쪽을 잡고 오른손이 도의 날 바로 앞을 잡고 있는 쌍수 형태이다. 눈의 시선은 뒤쪽의 정면 방향을 응시하고 있다. 도검의 위치는 오른쪽 허리에서부터 위쪽을 향하고 있는 모습이다. 전체적인 동작의 도검기법은 앞으로 나아가는 방어 자세이다. 『무예도보통지』의 용광사우두세(龍光射牛斗勢)는 용이 내뿜는 비치 하늘에 있는 견우성과 북두성을 비춘다는 의미로 크고 긴 칼날의 힘찬 움직임을 나타내는 동작이다. 발의 동작은 오른발이 무릎 높이로 들어 앞에 있고 왼발이 뒤에서 밀어주는 모양이다. 손의 동작은 왼손이 도의 손잡이 뒤쪽을 잡고 오른손이 도의 날 바로 앞에 손을 잡는 쌍수 형태, 눈의 시선은 정면 방향의 위를 응시하고 있다. 도검의 위치는 양손이 도의 손잡이를 잡고 왼쪽 허리에서부터 위쪽을 향하고 있는 모습이다. 전체적인 동작의 도검기법은 왼쪽으로 세 번 끌어 돌아서 제자리로 물러나는 방어 자세이다.
　열 번째 『무예제보번역속집』의 개마참량세(介馬斬良勢)는 오른손과 오른발로 한 번 찌르는 동작이다. 발의 동작은 오른발이 무릎 높이로 들어 앞에 있고 왼발이 뒤에서 밀어주는 모양이다. 손의 동작은 왼손이 도의 손잡이 뒤쪽을 잡고 오른손이 도의 날 바로 앞을 잡고 있는 쌍수 형태이며, 눈의 시선은 정면방향의 위를 응시하고 있다. 도검의 위치는 양손이 도의 손잡이를 잡고 칼날이 안쪽을 향하여 왼쪽허리에서 위쪽으로 향하고 있는 모습이다. 전체적인 동작의 도검기법은 찌르는 공격 자세이다.

『무예도보통지』의 창룡귀동세(蒼龍歸洞勢)는 푸른 용이 돌아가는 모습으로 뒤를 향해 한 번 치는 동작이다. 발의 동작은 오른발이 무릎 높이로 들어 앞에 있고 왼발이 뒤에서 밀어주는 모양이다. 손의 동작은 왼손이 도의 손잡이 뒤쪽을 잡고 오른손은 도의 날 바로 앞을 잡는 쌍수 형태이며, 눈의 시선은 후면의 위쪽 방향을 응시하고 있다. 도검의 위치는 양손이 도의 손잡이를 잡고 오른쪽 허리에서부터 위쪽을 향하고 있는 모습이다. 전체적인 동작의 도검기법은 뒤를 향해 한번 치고 몸을 돌려 앞을 향하는 공격 자세이다.

열한 번째『무예제보번역속집』의 용광사우두세((龍光射牛斗勢)는 용이 내뿜는 비치 하늘에 있는 견우성과 북두성을 비춘다는 의미로 크고 긴 칼날의 힘찬 움직임을 나타내는 동작이다. 발의 동작은 왼발이 앞에 나와 있고 오른발이 뒤에 있는 모양이다. 손의 동작은 왼손이 도의 손잡이를 왼쪽 어깨 위에서 잡고 오른손은 왼쪽 어깨 위의 있는 도의 날 반대쪽을 잡고 있는 쌍수 형태이다. 눈의 시선은 뒤쪽의 정면 방향을 응시하고 있다. 도검의 위치는 왼쪽 어깨에서 도를 눕혀 날이 위쪽을 향하고 있는 모습이다. 전체적인 동작의 도검 기법은 물러나는 방어 자세이다.

『무예도보통지』의 월야참선세(月夜斬蟬勢)는 달밤에 매미를 베는 동작이다. 발의 동작은 오른발이 무릎 높이로 들어 앞에 있고 왼발이 뒤에서 밀어주는 모양이다. 손의 동작은 왼손은 도의 손잡이 중간을 잡고 오른손은 도의 날 바로 앞쪽을 잡고 있는 쌍수 형태이며, 눈의 시선은 정면 방향을 응시하고 있다. 도검의 위치는 양손이 도의 손잡이를 잡고 왼쪽 허리에서부터 앞쪽을 향하고 있는 모습이다. 전체적인 동작의 도검기법은 오른손과 오른 다리로 두 번 쫓는 공격 자세이다.

열두 번째『무예제보번역속집』의 오관참장세(五關斬將勢)는 좌우로 돌면서 크게 내려치는 동작이다. 발의 동작은 오른발이 무릎 높이로 들어 앞에 있고 왼발이 뒤에서 밀어주는 모양이다. 손의 동작은 왼손이 오른쪽 겨드랑이 사이로 도의 손잡이를 잡고 오른손은 어깨를 정면으로 쭉 뻗어 도의 날 바로 앞을 잡고 있는 쌍수 형태이며, 눈의 시선은 정면 방향의 위를 응시하고 있다. 도검의 위치는 오른쪽 겨드랑이에서 위쪽으로 도의 날이 향하고 있는 모습이다. 전체적인 동작의 도검기법은 공격 자세이다.

『무예도보통지』의 상골분익세(霜鶻奮翼勢)는 흰 송골매가 날개를 흔드는 모양의 동작이다. 발의 동작은 오른발이 무릎 높이로 들어 앞에 있고 왼발이 뒤에서 밀어주는 모양이다. 손의 동작은 왼손은 도의 손잡이 하단을 잡고 오른손은 도의 날 바로 앞을 잡는 쌍수 형태이며, 눈의 시선은 정면 방향을 응시하고 있다. 도검의 위치는 양손이 도의 손잡이를 잡고 상단으로 들고 있는 모습으로 오른쪽 머리 위의 뒤쪽에 있는 도의 날이 위쪽으로 향하고 있는 모양이다. 전체적인 동작의 도검기법은 도를 들어 앞을 향하는 방어 자세이다.

열세 번째『무예제보번역속집』의 자전수광세(紫電收光勢)는 검을 빛처럼 거두는 듯 한 동작이다. 발의 동작은 왼발이 무릎을 굽혀 앞에 있고 왼발이 뒤에서 밀어주는 모양이다. 손의 동작은 도를 왼쪽 어깨너머로 넘기고 왼손이 도의 손잡이 하단을 잡고 오른손이 도의 날 바로 앞을 잡고 있는 쌍수 형태이며, 눈의 시선은 뒤쪽의 정면의 위쪽 방향을 응시하고 있다. 도검의 위치는 도를 왼쪽 어깨에서 거꾸로 메고 있는 모습으로 왼손은 왼쪽 어깨 위에서 도의 손잡이를 잡고, 오른손은 도를 몸의 뒤쪽에서 잡고 있는 모습이다 전체적인 동작의 도검기법은 왼쪽 어깨에 도를 끼고 있는 모습으로 방어 자세이다.

『무예도보통지』의 분정주공번신세(奔霆走空翻身勢)는 앞으로 나아가는 동작이다. 발의 동작은 왼발이 무릎을 굽혀 앞에 나가고 오른발이 뒤에서 밀어주는 모양이다. 손의 동작은 왼손이 오른쪽 가슴 앞에서 도의 손잡이를 잡고, 오른손이 뒤쪽의 도의 날 바로 앞을 잡는 쌍수 형태이며, 눈의 시선은 오른쪽 방향을 응시하고 있다. 도검의 위치는 양손이 도의 손잡이를 잡고 칼날이 몸의 뒤쪽에 있는 모습이다. 전체적인 동작의 도검기법은 앞으로 나아가는 방어 자세이다.

다음은 『무예도보통지』에만 나오는 자세들로 개마참량세(介馬斬良勢), 검안슬상세(劍按膝上勢), 장교출해세(長蛟出海勢), 장검수광세(藏劍收光勢), 수검고용세(堅劍賈勇勢)에 대하여 살펴보고자 한다.

14. 개마참량세 [공격]	15. 검안슬상세 [방어]	16. 장교출해세 [공격]	17. 장검수광세 [공격]	18. 수검고용세 [방어]

열네 번째 동작 『무예도보통지』의 개마참량세(介馬斬良勢)는 오른손과 오른발로 한 번 찌르는 동작이다. 발의 동작은 오른발이 무릎 높이로 들어 앞에 있고 왼발이 뒤에서 밀어주는 모양이다. 손의 동작은 왼손이 왼쪽 도의 손잡이 하단을 잡고 오른손이 오른 쪽 얼굴 높이의 도의 손잡이를 잡는 쌍수 형태이며, 눈의 시선은 정면 방향의 위를 응시하고 있다. 도검의 위치는 양손이 도의 손잡이를 잡고 칼날이 안쪽을 향하여 왼쪽허리에서 위쪽으로 향하고 있는 모습이다. 전체적인 동작의 도검기법은 찌르는 공격 자세이다.

열다섯 번째 『무예도보통지』의 검안슬상세(劍按膝上勢)는 한 걸음 뛰어 앞으로 나아가는 동작이다. 발의 동작은 오른발이 무릎을 굽혀 앞에 있고 왼발이 뒤에서 밀어 주는 모양이다. 손의 동작은 도를 들고 있는 모습으로 왼손이 도의 하단부를 잡고, 오른손이 오른쪽 머리 위쪽의 도 날의 바로 앞을 잡고 있는 쌍수 형태이며, 눈의 시선은 정면 방향을 응시하고 있다. 도검의 위치는 왼손이 어깨부위에서 손잡이 밑을 잡고 오른손이 머리 위에서 손잡이 위를 잡고 있고 있는 모습이며 칼날은 바깥쪽을 향하고 있다. 전체적인 동작의 도검기법은 방어 자세이다.

열여섯 번째『무예도보통지』의 장교출해세(長蛟出海勢)는 긴 교룡이 바다에서 나오는 듯 한 동작이다. 발의 동작은 오른발이 무릎 높이로 들어 앞에 있고 왼발이 뒤에서 밀어주는 모양이다. 손의 동작은 왼손이 허리 쪽의 도의 하단 손잡이를 잡고 오른손은 도의 정면 중앙에서 손잡이를 잡는 쌍수 형태이며, 눈의 시선은 정면 방향의 위를 응시하고 있다. 도검의 위치는 양손이 도의 손잡이를 잡고 칼날이 안쪽을 향하여 왼쪽허리에서 앞쪽으로 향하고 있는 모습이다. 전체적인 동작의 도검기법은 왼쪽으로 한 번 치고 왼손과 왼발로 한 번 치는 공격 자세이다.

열일곱 번째『무예도보통지』의 장검수광세(藏劍收光勢)는 검을 빛처럼 거두는 듯 한 동작이다. 발의 동작은 오른발이 무릎을 굽혀 앞에 있고 왼발이 뒤에서 밀어주는 모양이다. 손의 동작은 오른손의 뒤쪽에서 도의 손잡이 상단부분을 잡고 있고 왼손의 정면으로 손을 쭉 뻗어 손바닥을 펴고 있는 단수 형태이며, 눈의 시선은 정면 방향을 응시하고 있다. 도검의 위치는 오른손이 도를 몸의 뒤쪽에서 잡고 있는 모습이다 전체적인 동작의 도검기법은 오른쪽에 도를 끼고 왼 주먹으로 앞을 한 번 치는 공격 자세이다.

열여덟 번째『무예도보통지』의 수검고용세(堅劍賈勇勢)는 마치는 동작이다. 발의 동작은 오른발과 왼발이 모두 무릎을 굽혀 나란히 있는 모양이다. 손의 동작은 도를 땅에서 위로 수직으로 세워 왼손은 도의 손잡이 중앙을 잡고 오른손은 도의 날 바로 아래를 잡는 쌍수 형태이며, 눈의 시선은 왼쪽 방향을 응시하고 있다. 도검의 위치는 도를 수직으로 세워 놓고 왼손이 밑에 오른손이 위를 잡고 있는 모습이다. 전체적인 동작의 도검기법은 상대방을 주시하는 방어 자세이다.

이상과 같이『무예제보번역속집』의 13세 동작과『무예도보통지』의 18세 전체 동작을 검토하였다. 『무예제보번역속집』에서 공격기법은 용약재연세(龍躍在淵勢), 신월상천세(新月上天勢), 월야참선세(月夜斬蟬勢), 오관참장세(五關斬將勢), 개마참량세(介馬斬良勢), 오관참장세(五關斬將勢) 등 6세였다. 방어기법은 맹호장조세(猛虎張爪勢), 지조염익세(鷙鳥斂翼勢), 분정주공세(奔霆走空勢 - 중복), 상골분권세(霜鶻奮拳勢), 용광사우두세((龍光射牛斗勢), 자전수광세(紫電收光勢) 등 7세였다. 이를 통해 『무예제보번역속집』의 청룡언월도는 공격보다 방어에 치중한 자세가 많음을 알 수 있었다.

『무예도보통지』의 공격기법은 용약재연세(龍躍在淵勢), 신월상천세(新月上天勢), 금룡전신세(金龍纏身勢), 오관참장세(五關斬將勢), 내략세(內掠勢), 향전격적세(向前擊賊勢), 창룡귀동세(蒼龍歸洞勢), 월야참선세(月夜斬蟬勢), 개마참량세(介馬斬良勢), 장교출해세(長蛟出海勢), 장검수광세(藏劍收光勢) 등 11세였다. 방어기법은 맹호장조세(猛虎張爪勢), 지조염익세(鷙鳥斂翼勢), 용광사우두세(龍光射牛斗勢), 상골분익세(霜鶻奮翼勢), 분정주공번신세(奔霆走空翻身勢), 검안슬상세(劍按膝上勢), 수검고용세(堅劍賈勇勢) 등 7세였다. 이를 통해 월도의 도검기법은 방어보다는 공격에 치중한 도검무예라는 것을 파악할 수 있었다.

『무예제보번역속집』과 『무예도보통지』의 월도의 자세를 비교한 바, 『무예제보번역속집』의 월도 13세 자세 기법들은 공격보다는 방어에 치중했다면, 『무예도보통지』의 월도 18세 자세 기법들은 5개의 자세가 증가하면서 방어보다는 공격에 치중한 도검무예로 변화되었음을 알 수 있었다.

2) 협도(挾刀)

협도(挾刀)는 1610년(광해군 2)에 편찬된 『무예제보번역속집』에 협도곤(夾刀棍)이라는 명칭으로 처음 나온다. 『무예제보번역속집』에 실려 있는 협도곤의 구성을 살펴보면 다음과 같다. 먼저 협도곤의 실물 그림을 그려 넣고 길이와 넓이 등을 설명한 협도곤제(夾刀棍製), 다음은 협도곤을 익히는 보에 대한 내용을 각 자세에 대한 설명과 10개 동작의 그림이 나와 있는 협도곤보 (夾刀棍譜)가 실려 있다.

다음은 협도곤의 자세명을 순서대로 그려놓은 협도곤총도(夾刀棍總圖), 마지막으로 협도곤에 대한 자세한 내용을 언해로 풀이하여 협도곤의 제작에 관한 협도곤제, 협도곤을 익히는 보인 '협도곤 니기는 보'로 구성되어 있다. 그러나 협도곤총도와 협도곤 언해 사이에 구창도(鉤鎗圖)가 들어가 있다. 구창(鉤鎗)에 대한 무기 그림이 하나 그려져 있고 길이와 중량이 간단하게 설명되어 있다. 사용법은 협도곤과 동일하다는 내용이 실려 있다.

필자는 협도곤에 구창도가 들어간 것은 무기 형태는 약간 다르지만 사용방법에 있어 동일하기 때문에 군사들에게 실전에 사용할 수 있는 무기 사용방법을 알리려는 의도에서 삽입한 것으로 보인다.

『무예제보번역속집』의 협도곤은 무기의 도식과 재원 설명, 개별 동작을 설명한 보, 전체동작의 자세 순서도를 그린 총도, 이해하기 쉽게 풀이한 언해 등 4단계로 구성하여 군사들이 협도곤에 대한 실제적인 훈련에 사용할 수 있게 하였다.

『무예제보번역속집』에 실려 있는 협도곤의 자세명을 살펴보면, 조천세(朝天勢)를 시작으로 중평세(中平勢), 약보세(躍步勢), 중평세(中平勢), 약보세(躍步勢), 중평세(中平勢), 약보세(躍步勢), 도창세(倒鎗勢), 가상세(架上勢), 중평세(中平勢), 약보세(躍步勢), 도창세(倒鎗勢), 가상세(架上勢), 중평세(中平勢), 반창세(反鎗勢), 비파세(琵琶勢), 반창세(反鎗勢), 비파세(琵琶勢), 한강차어세(寒江叉魚勢), 선옹채약세(仙翁採藥勢), 틈홍문세(闖鴻門勢)로 마치는 전체 21개 동작이다.

다음은 『무예도보통지』 권3에 실려 있는 협도이다. 협도는 자루 길이는 3척, 무게는 4근이며 칼자루에 붉은 칠을 하며 칼날 등에는 깃털을 단다고 설명하고 있다.[82] 금식(今式)은 협도, 화식(華式)은 미첨도(眉尖刀), 왜식(倭式)은 장도(長刀)로 세 개의 그림과 명칭이 『무예도보통지』 협도 내용에 나온다.

『무예도보통지』가『무예제보번역속집』과 다른 점은 협도 그림의 무기 도식의 재원을 한국의 방식(今式), 중국의 방식(華式), 일본의 방식(倭式)의 세 가지로 구분하여 동아시아 무기의 차이점을 분명하게 설명하고 있다. 반면 『무예제보번역속집』에는 단순하게 협도의 그림 하나 만을 그려 놓고 무기 도식의 재원을 설명한 차이가 있었다.

이처럼『무예도보통지』는『무예제보번역속집』의 편찬 방식에서 한 단계 진보하였다는 것을 파악할 수 있었다. 또한 개별 보(譜)에서는 각 자세에 대한 동작 이해를 시키고, 총보(總譜)에서는 전체 자세명의 순서도를 익히며, 총도(總圖)에서는 글이 아닌 실제 그림만 보면 그 동작들을 따라서 할 수 있도록 배려하였다. 이를 통해『무예도보통지』는 자세에 대한 이해도를 단계적으로 점검하였다는 것을 알 수 있었다.

협도에 실려 있는 인용문헌은『왜한삼재도회』,『삼재도회』,『화명초』,『무예신보』,『일본기』,『무비지』이다. 협도에는 한국, 중국, 일본의 문헌들이 모두 인용되었다. 이를 통해 한·중·일 문헌을 통해 서로 교류한 것으로 볼 수 있다. 이 중에서 주목되는 인용문헌은 모원의가 편찬한『무비지』이다.

『무예도보통지』에 실려 있는 협도의 자세명을 살펴보면, 용약재연세(龍躍在淵勢)를 시작으로 중평세(中平勢), 오룡파미세(烏龍擺尾勢), 오화전신세(五花纏身勢), 용광사우두세(龍光射牛斗勢), 우반월세(右半月勢), 창룡귀동세(蒼龍歸洞勢), 단봉전시세(丹鳳展翅勢), 오화전신세(五花纏身勢), 중평세(中平勢), 용광사우두세(龍光射牛斗勢), 좌반월세(左半月勢), 은룡출해세(銀龍出海勢), 오운조정세(烏雲罩頂勢), 좌일격세(左一擊勢), 우일격세(右一擊勢), 전일격세(前一擊勢), 수검고용세(竪劍賈勇勢)로 마치는 전체 18개 동작이다.

『무예제보번역속집』과『무예도보통지』에 실려 있는 협도의 각 세들을 전체적으로 비교하면 〈그림 1-21〉에 자세하다.

〈그림 1-21〉『무예제보번역속집』, 『무예도보통지』 협도 비교

순서	자세명	무예번역속집(한국)	무예통지(한국)	기법
1	조천세(속) (朝天勢)			방어
	용약재연세(통) (龍躍在淵勢)			공격
2	중평세(속) (中平勢)			공격
	중평세(통) (中平勢)			공격
3	약보세(속) (躍步勢)			방어
	오룡파미세(통) (烏龍擺尾勢)			공격
4	중평세(속) (中平勢)			공격
	오화전신세(통) (五花纏身勢)			방어
5	약보세(속) (躍步勢)			방어
	용광사우두세(통) (龍光射牛斗勢)			방어
6	중평세(속) (中平勢)			공격
	우반월세(통) (右半月勢)			방어

순서	자세명	무예번역속집(한국)	무예통지(한국)	기법
7	약보세(속) (躍步勢)			방어
	창룡귀동세(통) (蒼龍歸洞勢)			공격
8	도창세(속) (倒鎗勢)			공격
	단봉전시세(통) (丹鳳展翅勢)			공격
9	가상세(속) (架上勢)			방어
	오화전신세(통) (五花纏身勢)			
10	중평세(속) (中平勢)			공격
	중평세(통) (中平勢)			공격
11	약보세(속) (躍步勢)			방어
	용광사우두세(통) (龍光射牛斗勢)			방어
12	도창세(속) (倒鎗勢)			방어
	좌반월세(통) (左半月勢)			방어

순서	자세명	무예번역속집(한국)	무예통지(한국)	기법
13	가상세(속) (架上勢)			방어
	은룡출해세(통) (銀龍出海勢)			공격
14	중평세(속) (中平勢)			공격
	오운조정세(통) (烏雲罩頂勢)			방어
15	반창세(속) (反鎗勢)			방어
	좌일격세(통) (左一擊勢)			공격
16	비파세(속) (琵琶勢)			공격
	우일격세(통) (右一擊勢)			공격
17	반창세(속) (反鎗勢)			방어
	전일격세(통) (前一擊勢)			공격
18	비파세(속) (琵琶勢)			공격
	수검고용세(통) (堅劍賈勇勢)			방어

순서	자세명	무예번역속집(한국)	무예통지(한국)	기법
19	한강차어세(속) (寒江叉魚勢)			방어
20	선옹채약세(속) (仙翁採藥勢)			방어
21	틈홍문세(속) (闖鴻門勢)			공격

위의 〈그림 1-21〉은 1610년(광해군 2)에 편찬된 『무예제보번역속집』의 협도곤(夾刀棍)의 21개 동작과 1790년(정조 14)에 편찬된 『무예도보통지』의 협도(挾刀) 18개 전체 동작을 비교한 내용이다.

먼저 『무예제보번역속집』에 실려 있는 협도곤의 자세명을 살펴보면, 조천세(朝天勢)를 시작으로 중평세(中平勢), 약보세(躍步勢), 중평세(中平勢), 약보세(躍步勢), 중평세(中平勢), 약보세(躍步勢), 도창세(倒鎗勢), 가상세(架上勢), 중평세(中平勢), 약보세(躍步勢), 도창세(倒鎗勢), 가상세(架上勢), 중평세(中平勢), 반창세(反鎗勢), 비파세(琵琶勢), 반창세(反鎗勢), 비파세(琵琶勢), 한강차어세(寒江叉魚勢), 선옹채약세(仙翁採藥勢), 틈홍문세(闖鴻門勢)로 마치는 전체 21개 동작이다.

이 중에서 중평세(中平勢), 약보세(躍步勢)는 4번이나 동일한 순서로 반복되는 자세로 드러나고 있었다. 실제적으로 21개 동작으로 구성되어 있지만,

반복되는 자세를 제외하면 조천세(朝天勢) 1회, 중평세(中平勢) 5회, 약보세
(躍步勢) 4회, 도창세(倒鎗勢) 2회, 가상세(架上勢) 2회, 반창세(反鎗勢) 2회,
비파세(琵琶勢) 2회, 한강차어세(寒江叉魚勢), 선옹채약세(仙翁採藥勢), 틈홍
문세(闖鴻門勢) 각 1회로 마치는 10개 동작이었다.

다음은『무예도보통지』에 실려 있는 협도의 자세명을 살펴보면, 용약재연
세(龍躍在淵勢)를 시작으로 중평세(中平勢), 오룡파미세(烏龍擺尾勢), 오화전
신세(五花纏身勢), 용광사우두세(龍光射牛斗勢), 우반월세(右半月勢), 창룡귀
동세(蒼龍歸洞勢), 단봉전시세(丹鳳展翅勢), 오화전신세(五花纏身勢), 중평세
(中平勢), 용광사우두세(龍光射牛斗勢), 좌반월세(左半月勢), 은룡출해세(銀龍
出海勢), 오운조정세(烏雲罩頂勢), 좌일격세(左一擊勢), 우일격세(右一擊勢),
전일격세(前一擊勢), 수검고용세(竪劍賈勇勢)로 마치는 18개 동작이다.

두 개의 무예서에 실려 있는 협도 동작을 비교해 보면, 중평세(中平勢) 하
나가『무예제보번역속집』과『무예도보통지』에서 중복되어 나타나는 자세
이다. 나머지 자세들은 모두 명칭이 다르게 표현되고 있었다.

위에서 제시한『무예제보번역속집』과『무예도보통지』의 전체 자세들을
개별적으로 구분하여 각 세의 보이는 내용을 검토하면 다음과 같다.

	1. 조천세 [방어]	2. 중평세 [공격]	3. 약보세 [방어]	4. 중평세 [공격]
무예제보 번역속집				
	1. 용약재연세 [공격]	2. 중평세 [공격]	3. 오룡파미세 [공격]	4. 오화전신세 [방어]
무예도 보통지				

『무예제보번역속집』에 실려 있는 협도곤의 첫 번째 조천세(朝天勢)는 아침에 태양이 뜨는 모습을 형상화한 동작이다. 발의 동작은 오른발 무릎을 굽힌 앞굽이 자세를 취하고 나가고 왼발이 뒤에서 밀어주는 모양이다. 손의 동작은 왼손은 허리에 있고 오른손은 오른 어깨와 나란히 앞으로 쭉 뻗어 도의 손잡이 상단 부위를 잡고 있는 단수 형태이며, 눈의 시선은 정면 방향의 앞을 응시하고 있다. 도검의 위치는 도를 수직으로 세워 도의 자루 끝이 오른발 옆 지면을 짚고 있고 도의 날은 정면 방향을 향하고 있는 모습이다. 전체적인 동작의 도검기법은 정면을 응시하고 있는 방어 자세이다.

두 번째 중평세(中平勢)는 몸의 중앙을 중앙으로 도(刀)를 뒤집어서 찌르는 동작이다. 발의 동작은 왼발 무릎을 굽혀 앞에 나오고 오른발이 뒤에서 밀어주는 모양이다. 손의 동작은 왼쪽 옆구리 상단부에 위치한 도의 손잡이를 왼손이 잡고 수평으로 오른손이 도의 중앙부를 잡고 있는 쌍수 형태이며, 눈의 시선은 정면 방향을 응시하고 있다. 도검의 위치는 왼손은 왼쪽 허리 위의 겨드랑이 밑에서 도의 손잡이를 잡고 오른손은 오른팔을 뻗어 도의 손잡이 중앙을 잡아 앞으로 쭉 뻗어 찌르고 있는 모습이다. 전체적인 동작의 도검기법은 앞으로 나가면서 한번 찌르는 공격 자세이다.

세 번째 약보세(躍步勢)는 앞으로 뛰어 나가는 동작이다. 발의 동작은 오른발을 왼발 앞으로 꼬아서 마름모 형태로 만든 모양이다. 손의 동작은 왼쪽 어깨를 약간 굽혀서 도의 손잡이를 올려놓고 하단부위를 왼손으로 잡고 있고 오른손은 도의 날이 있는 손잡이 상단 부위를 잡고 있는 쌍수 형태이다. 눈의 시선은 뒤쪽 방향의 왼쪽을 응시하고 있다. 도검의 위치는 왼쪽 어깨부터 수평으로 오른쪽으로 쭉 뻗어 옆으로 눕혀 있는 모습이다. 전체적인 동작의 도검기법은 방어 자세이다.

『무예도보통지』에 실려 있는 협도의 첫 번째 용약재연세(龍躍在淵勢)는 연못에서 용이 뛰어오르는 모습의 기세를 과시하는 동작이다. 발의 동작은 왼발과 오른발이 나란하게 서 있는 모양이다. 손의 동작은 왼손은 허리에 있고 오른손은 오른 어깨와 나란히 앞으로 쭉 뻗어 도의 손잡이 상단부를 잡고 있는 단수 형태이며, 눈의 시선은 정면 방향의 앞을 응시하고 있다. 도검의 위치는 오른손이 어깨 높이에서 협도의 손잡이를 잡고 왼손은 왼쪽 허리에 끼고 있는 모습이다. 전체적인 동작의 도검기법은 한번 뛰어 왼 주먹으로 앞을 치는 공격 자세이다.

중평세(中平勢)는 몸의 오른쪽 중앙 허리에서 도(刀)를 앞으로 찌르는 동작이다. 발의 동작은 오른발 무릎을 굽혀 앞에 나오고 왼발이 뒤에서 밀어주는 모양이다. 손의 동작은 오른쪽 옆구리 상단부에 위치한 도의의 날 바로 밑을 왼손이 잡고 수평으로 오른손이 오른쪽 허리 부분의 도의 손잡이를 잡고 있는 쌍수 형태이며, 눈의 시선은 정면 방향을 응시하고 있다. 도검의 위치는 왼손은 정 중앙의 도의 날 바로 밑의 손잡이를 잡고 오른손은 오른쪽 허리 쪽의 도의 손잡이를 잡아 앞으로 쭉 뻗어 찌르고 있는 모습이다. 전체적인 동작의 도검기법은 앞으로 나가면서 한번 찌르는 공격 자세이다.

세 번째 오룡파미세(烏龍擺尾勢)는 왼쪽으로 칼끝을 휘둘리는 동작이다. 발의 동작은 오른발 무릎을 굽혀 앞에 나오고 왼발이 뒤에서 밀어주는 모양이다. 손의 동작은 왼손은 도를 오른쪽 어깨에 메고 있는 상태로 도의 손잡이 하단 부위를 잡고 오른손은 오른쪽 어깨 뒤쪽에 위치한 도의 손잡이 상단 부위를 잡고 있는 쌍수 형태이며, 눈의 시선은 정면 방향을 응시하고 있다. 도검의 위치는 오른쪽 어깨에 메고 들고 있는 상태로 왼손은 손잡이 아래를 오른 손은 도의 손잡이 위를 잡고 있는 모습이다. 전체적인 동작의 도검기법은 도의 끝을 휘두르는 공격 자세이다.

네 번째 오화전신세(五花纏身勢)는 다섯 개의 꽃이 몸을 감싼다는 의미의 방어 동작이다. 발의 동작은 왼발이 앞에 있고 오른발이 뒤에서 지탱해 주고 있는 모양이다. 손의 동작은 왼손은 도의 손잡이 중앙부위를 잡고 오른손은 아래로 손을 쭉 뻗어 도의 손잡이 도의 날이 있는 바로 아래의 상단 부위를 잡고 있는 쌍수 형태이며, 눈의 시선은 오른쪽 방향의 위쪽을 응시하고 있다. 도검의 위치는 오른쪽 허리 방향으로 양손이 도의 손잡이를 잡고 뒤쪽에서 앞쪽으로 쭉 뻗고 있는 모습이다. 전체적인 동작의 도검기법은 오른손과 오른 다리로 방어하는 자세이다.

	5. 약보세 [방어]	6. 중평세 [공격]	7. 약보세 [방어]	8. 도창세 [공격]
무예제보 번역속집				
	5. 용광사우두세 [방어]	6. 우반월세 [방어]	7. 창룡귀동세 [공격]	8. 단봉전시세 [공격]
무예도 보통지				

『무예제보번역속집』의 다섯 번째와 일곱번째 약보세(躍步勢)는 앞으로 뛰어 나가는 동작이다. 발의 동작은 오른발을 왼발 앞으로 꼬아서 마름모 형태로 만든 모양이다. 손의 동작은 왼쪽어깨를 약간 굽혀서 도의 손잡이를 올려놓고 하단부위를 왼손으로 잡고 있고 오른손은 도의 날이 있는 손잡이 바로 앞쪽을 잡고 있는 쌍수 형태이다. 눈의 시선은 뒤쪽 방향의 왼쪽을 응시하고 있다. 도검의 위치는 왼쪽어깨부터 수평으로 오른쪽으로 쭉 뻗어 옆으로 눕혀 있는 모습이다. 전체적인 동작의 도검기법은 방어 자세이다.

여섯 번째 중평세(中平勢)는 몸의 중앙을 중앙으로 도(刀)를 뒤집어서 찌르는 동작이다. 발의 동작은 왼발 무릎을 굽혀 앞에 나오고 오른발이 뒤에서 밀어주는 모양이다. 손의 동작은 왼쪽 옆구리 상단부에 위치한 도의 손잡이를 왼손이 잡고 수평으로 오른손이 도의 중앙부를 잡고 있는 쌍수 형태이며, 눈의 시선은 정면 방향을 응시하고 있다. 도검의 위치는 왼손은 왼쪽 허리 위의 겨드랑이 밑에서 도의 손잡이를 잡고 오른손은 오른팔을 뻗어 도의 손잡이 중앙을 잡아 앞으로 쭉 뻗어 찌르고 있는 모습이다. 전체적인 동작의 도검기법은 앞으로 나가면서 한번 찌르는 공격 자세이다.

여덟 번째 도창세(倒鎗勢)는 종소리에 넘어지는 동작이다. 발의 동작은 오른발 무릎을 굽혀 앞에 있고 왼발이 뒤에서 밀어주는 모양이다. 손의 동작은 오른쪽어깨가 앞으로 나와 도를 거꾸로 돌려 오른손이 도의 손잡이 하단 부위를 잡고 왼손이 도의 손잡이 상단 부위를 잡고 있는 쌍수 형태이며, 눈의 시선은 정면 방향의 앞쪽을 응시하고 있다. 도검의 위치는 도를 거꾸로 돌려 도의 날이 위를 향하게 하고 오른발 중앙 위쪽에서부터 왼손 팔꿈치로 일직선으로 향하고 있는 모습이다. 전체적인 동작의 도검기법은 공격 자세이다.

『무예도보통지』의 다섯 번째 용광사우두세(龍光射牛斗勢)는 용이 내뿜는 빛이 하늘에 있는 견우성과 북두성을 비춘다는 의미로 크고 긴 칼날의 힘찬 움직임을 나타내는 동작이다. 발의 동작은 오른발이 무릎 높이로 들어 앞에 있고 왼발이 뒤에서 밀어주는 모양이다. 손의 동작은 왼손이 오른쪽 허리 밑에 도의 하단 부위를 잡고 오른손이 도의 손잡이 상단 부위를 잡고 있는 쌍수 형태이며, 눈의 시선은 정면 방향의 위를 응시하고 있다. 도검의 위치는 양손이 도의 손잡이를 잡고 오른쪽 허리에서부터 중앙의 위쪽 방향을 향하고 쭉 뻗고 있는 모습이다. 전체적인 동작의 도검기법은 왼쪽으로 끌어 물러나는 방어 자세이다.

여섯 번째 우반월세(右半月勢)는 오른쪽으로 반달의 형상을 하고 있는 동작이다. 발의 동작은 오른발이 무릎 높이로 들어 앞에 있고 왼발이 뒤에서 밀어주는 모양이다. 손의 동작은 도를 거꾸로 돌려서 도의 날이 위쪽을 향하게 하고 왼손 허리에 있는 도의 하단 부위를 왼손이 잡고 오른손은 도의 손잡이 상단 부위를 잡는 쌍수 형태이며, 눈의 시선은 정면 방향의 위를 응시하고 있다. 도검의 위치는 도를 반대로 돌려서 칼날이 밑으로 오게 하여 왼손이 왼쪽 허리에서 잡고 오른손이 오른쪽 어깨 위의 앞에서 팔을 뻗어 잡고 있는 모습이다. 전체적인 동작의 도검기법은 오른손과 오른발로 방어하는 자세이다.

일곱 번째 창룡귀동세(蒼龍歸洞勢)는 푸른 용이 돌아가는 모습으로 뒤를 향해 한 번 치는 동작이다. 발의 동작은 오른발이 무릎 높이로 들어 앞에 있고 왼발이 뒤에서 밀어주는 모양이다. 손의 동작은 왼쪽 허리에 있는 도의 손잡이 하단 부위를 왼손이 잡고 오른손은 도의 손잡이 상단 부위를 잡는 쌍수 형태이며, 눈의 시선은 후면 방향의 위를 응시하고 있다. 도검의 위치는 양손이 도의 손잡이를 잡고 왼쪽 허리에서부터 위쪽을 향하고 있는 모습이다. 전체적인 동작의 도검기법은 오른손과 오른발로 왼쪽으로 돌아 뒤를 한 번 치고 그대로 왼쪽으로 돌아 앞을 한 번 치는 공격 자세이다.

여덟 번째 단봉전시세(丹鳳展翅勢)는 붉은 봉황이 날개를 펴는 모양으로 칼끝을 휘두르는 동작이다. 발의 동작은 오른발이 무릎을 굽혀 앞에 나오고 왼발이 뒤에서 밀어주는 모양이다. 손은 동작은 도를 돌려서 왼손이 팔을 뻗어 도의 손잡이 하단 부위를 잡고 오른손이 도의 상단부위를 잡고 있는 쌍수 형태이며, 눈의 시선은 후면 방향의 오른쪽 아래를 응시하고 있다. 도검의 위치는 도를 전체적으로 돌려 날이 위쪽을 향하게 하고 왼손이 팔을 뻗어 도의 손잡이 아래를 잡고 오른손이 오른쪽 어깨 위에서 도의 날이 있는 바로 아래 부위를 잡고 있는 모습이다. 전체적인 동작의 도검기법은 왼쪽으로 끝을 휘두르고 오른쪽으로 칼날을 휘두르는 공격 자세이다.

	9. 가상세 [방어]	10. 중평세 [공격]	11. 약보세 [방어]	12. 도창세 [공격]
무예제보 번역속집				
	9. 오화전신세 [방어]	10. 중평세 [공격]	11. 용광사우두세 [방어]	12. 좌반월세 [방어]
무예도 보통지				

『무예제보번역속집』의 아홉 번째 가상세(架上勢)는 횟불을 들고 있는 동작이다. 발의 동작은 왼발이 무릎을 굽혀 앞에 나와 있고 오른발이 뒤에서 밀어주는 모양이다. 손의 동작은 도를 후면 방향으로 수직으로 땅에서 위쪽으로 일자로 세워서 왼손은 도의 손잡이 중앙부위를 잡고 오른손은 도의 손잡이 상단 부위를 잡고 있는 쌍수 형태이며, 눈의 시선은 후면 방향의 위쪽을 응시하고 있다. 도검의 위치는 도를 후면 방향에서 수직으로 땅에 일자로 세워 위쪽 방향을 보고 있는 모습이다. 전체적인 동작의 도검 기법은 방어 자세이다.

『무예도보통지』의 아홉 번째 오화전신세(五花纏身勢)는 다섯 개의 꽃이 몸을 감싼다는 의미의 방어 동작이다. 발의 동작은 오른발이 앞에 나와 있고 왼 발이 뒤에서 밀어주는 모양이다. 손의 동작은 오른쪽 허리에 있는 도의 손잡이 하단 부위를 왼손으로 잡고 오른손은 도의 상단 부위를 잡고 있는 쌍수 형태이며, 눈의 시선은 몸을 돌려 정면 방향을 응시하고 있다. 도검의 위치는 왼손이 도의 아래를 잡고 오른손이 도의 칼날 바로 아래를 잡고 있는 모습이다. 전체적인 동작의 도검기법은 오른손과 오른 다리로 방어하는 자세이다.

열 번째 『무예제보번역속집』의 중평세(中平勢)는 몸의 왼쪽 겨드랑이 상단부에서 중앙으로 도(刀)를 뒤집어서 찌르는 동작이다. 발의 동작은 왼발 무릎을 굽혀 앞에 나오고 오른발이 뒤에서 밀어주는 모양이다. 손의 동작은 왼쪽 옆구리 상단부에 위치한 도의 손잡이를 왼손이 잡고 수평으로 오른손이 도의 중앙부를 잡고 있는 쌍수 형태이며, 눈의 시선은 정면 방향을 응시하고 있다. 도검의 위치는 왼손은 왼쪽 허리 위의 겨드랑이 밑에서 도의 손잡이를 잡고 오른손은 오른팔을 뻗어 도의 손잡이 중앙을 잡아 앞으로 쭉 뻗어 찌르고 있는 모습이다. 전체적인 동작의 도검기법은 앞으로 나가면서 한번 찌르는 공격 자세이다.

『무예도보통지』의 중평세(中平勢)는 몸의 오른쪽 중앙 허리에서 도(刀)를 앞으로 찌르는 동작이다. 발의 동작은 오른발 무릎을 굽혀 앞에 나오고 왼발이 뒤에서 밀어주는 모양이다. 손의 동작은 오른쪽 옆구리 상단부에 위치한 도의 의 날 바로 밑을 왼손이 잡고 수평으로 오른손이 오른쪽 허리 부분의 도의 손잡이를 잡고 있는 쌍수 형태이며, 눈의 시선은 정면 방향을 응시하고 있다. 도검의 위치는 왼손은 정 중앙의 도의 날 바로 밑의 손잡이를 잡고 오른손은 오른쪽 허리 쪽의 도의 손잡이를 잡아 앞으로 쭉 뻗어 찌르고 있는 모습이다. 전체적인 동작의 도검기법은 앞으로 나가면서 한번 찌르는 공격 자세이다.

열한 번째 『무예제보번역속집』의 약보세(躍步勢)는 앞으로 뛰어 나가는 동작이다. 발의 동작은 오른발을 왼발 앞으로 꼬아서 마름모 형태로 만든 모양이다. 손의 동작은 왼쪽어깨를 약간 굽혀서 도의 손잡이를 올려놓고 하단부위를 왼손으로 잡고 있고 오른손은 도의 날이 있는 손잡이 바로 앞쪽을 잡고 있는 쌍수 형태이다. 눈의 시선은 뒤쪽 방향의 왼쪽을 응시하고 있다. 도검의 위치는 왼쪽어깨부터 수평으로 오른쪽으로 쭉 뻗어 옆으로 눕혀 있는 모습이다. 전체적인 동작의 도검기법은 방어 자세이다.

『무예도보통지』의 용광사우두세(龍光射牛斗勢)는 용이 내뿜는 빛이 하늘에 있는 견우성과 북두성을 비춘다는 의미로 크고 긴 칼날의 힘찬 움직임을 나타내는 동작이다. 발의 동작은 오른발이 무릎 높이로 들어 앞에 있고 왼발이 뒤에서 밀어주는 모양이다. 손의 동작은 왼손이 오른쪽 허리 밑에 도의 하단 부위를 잡고 오른손이 도의 손잡이 상단 부위를 잡고 있는 쌍수 형태이며, 눈의 시선은 정면 방향의 위를 응시하고 있다. 도검의 위치는 양손이 도의 손잡이를 잡고 오른쪽 허리에서부터 중앙의 위쪽 방향을 향하고 쭉 뻗고 있는 모습이다. 전체적인 동작의 도검기법은 왼쪽으로 끌어 물러나는 방어 자세이다.

열두 번째 『무예제보번역속집』의 도창세(倒鎗勢)는 종소리에 넘어지는 동작이다. 발의 동작은 오른발 무릎을 굽혀 앞에 있고 왼발이 뒤에서 밀어주는 모양이다. 손의 동작은 오른쪽어깨가 앞으로 나와 도를 거꾸로 돌려 오른손이 도의 손잡이 하단 부위를 잡고 왼손이 도의 손잡이 상단 부위를 잡고 있

는 쌍수 형태이며, 눈의 시선은 정면 방향의 앞쪽을 응시하고 있다. 도검의
위치는 도를 거꾸로 돌려 도의 날이 위를 향하게 하고 오른발 중앙 위쪽에서
부터 왼손 팔꿈치로 일직선으로 향하고 있는 모습이다. 전체적인 동작의 도
검기법은 공격 자세이다.

　『무예도보통지』의 좌반월세(左半月勢)는 왼쪽으로 반달의 형상을 하고 있
는 동작이다. 발의 동작은 오른발이 무릎 높이로 굽혀 앞굽이 자세로 앞에
있고 왼발이 뒤에서 밀어주는 모양이다. 손의 동작은 왼쪽 겨드랑이를 끼고
도의 날을 거꾸로 돌린 상태로 왼손은 몸의 뒤로 돌려 도의 손잡이 하단 부
위를 잡고 오른손은 오른쪽 어깨 위에 도의 손잡이 상단 부위를 잡고 있는
쌍수 형태이며, 눈의 시선은 정면 방향의 위를 응시하고 있다. 도검의 위치
는 도를 반대로 돌려서 칼날이 위쪽 방향으로 향하게 하여 왼손이 몸을 돌려
왼쪽 허리 뒤쪽에서 잡고 오른손이 오른쪽 어깨 위의 앞에서 팔을 굽혀 잡고
있는 모습이다. 전체적인 동작의 도검기법은 왼손과 왼발로 방어하는 자세
이다.

	13. 가상세 [방어]	14. 중평세 [공격]	15. 반창세 [방어]	16. 비파세 [공격]
무예제보 번역속집				
	13. 은룡출해세 [공격]	14. 오운조정세 [방어]	15. 좌일격세 [공격]	16. 우일격세 [공격]
무예도 보통지				

　열세 번째 『무예제보번역속집』의 가상세(架上勢)는 횃불을 들고 있는 동

작이다. 발의 동작은 왼발이 무릎을 굽혀 앞에 나와 있고 오른발이 뒤에서 밀어주는 모양이다. 손의 동작은 도를 후면 방향으로 수직으로 땅에서 위쪽으로 일자로 세워서 왼손은 도의 손잡이 중앙부위를 잡고 오른손은 도의 손잡이 상단 부위를 잡고 있는 쌍수 형태이며, 눈의 시선은 후면 방향의 위쪽을 응시하고 있다. 도검의 위치는 도를 후면 방향에서 수직으로 땅에 일자로 세워 위쪽 방향을 보고 있는 모습이다. 전체적인 동작의 도검 기법은 방어 자세이다.

열네 번째 중평세(中平勢)는 몸의 왼쪽 겨드랑이 상단부에서 중앙으로 도(刀)를 뒤집어서 찌르는 동작이다. 발의 동작은 왼발 무릎을 굽혀 앞에 나오고 오른발이 뒤에서 밀어주는 모양이다. 손의 동작은 왼쪽 옆구리 상단부에 위치한 도의 손잡이를 왼손이 잡고 수평으로 오른손이 도의 중앙부를 잡고 있는 쌍수 형태이며, 눈의 시선은 정면 방향을 응시하고 있다. 도검의 위치는 왼손은 왼쪽 허리 위의 겨드랑이 밑에서 도의 손잡이를 잡고 오른손은 오른팔을 뻗어 도의 손잡이 중앙을 잡아 앞으로 쭉 뻗어 찌르고 있는 모습이다. 전체적인 동작의 도검기법은 앞으로 나가면서 한번 찌르는 공격 자세이다.

열다섯 번째 반창세(反鎗勢)는 종을 되돌리는 동작이다. 발의 동작은 오른발 무릎을 굽혀 앞에 있고 왼발이 뒤에서 밀어주는 모양이다. 손의 동작은 오른쪽 어깨가 앞으로 나와 도를 거꾸로 돌려 오른손이 도의 손잡이 하단 부위를 잡고 왼손이 도의 손잡이 상단 부위를 잡고 있는 쌍수 형태이며, 눈의 시선은 후면의 왼쪽 방향을 응시하고 있다. 도검의 위치는 도를 거꾸로 돌려 도의 날이 오른쪽을 앞으로 뻗어 있는 상태에서 가슴 부위의 위치에서 일직선으로 수평을 유지하여 왼손이 팔을 굽혀 도의 상단 부위를 잡고 도의 날이 후면 방향을 향하고 있는 모습이다. 전체적인 동작의 도검기법은 방어 자세이다.

열여섯 번째 비파세(琵琶勢)는 악기를 연주하는 듯 한 동작이다. 발의 동작은 오른발 무릎을 굽혀 앞굽이 자세이며 왼발이 뒤에서 밀어주는 모양이다. 손의 동작은 오른쪽 어깨가 앞으로 나와 도를 거꾸로 돌려 오른손이 도의 손잡이 상단 부위를 잡고 왼손이 도의 손잡이 중단 부위를 잡고 있는 쌍수 형태이며, 눈의 시선은 후면의 앞쪽 방향을 응시하고 있다. 도검의 위치는 도를 거꾸로 돌려 도의 날이 오른쪽 허리 위에서부터 일직선으로 후면 앞쪽을 향하여 찌르는 모습이다. 전체적인 동작의 도검기법은 공격 자세이다.

『무예도보통지』의 열세 번째 은룡출해세(銀龍出海勢)는 은빛용이 물에서 나오는 모습으로 흔들며 찌르는 동작이다. 발의 동작은 오른발이 무릎 높이로 들어 앞에 나오고 왼발이 뒤에서 밀어주는 모양이다. 손의 동작은 오른쪽 허리에 있는 도의 손잡이 하단 부위를 오른손이 잡고 왼손은 도의 손잡이 상단 부위를 잡고 있는 쌍수 형태이며, 눈의 시선은 정면 방향의 위를 응시하고 있다. 도검의 위치는 오른손이 도의 끝을 잡고 왼손이 중간의 위쪽을 잡아 앞으로 쭉 뻗고 있는 모습이다. 전체적인 동작의 도검기법은 왼손과 왼발로 흔들며 한 번 찌르는 공격 자세이다.

열네 번째 오운조정세(烏雲罩頂勢)는 검은 까마귀가 이마를 찍는 모습으로 칼을 들어 앞을 향하는 동작이다. 발의 동작은 왼발이 앞에 나오고 오른발이 뒤에 있는 모양이다. 손의 동작은 얼굴 앞으로 오른손이 도의 손잡이 하단 부위를 잡고 왼손이 도의 손잡이 상단 부위를 잡고 있는 쌍수 형태이며, 눈의 시선은 정면 방향을 응시하고 있다. 도검의 위치는 도의 날을 돌려서 오른손이 도의 아래를 머리 위쪽에서 잡고 왼손이 왼쪽 어깨에서 도의 위를 잡고 있는 모습이다. 전체적인 동작의 도검기법은 왼손과 왼발로 도를 들어 앞을 향하는 방어 자세이다.

열다섯 번째 좌일격세(左一擊勢)는 왼쪽으로 한 번 치는 동작이다. 발의 동작은 오른발이 무릎을 굽혀 앞에 나오고 왼발이 뒤에서 밀어주는 모양이다. 손의 동작은 왼쪽 허리에 있는 도의 손잡이 하단부를 왼손이 잡고 오른손이 도의 손잡이 중단 부위를 잡는 쌍수 형태이며, 눈의 시선은 정면 방향을 응시하고 있다. 도검의 위치는 왼손이 도의 아래를 잡고 오른손이 도의 위를 잡아 앞으로 쭉 뻗고 있는 모습이다. 전체적인 동작의 도검기법은 오른손과 오른발로 왼쪽으로 돌아 왼쪽을 한 번 치는 공격 자세이다.

열여섯 번째 우일격세(右一擊勢)는 오른쪽으로 한 번 치는 동작이다. 발의 동작은 오른발이 무릎을 굽혀 앞에 나오고 왼발이 뒤에서 밀어주는 모양이다. 손의 동작은 왼쪽 허리에 도의 손잡이 하단 부위를 왼손이 잡고 오른손이 도의 손잡이 상단 부위를 잡는 쌍수 형태이며, 눈의 시선은 정면 방향을 응시하고 있다. 도검의 위치는 왼손이 도의 아래를 잡고 오른손이 도의 위를 잡아 앞으로 쭉 뻗고 있는 모습이다. 전체적인 동작의 도검기법은 왼손과 오른발로 오른쪽으로 돌아 오른쪽으로 한 번 치는 공격 자세이다.

	17. 반창세 [방어]	18. 비파세 [공격]	19. 한강차어세 [방어]	20. 선옹채약세 [방어]
무예제보 번역속집				
	17. 전일격세 [공격]		18. 수검고용세 [방어]	
무예도 보통지				

『무예제보번역속집의 열일곱 번째 반창세(反鎗勢)는 종을 되돌리는 동작이다. 발의 동작은 오른발 무릎을 굽혀 앞에 있고 왼발이 뒤에서 밀어주는 모양이다. 손의 동작은 오른쪽 어깨가 앞으로 나와 도를 거꾸로 돌려 오른손이 도의 손잡이 하단 부위를 잡고 왼손이 도의 손잡이 상단 부위를 잡고 있는 쌍수 형태이며, 눈의 시선은 후면의 왼쪽 방향을 응시하고 있다. 도검의 위치는 도를 거꾸로 돌려 도의 날이 오른쪽을 앞으로 뻗어 있는 상태에서 가슴 부위의 위치에서 일직선으로 수평을 유지하여 왼손이 팔을 굽혀 도의

상단 부위를 잡고 도의 날이 후면 방향을 향하고 있는 모습이다. 전체적인 동작의 도검기법은 방어 자세이다.

열여덟 번째 비파세(琵琶勢)는 악기를 연주하는 듯 한 동작이다. 발의 동작은 오른발 무릎을 굽혀 앞굽이 자세이며 왼발이 뒤에서 밀어주는 모양이다. 손의 동작은 오른쪽 어깨가 앞으로 나와 도를 거꾸로 돌려 오른손이 도의 손잡이 상단 부위를 잡고 왼손이 도의 손잡이 중단 부위를 잡고 있는 쌍수 형태이며, 눈의 시선은 후면의 앞쪽 방향을 응시하고 있다. 도검의 위치는 도를 거꾸로 돌려 도의 날이 오른쪽 허리 위에서부터 일직선으로 후면 앞쪽을 향하여 찌르는 모습이다. 전체적인 동작의 도검기법은 공격 자세이다.

열아홉 번째 한강차어세(寒江叉魚勢)는 차가운 강에 물고기가 끼어 있는 동작이다. 발의 동작은 왼발이 앞에 나와 있고 오른발이 뒤에 있는 모양이다. 손의 동작은 왼쪽 어깨 밑으로 왼손을 쭉 아래로 뻗어 도의 손잡이 상단 부위를 잡고 도의 손잡이 중단 부위를 오른손으로 잡고 있는 쌍수 형태이며, 눈의 시선은 후면의 앞쪽 방향의 아래를 응시하고 있다. 도검의 위치는 오른쪽 어깨위에서 땅의 지면 아래로 수직으로 도의 날이 향하고 있는 모습이다. 전체적인 동작의 도검기법은 방어 자세이다.

스무 번째 선옹채약세(仙翁採藥勢)는 선옹이라는 신선이 약초를 캐는 모습의 동작이다. 발의 동작은 왼발과 오른발을 벌려 나란히 무릎을 굽히고 있는 병렬 모양이다. 손의 동작은 오른손이 왼쪽 겨드랑이 사이로 들어가 도의 손잡이 중단 부위를 잡고 도의 손잡이 상단 부위를 잡고 있는 쌍수 형태이며, 눈의 시선은 후면의 앞쪽 방향의 위를 응시하고 있다. 도검의 위치는 오른쪽 어깨 위에서 땅의 지면 아래로 수직으로 도의 날이 향하고 있는 모습이다. 전체적인 동작의 도검기법은 방어 자세이다.

『무예도보통지』의 열일곱 번째 전일격세(前一擊勢)는 앞으로 나아가 한 번 치는 동작이다. 보법은 오른발이 무릎을 굽혀 앞에 나오고 왼발이 뒤에서 밀어주는 모양이다. 수법은 쌍수 형태이며, 안법은 정면을 응시하고 있다. 도검의 위치는 왼손이 도의 아래를 왼쪽 허리 앞쪽에서 잡고 오른손이 도의 위를 잡아 위로 향하고 있는 모습이다. 도검기법은 오른손과 오른 발로 왼쪽으로 돌아 앞으로 한 번 치는 공격 자세이다.

열여덟 번째 수검고용세(堅劍賈勇勢)는 마치는 동작이다. 보법은 오른발이 무릎 높이로 들어 앞으로 나오고 왼발이 뒤에서 밀어주는 모양이다. 수법은 쌍수 형태이며, 안법은 정면을 응시하고 있다. 도검의 위치는 오른 발을 든 상태로 刀를 수직으로 세워 왼손이 아래에 오른 손이 위를 향해 잡고 있는 모습이다. 도검기법은 오른손과 오른 다리로 마치는 방어 자세이다.

『무예제보번역속집』의 스물한 번째 틈홍문세(闖鴻門勢)는 기러기가 머리를 문 앞으로 내미는 동작이다. 발의 동작은 왼발이 무릎을 굽혀 앞굽이 자세로 나와 있고 오른발이 뒤에 있는 모양이다. 손의 동작은 오른쪽 가슴 부위에 있는 도의 손잡

21. 틈홍문세[공격]

무예제보
번역속집

이 하단 부를 오른손이 잡고 왼손이 도의 손잡이 칼날 부위 아래의 상단 부를 잡고 있는 쌍수 형태이며, 눈의 시선은 후면의 정면 방향을 응시하고 있다. 도검의 위치는 오른쪽 허리 위에서 시작하여 일직선으로 뒤쪽의 정면 방향의 위를 향하고 있는 모습이다. 전체적인 동작의 도검기법은 공격 자세이다.

이상과 같이 협도(挾刀)에 대한 세의 내용을 『무예제보번역속집』의 21세, 『무예도보통지』의 18세 전체 동작을 검토하였다. 『무예제보번역속집』 협도곤(夾刀棍)의 공격기법은 중평세(中平勢) 5회, 도창세(倒鎗勢) 2회, 비파세(琵琶勢) 2회, 틈홍문세(闖鴻門勢) 1회 등이다. 총 4개 자세 10회로 나타났다.

방어 기법은 조천세(朝天勢) 1회, 약보세(躍步勢) 4회, 가상세(架上勢) 2회, 반창세(反鎗勢) 2회, 한강차어세(寒江叉魚勢), 선옹채약세(仙翁採藥勢) 각 1회 등이다. 총 6개 자세 11회로 나타났다. 이를 통해 협도곤의 도검기법은 공격보다는 방어에 치중한 도검무예라는 것을 파악할 수 있었다.

『무예도보통지』협도의 공격기법은 용약재연세(龍躍在淵勢), 중평세(中平勢-중복), 오룡파미세(烏龍擺尾勢), 창룡귀동세(蒼龍歸洞勢), 단봉전시세(丹鳳展翅勢), 은룡출해세(銀龍出海勢), 좌일격세(左一擊勢), 우일격세(右一擊勢), 전일격세(前一擊勢) 등 10세였다. 방어기법은 오화전신세(五花纏身勢-중복), 용광사우두세(龍光射牛斗勢-중복), 우반월세(右半月勢), 좌반월세(左半月勢), 오운조정세(烏雲罩頂勢), 수검고용세(豎劍賈勇勢) 등 8세였다. 이를 통해 협도의 도검기법은 방어보다는 공격에 치중한 도검무예라는 것을 파악할 수 있었다.

『무예제보번역속집』과 『무예도보통지』의 협도의 자세를 비교한 바, 『무예제보번역속집』의 협도 21개 동작의 자세 기법들은 공격이 10세, 방어가 11세의 근소한 차이가 보였지만, 『무예도보통지』의 협도 18개 동작의 자세 기법에서는 공격이 10세, 방어가 8세로 방어보다는 공격 성향이 우월하게 나타났다.

3. 등패(藤牌)

『무예도보통지』에 실려 있는 등패(藤牌)는 임진왜란을 기점으로 1566년(가정(嘉靖) 45) 척계광(戚繼光)이 편찬한 『기효신서』에 등패 기예를 선조(宣祖)의 명에 의해 한교(韓嶠)가 1598년(선조 31)에 편찬한 『무예제보』에 수록된 도검무예이다. 이후 중국은 1621년(천계(天啓) 1) 모원의(茅元儀)가 편찬한 『무비지』에 등패가 실렸고, 우리나라는 1790년(정조 14) 편찬한 『무예도보통지』에 단병무예이자 도검무예인 등패가 실렸다. 등패는 임진왜란으로 중국의 등패를 수입하여 우리나라의 군사훈련을 통해 실전에 사용할 수 있도록 보급되고 정착된 도검무예이다.

위에서 제시한 『기효신서』, 『무예제보』, 『무비지』 이외에 등패에 실려 있는 인용문헌은 『병장기』, 『천공개물』, 『구곡자록』, 『습유기』, 『사기』, 『우서』,

『시집전』〈소융〉, 『육도』, 『좌전』, 『주례』〈하관〉, 『용어하도』, 『무경총요』, 『도설』, 『송사』〈곽자전〉, 『옥해』, 『무편』, 『본초습유』, 『제민요술』, 『석명』 등이다. 이중에서 주목되는 인용문헌은 『병장기』, 『기효신서』이다.

중국과 우리나라의 등패 기예는 거의 동일한 자세와 내용으로 구성되어 있다. 다만 자세 명칭에 있어 『기효신서』, 『무비지』, 『무예도보통지』는 '세(勢)'를 사용하지만 『무예제보』는 '세'라는 용어 대신에 '도(圖)'라는 명칭으로 변경한 경우와 '매복세(埋伏勢)'를 '곤패도(滾牌圖)'로 명기한 한 가지 자세만이 차이가 있다.

우리나라는 중국의 등패 기예를 수용하면서 『무예제보』에서 단순하게 '세'를 '도'로 변경한 이유는 우리나라 군사들이 등패 자세의 그림을 보고 기법을 쉽게 이해하기를 바라는 마음에서였다. 이를 통해 군사들이 실전에서 등패 기법을 바로 사용할 수 있도록 배려한 점이다. 다만 『무예제보』에 실려 있는 군사의 복장과 무기 그리고 자세는 모두 중국의 문헌을 그대로 모사한 것으로 볼 수 있다. 이후 『무예도보통지』에 실려 있는 등패는 중국식이 아닌 우리나라의 복장과 무기로 변화하여 그림이 그려져 있음을 알 수 있다. 이 점은 중국의 기예에 대한 이해가 시간이 흐르면서 우리나라의 정착되면서 우리의 방식으로 변경되었다는 것에 주목할 수 있다.

등패는 『무예도보통지』 권3에 실려 있다. 『무예도보통지』 권3에는 등패와 요도(腰刀)와 함께 사용하며, 손과 팔로 칼을 움직이는데 한 손에는 표창을 쥐고 저쪽 편에 던지면 반드시 급히 칼을 뽑아서 응대한다고 하였다.[83] 또한 모원의는 근세의 조선인이 등패를 사용하는 것은 조총을 상대할 수 있는 하나의 방법이 될 수 있다고 주장하였다.[84]

등패에 사용하는 요도는 척계광이 말하기를 길이는 3척 2촌, 무게는 1근 10량이며 자루길이가 3촌이 된다고 하였다.[85] 기계도식(器械圖式)의 그림에는 화식(華式)과 금식(今式) 그리고 요도식(腰刀式)과 표창식(鏢槍式)의 한자와 그림이 그려져 있다.

등패의 세는 전체 8개 동작으로 이루어져 있다. 기수세(起手勢)를 시작으로 약보세(躍步勢), 저평세(低平勢), 금계반두세(金鷄畔頭勢), 곤패세(滾牌勢), 선인지로세(仙人指路勢), 매복세(埋伏勢), 사행세(斜行勢)로 마치는 것이다.[86] 각 세들을 전체적으로 설명하면 〈그림 1-22〉과 같다.

〈그림 1-22〉『기효신서』, 『무비지』, 『무예제보번역속집』, 『무예도보통지』 등패 비교

순서	자세명	기효신서 (중국, 1566)	무비지 (중국, 1621)	무예제보 (한국, 1598)	무예도보통지 (한국, 1790)	기법
1	기수세 (起手勢)					방어
2	약보세 (躍步勢)					공격
3	저평세 (低平勢)					방어
4	금계반두세 (金鷄畔頭勢)					공격
5	곤패세 (滾牌勢)					공격

순서	자세명	기효신서 (중국, 1566)	무비지 (중국, 1621)	무예제보 (한국, 1598)	무예도보통지 (한국, 1790)	기법
6	선인지로세 (仙人指路勢)					공격
7	매복세 (埋伏勢)					방어
8	사행세 (斜行勢)					공격

위의 〈그림 1-22〉는 척계광이 편찬한 『기효신서(1566)』, 모원의가 편찬한 『무비지(1621)』, 한교가 편찬한 『무예제보(1598)』, 이덕무·박제가·백동수 등이 편찬한 『무예도보통지(1790)』의 등패(藤牌)의 8개 동작을 비교한 내용 이다.

등패 자세를 살펴보면, 기수세(起手勢), 약보세(躍步勢), 저평세(低平勢), 금계반두세(金鷄畔頭勢), 곤패세(滾牌勢), 선인지로세(仙人指路勢), 매복세(埋 伏勢), 사행세(斜行勢) 등이다. 중국과 우리나라의 등패 기예는 거의 동일한 자세와 내용으로 구성되어 있다. 다만 자세 명칭에 있어 『기효신서』, 『무비 지』, 『무예도보통지』는 '세(勢)'라는 용어를 사용하지만 『무예제보』는 '도 (圖)'라는 명칭을 용어를 쓰는 차이가 있다. 이에 대한 각 자세에 보이는 내용 을 검토하면 다음과 같다.

자세명	기효신서 (1566, 중국)	무비지 (1621, 중국)	무예제보 (1598, 한국)	무예도보통지 (1790, 한국)	기법
기수세 (起手勢)					방어

첫 번째 기기수세(起手勢)는 처음에 시작하는 동작이다. 『기효신서』, 『무비지』, 『무예제보』는 동일한 동작의 형태를 취하고 있다. 발의 동작은 왼발 오른발을 어깨 넓이로 나란히 벌리고 서 있는 평행보이다. 손의 동작은 왼손은 등패를 들고 정면 방향 앞으로 내밀고 있는 모습이며, 오른손은 검을 오른쪽 머리 방향 위에서 칼날이 밖으로 향하게 들고 있는 모습이다. 눈의 시선은 정면 방향을 응시하고 있다.

『무예도보통지』는 자세를 다르게 취하고 있다. 발의 동작은 오른발이 앞에 나와 있고 왼발이 뒤에 있는 모양이다. 손의 동작은 한 손으로 들고 있는 단수(單手) 형태이며, 눈의 시선은 정면 방향을 응시하고 있다. 도검의 위치는 왼손은 등패를 쥐고 오른손은 검을 쥐고 오른쪽 어깨에 정면으로 나오면서 왼쪽 허리에 대고 있는 모습이다. 도검기법은 방어 자세이다.

자세명	기효신서 (1566, 중국)	무비지 (1621, 중국)	무예제보 (1598, 한국)	무예도보통지 (1790, 한국)	기법
약보세 (躍步勢)					공격

두 번째 약보세(躍步勢)는 앞으로 뛰어 나가는 동작이다. 『기효신서』, 『무비지』, 『무예제보』는 동일한 동작의 형태를 취하고 있다. 발의 동작은 왼쪽 무릎을 굽혀 발이 앞에 나와 있고 오른발이 뒤에서 따라오는 모습이다. 손의

동작은 왼손에 든 등패는 왼쪽 방향의 뒤 쪽을 막고 오른손은 검을 들고 정면 앞의 방향을 향하고 있는 모습이다. 눈의 시선은 정면 방향을 응시하고 있다.

『무예도보통지』는 자세를 다르게 취하고 있다. 발의 동작은 오른발이 무릎을 들어 앞으로 나오게 하고 왼발이 뒤에서 밀어주는 모양이다. 손의 동작은 한 손을 사용하는 단수이며, 눈의 시선은 정면 방향을 향하고 있다. 도검의 위치는 왼손은 등패를 들고 앞으로 팔을 뻗어 막고 오른손은 검을 잡고 오른쪽 허리에서 수직으로 세운 모습이다. 도검기법은 검으로써 등패를 쫓아 한 번 휘두르는 공격 자세이다.

자세명	기효신서 (1566, 중국)	무비지 (1621, 중국)	무예제보 (1598, 한국)	무예도보통지 (1790, 한국)	기법
저평세 (低平勢)					방어

세 번째 저평세(低平勢)는 평지에 앉아서 방어하는 동작이다. 『기효신서』, 『무비지』, 『무예제보』는 동일한 동작의 형태를 취하고 있다. 발의 동작은 왼발을 무릎을 굽혀 앉은 자세로 앞에 나와 있고, 오른발은 앉은 자세로 뒤에 있는 모습이다. 손의 동작은 왼손에 등패를 머리 방향으로 들어 막고 왼손은 오른쪽 뒤에서 검을 잡고 있는 모습이다. 눈의 시선은 정면 방향을 응시하고 있다.

『무예도보통지』는 발의 동작은 땅에 앉은 상태로 왼발이 무릎 안쪽으로 굽힌 상태로 앞에 있고 왼발은 뒤에 있는 모양이다. 손의 동작은 한 손에 검을 쥐고 있는 단수이며, 눈의 시선은 정면 방향을 응시하고 있다. 도검의 위치는 왼손은 등패를 잡고 앞으로 팔을 쭉 뻗어 있고, 오른손은 오른쪽 어깨 바깥쪽에서 위로 향하게 검을 잡고 있는 모습이다. 도검기법은 방어 자세이다.

자세명	기효신서 (1566, 중국)	무비지 (1621, 중국)	무예제보 (1598, 한국)	무예도보통지 (1790, 한국)	기법
금계반두세 (金鷄畔頭勢)					공격

　네 번째 금계반두세(金鷄畔頭勢)는 앞으로 한 번 나아가 휘두르는 동작이다.『기효신서』,『무비지』,『무예제보』는 동일한 동작의 형태를 취하고 있다. 발의 동작은 왼발 앞굽이 자세로 왼발이 앞에 나와 있고 오른발이 뒤에서 밀어 주는 모습이다. 손의 동작은 왼손은 등패를 머리 위쪽으로 들어 막고 있는 자세를 취하고 오른손은 검을 들고 오른쪽 허리에서 칼날이 앞쪽을 향하고 있는 모습이다. 눈의 시선은 정면 방향을 향하고 있다.

　『무예도보통지』는 다르게 자세를 취하고 있다. 발의 동작은 오른발 앞굽이 자세로 오른발이 무릎을 굽혀 앞에 있고 왼발이 뒤에서 밀어주는 모양이다. 손의 동작은 오른손이 검을 쥐고 오른쪽 방향 뒤쪽에 있는 단수 형태이며 눈의 시선은 정면 방향을 응시하고 있다. 도검의 위치는 왼손은 등패를 잡고 앞으로 팔을 쭉 뻗어 있고, 오른손 검은 오른쪽 어깨 뒤에서 칼날이 바깥쪽을 향하고 있는 모습이다. 도검기법은 등패를 쫓아 휘두르는 공격 자세이다.

자세명	기효신서 (1566, 중국)	무비지 (1621, 중국)	무예제보 (1598, 한국)	무예도보통지 (1790, 한국)	기법
곤패세 (滾牌勢)					공격

다섯 번째 곤패세(滾牌勢)는 몸을 뒤집어 일어나는 동작이다. 『기효신서』, 『무비지』, 『무예제보』는 동일한 동작의 형태를 취하고 있다. 발의 동작은 오른 발이 앞 쪽에 왼발이 뒤 쪽에 어깨 넓이로 발을 벌리고 서 있는 모습이다. 손의 동작은 왼손에 등패를 들고 어깨부터 무릎까지 허리에 붙이고 오른손은 가슴 쪽으로 굽혀 검을 들고 있는 모습이다. 눈의 시선은 왼쪽 방향을 응시하고 있다.

『무예도보통지』는 다르게 자세를 취하고 있다. 발의 동작은 오른발과 왼발이 어깨 넓이로 나란히 벌리고 서 있는 평행보이다. 손의 동작은 왼 손은 등패를 잡고 가슴 쪽에서 팔을 쭉 뻗어 막고 있는 모습을 취하고 오른 손은 한 손에 검을 잡고 있는 단수 형태로서 오른쪽 뒤쪽 방향에서 어깨 위에 칼날이 바깥쪽을 향하고 있는 모습이다. 도검기법은 공격 자세이다.

자세명	기효신서 (1566, 중국)	무비지 (1621, 중국)	무예제보 (1598, 한국)	무예도보통지 (1790, 한국)	기법
선인지로세 (仙人指路勢)					공격

여섯 번째 선인지로세(仙人指路勢)는 눈으로 자세히 살피는 동작이다. 『기효신서』, 『무비지』, 『무예제보』는 동일한 동작의 형태를 취하고 있다. 발의 동작은 왼쪽 앞굽이 자세로 왼발이 무릎을 굽혀 앞에 있고 오른발이 뒤에서 밀어 주는 모양이다. 손의 동작은 왼손이 등패를 잡고 정면 방향을 향해 팔을 쭉 뻗어 막고 있고, 오른손은 한 손의 검을 들고 오른쪽 가슴 쪽에서 칼날을 수직으로 세워 정면을 향하고 있는 모습이다. 눈의 시선은 정면 방향을 응시하고 있다.

『무예도보통지』는 다르게 자세를 취하고 있다. 발의 동작은 왼쪽 앞굽이 자세이다. 왼발이 무릎을 굽혀 앉은 자세로 앞에 나오고 오른발이 뒤에 있는

모양이다. 손의 동작은 한 손에 검을 잡고 있는 단수 형태이며, 눈의 시선은
정면 방향의 위를 응시하고 있다. 왼손은 등패를 잡고 왼쪽의 후면을 쭉 펴
서 막고 오른손은 정면으로 손을 쭉 뻗어 검을 수직으로 잡고 있는 모습이
다. 도검기법은 공격 자세이다.

자세명	기효신서 (1566, 중국)	무비지 (1621, 중국)	무예제보 (1598, 한국)	무예도보통지 (1790, 한국)	기법
매복세 (埋伏勢)					방어

　일곱 번째 매복세(埋伏勢)는 몸을 숨기고 적이 공격하기 좋은 지점에서
기다리는 것으로 낮은 자세로 앉아 있는 동작이다.『기효신서』,『무비지』,
『무예제보』는 동일한 동작의 형태를 취하고 있다. 발의 동작은 땅에 앉은 상
태로 왼발이 무릎 안쪽으로 굽힌 상태로 앞에 있고 왼발은 뒤에 있는 모양이
다. 손의 동작은 한 손에 검을 쥐고 있는 단수이며, 눈의 시선은 정면 방향을
응시하고 있다. 도검의 위치는 왼손은 등패를 잡고 앞으로 팔을 쭉 뻗어 있
고, 오른손은 오른쪽 어깨 바깥쪽에서 위로 향하게 검을 잡고 있는 모습이다.
　『무예도보통지』는 다르게 자세를 취하고 있다. 발의 동작은 왼발을 무릎
을 굽혀 앉은 자세로 앞에 나와 있고, 오른발은 앉은 자세로 뒤에 있는 모습
이다. 손의 동작은 왼손에 등패를 머리 방향으로 들어 막고 왼손은 오른 쪽
뒤에서 검을 잡고 있는 모습이다. 눈의 시선은 정면 방향을 응시하고 있다.
도검기법은 방어 자세이다.

자세명	기효신서 (1566, 중국)	무비지 (1621, 중국)	무예제보 (1598, 한국)	무예도보통지 (1790, 한국)	기법
사행세 (斜行勢)					공격

여덟 번째 사행세(斜行勢)는 한발을 들어 발을 둘러싸고 검을 휘두르고 오른쪽으로 한 걸음 옮기는 동작이다. 『기효신서』, 『무비지』, 『무예제보』는 동일한 동작의 형태를 취하고 있다. 발의 동작은 오른쪽 앞굽이 자세이다. 오른발이 무릎을 굽혀 앞에 나와 있고 왼발이 뒤에서 밀어주는 모양이다. 손의 동작은 왼손은 등패를 잡고 왼쪽 앞으로 쭉 뻗어 막고 있고 오른손은 검을 잡고 오른쪽 방향 뒤쪽에서 칼날이 위쪽 방향으로 향하게 하여 들고 있는 모습이다. 눈의 시선은 정면 위쪽 방향을 응시하고 있다.

『무예도보통지』는 다르게 자세를 취하고 있다. 발의 동작은 왼발 앞굽이 자세이다. 왼발이 무릎을 굽혀 앞으로 나가고 오른발이 뒤에서 밀어주는 모양이다. 손의 동작은 한 손에 검을 쥐고 있는 단수 형태이며, 눈의 시선은 정면 방향의 위를 응시하고 있다. 도검의 위치는 왼손은 등패를 잡고 오른쪽 머리 위를 막고 오른손 검은 오른쪽 허리에서부터 수평으로 앞으로 나아 있는 모습이다. 도검기법은 공격 자세이다.

이상과 같이 등패의 대표적 자세인 기수세(起手勢), 약보세(躍步勢), 저평세(低平勢), 금계반두세(金鷄畔頭勢), 곤패세(滾牌勢), 선인지로세(仙人指路勢), 매복세(埋伏勢), 사행세(斜行勢)의 8개 동작 자세를 중국의 문헌인 『기효신서』, 『무비지』, 한국의 문헌인 『무예제보』, 『무예도보통지』 등을 통해 비교 검토하였다.

등패의 도검기법을 공격과 방어로 구분하여 살펴본 바, 공격기법은 약보세(躍步勢), 금계반두세(金鷄畔頭勢), 곤패세(滾牌勢), 선인지로세(仙人指路

勢), 사행세(斜行勢) 등의 5세였다. 방어기법은 기수세(起手勢), 저평세(低平勢), 매복세(埋伏勢) 등 3세였다. 이를 통해 등패의 도검기법은 방어보다는 공격에 치중한 도검무예라는 것을 파악할 수 있었다.

4. 도검무예 기법 특징

『무예도보통지』에 실려 있는 중국의 도검무예는 제독검(提督劍), 쌍검(雙劍), 월도(月刀), 협도(挾刀), 등패(藤牌)의 5기이다. 중국의 도검무예 기법의 특징을 정리하면 다음과 같다.

제독검(提督劍)은 전체 동작이 14세이었다. 제독검의 14세 중에서 공격 기법은 진전살적세(進前殺賊勢), 향우격적세(向右擊賊勢), 향좌격적세(向左擊賊勢), 휘검향적세(揮劍向賊勢), 진전살적세(進前殺賊勢), 향후격적세(向後擊賊勢), 용약일자세(勇躍一刺勢)의 7세이었다. 방어기법은 대적출검세(對賊出劍勢), 초퇴방적세(初退防賊勢), 향우방적세(向右防賊勢), 향좌방적세(向左防賊勢), 재퇴방적세(再退防賊勢), 식검사적세(拭劍伺賊勢), 장검고용세(藏劍賈勇勢)의 7세이었다. 제독검의 자세들을 대상으로 공방기법을 분류하여 살펴보면, 공격 7세, 방어 7세로 공격과 방어가 조화롭게 구성된 공방의 기법이었다.

쌍검(雙劍)은 전체 동작이 13세이었다. 쌍검의 13세 중에서 공격기법은 비진격적세(飛進擊賊勢), 진전살적세(進前殺賊勢), 향후격적세(向後擊賊勢), 검수광세(藏劍收光勢), 항장기무세(項莊起舞勢) 등 5세였다. 방어기법은 지검대적세(持劍對賊勢), 견적출검세(見賊出劍勢), 초퇴방적세(初退防賊勢), 향우방적세(向右防賊勢), 향좌방적세(向左防賊勢), 향좌방적세(向左防賊勢), 오화전신세(五花纏身勢), 지조염익세(鷙鳥斂翼勢) 등 8세였다. 이를 통해 쌍검의 도검기법은 공격보다는 방어에 치중한 도검무예라는 것을 파악할 수 있었다.

월도(月刀)는 『무예제보번역속집』에서는 청룡언월도(靑龍偃月刀)라는 명칭으로 실려 있었으며, 『무예도보통지』에 월도라는 도검무예로 지칭하고 있다. 『무예제보번역속집』에 실려 있는 청룡언월도의 전체동작은 13세인 반면, 『무예도보통지』에 실려 있는 월도의 전체동작은 18세이었다. 『무예도보통지』에서 새롭게 추가된 자세는 금룡전신세(金龍纏身勢), 내략세(內掠勢), 향전격적세(向前擊賊勢), 창룡귀동세(蒼龍歸洞勢), 검안슬상세(劍按膝上勢), 장교출해세(長蛟出海勢), 장검수광세(藏劍收光勢)의 7개이었다.

먼저 『무예제보번역속집』 청룡언월도의 전체 동작 13세를 대상으로 공방기법을 분류하여 살펴보면 다음과 같다. 공격기법은 용약재연세(龍躍在淵勢), 신월상천세(新月上天勢), 월야참선세(月夜斬蟬勢), 오관참장세(五關斬將勢), 개마참량세(介馬斬良勢), 오관참장세(五關斬將勢) 등 6세였다. 방어기법은 맹호장조세(猛虎張爪勢), 지조염익세(鷙鳥斂翼勢), 분정주공세(奔霆走空勢 - 중복), 상골분권세(霜鶻奮拳勢), 용광사우두세((龍光射牛斗勢), 자전수광세(紫電收光勢) 등 7세였다. 이를 통해 『무예제보번역속집』의 청룡언월도는 공격보다 방어에 치중한 자세가 많음을 알 수 있었다.

다음은 『무예도보통지』 월도의 전체 동작 18세를 대상으로 공방기법을 분류하여 살펴보면 다음과 같다. 공격기법은 용약재연세(龍躍在淵勢), 신월상천세(新月上天勢), 금룡전신세(金龍纏身勢), 오관참장세(五關斬將勢), 내략세(內掠勢), 향전격적세(向前擊賊勢), 창룡귀동세(蒼龍歸洞勢), 월야참선세(月夜斬蟬勢), 개마참량세(介馬斬良勢), 장교출해세(長蛟出海勢), 장검수광세(藏劍收光勢) 등 11세였다. 방어기법은 맹호장조세(猛虎張爪勢), 지조염익세(鷙鳥斂翼勢), 용광사우두세(龍光射牛斗勢), 상골분익세(霜鶻奮翼勢), 분정주공번신세(奔霆走空翻身勢), 검안슬상세(劍按膝上勢), 수검고용세(堅劍賈勇勢) 등 7세였다. 이를 통해 월도의 도검기법은 방어보다는 공격에 치중한 도검무예라는 것을 파악할 수 있었다.

『무예제보번역속집』과 『무예도보통지』의 월도의 자세를 비교한 바, 『무예제보번역속집』의 월도 13세 도검기법들은 공격보다는 방어에 치중했다면, 『무예도보통지』의 월도 18세 도검기법들은 5개의 자세가 증가하면서 방어보다는 공격에 치중한 도검무예로 변화되었음을 알 수 있었다.

협도(挾刀)는 『무예제보번역속집』에는 전체동작이 21세이었지만, 『무예도보통지』에 와서는 전체동작이 18세로 축소되었다. 먼저 『무예제보번역속집』 협도곤에 실려 있는 전체 동작 21세를 대상으로 공방기법을 살펴보면 다음과 같다. 공격기법은 중평세(中平勢) 5회, 도창세(倒鎗勢) 2회, 비파세(琵琶勢) 2회, 틈홍문세(闖鴻門勢) 1회 등이다. 총 4개 자세 10회로 나타났다. 방어 기법은 조천세(朝天勢) 1회, 약보세(躍步勢) 4회, 가상세(架上勢) 2회, 반창세(反鎗勢) 2회, 한강차어세(寒江叉魚勢), 선옹채약세(仙翁採藥勢) 각 1회 등이다. 총 6개 자세 11회로 나타났다. 이를 통해 협도곤의 도검기법은 공격보다 방어에 치중한 도검무예라는 것을 파악할 수 있었다.

다음은 『무예도보통지』 협도의 전체 동작 18세를 대상으로 공방기법을 살펴보면 다음과 같다. 공격기법은 용약재연세(龍躍在淵勢), 중평세(中平勢-중복), 오룡파미세(烏龍擺尾勢), 창룡귀동세(蒼龍歸洞勢), 단봉전시세(丹鳳展翅勢), 은룡출해세(銀龍出海勢), 좌일격세(左一擊勢), 우일격세(右一擊勢), 전일격세(前一擊勢) 등 10세였다. 방어기법은 오화전신세(五花纏身勢-중복), 용광사우두세(龍光射牛斗勢-중복), 우반월세(右半月勢), 좌반월세(左半月勢), 오운조정세(烏雲罩頂勢), 수검고용세(竪劍賈勇勢) 등 8세였다. 이를 통해 협도의 도검기법은 방어보다는 공격에 치중한 도검무예라는 것을 파악할 수 있었다.

『무예제보번역속집』과 『무예도보통지』의 협도의 자세를 비교한 바, 『무예제보번역속집』의 협도 21개 동작의 자세 기법들은 공격이 10세, 방어가 11세의 근소한 차이가 보였지만, 『무예도보통지』의 협도 18개 동작의 공방기법에서는 공격이 10세, 방어가 8세로 방어보다는 공격 위주의 도검기법이었다.

등패는 중국의 문헌인 『기효신서』, 『무비지』와 한국의 문헌인 『무예제보』, 『무예도보통지』에 실려 있는 도검무예이다. 등패의 전체동작은 8세이었다. 등패의 대표적 자세인 8개 동작을 대상으로 공방기법을 분류하여 살펴보면 다음과 같다. 공격기법은 약보세(躍步勢), 금계반두세(金鷄畔頭勢), 곤패세

(滾牌勢), 선인지로세(仙人指路勢), 사행세(斜行勢) 등의 5세였다. 방어기법은 기수세(起手勢), 저평세(低平勢), 매복세(埋伏勢) 등 3세였다. 이를 통해 등패의 도검기법은 방어보다는 공격에 치중한 도검무예라는 것을 파악할 수 있었다.

이상과 같이 중국의 도검무예인 제독검, 쌍검, 월도, 협도, 등패 5기의 공방 기법을 개별 도검무예별로 살펴보았다. 전체적인 동작과 기법의 특징에 대한 내용은 〈표 6〉에 자세하다.

〈표 6〉 중국의 도검무예 기법 특징

도검무예명		전체동작	도검기법		특징
			공격	방어	
제독검(提督劍)		14	7	7	공방(조화)
쌍검(雙劍)		13	5	8	방어
월도(月刀)	무예제보번역속집	13	6	7	방어
	무예도보통지	18	11	7	공격
협도(挾刀)	무예제보번역속집	21	10	11	방어
	무예도보통지	18	10	8	공격
등패(藤牌)		8	5	3	공격
총계		105	54	51	

위의 〈표 6〉을 통해 알 수 있는 것은 제독검, 쌍검, 월도, 협도, 등패 5기의 전체동작의 수는 105개, 공방의 기법으로는 공격이 54개, 방어는 51개로 나타났다. 세부적으로는 제독검이 14개 동작에 공격 7개, 방어 7개로 공방의 조화를 나타내는 유일한 도검기법이었다. 쌍검은 13개 동작에 공격 5개, 방어 8개로 방어 위주의 도검기법이었다. 월도는 『무예제보번역속집』에서는 13개 동작에 공격 6개, 방어 7개로 방어 위주였지만, 『무예도보통지』에서는 18개 동작으로 공격 11개, 방어 7개로 공격 위주의 성향으로 변화한 도검기법이었다.

협도는 『무예제보번역속집』에서는 21개 동작에 공격 10개, 방어 11개로 방어 위주였지만, 『무예도보통지』에서는 18개 동작으로 공격 10개, 방어 8개로 공격 위주로 성향으로 변화한 도검기법이었다. 등패는 8개 동작으로 공격 5개, 방어 3개로 공격 위주의 도검기법이었다.

제5장
일본의 도검무예
유형과 기법

| 부산진순절도(釜山鎭殉節圖) |

육군박물관 소장

| 임란전승평양입성도병(壬亂戰勝平壤入城圖屛) 부분 |
고려대학교 박물관 소장

1. 쌍수도(雙手刀)

쌍수도(雙手刀)는 일본의 도검 기법이다. 쌍수도가 처음 등장하는 문헌은 1566년(가정(嘉靖) 45)에 척계광이 편찬한 『기효신서』에 장도(長刀)라는 용어로 실려 있다. 중국의 절강(浙江) 지역에 왜구가 자주 침범하였는데, 당시에 왜구들이 사용하는 도검기법이 장도였다는 것이다. 이후 1592년(선조 25)에 임진왜란을 통하여 수입된 『기효신서』를 바탕으로 한교가 1598년(선조 31)에 편찬한 『무예제보』에 수록된 장도의 명칭의 일본의 도검무예이다.

이어 1621년(천계(天啓) 1) 모원의가 편찬한 『무비지』에 장도가 실렸고, 1790년(정조 14) 편찬한 『무예도보통지』에 쌍수도라는 도검무예로 실렸다. 우리나라는 근접전에서 유리한 일본의 도검기법인 쌍수도를 습득하여 실전에서 사용하고자 하는 취지에서 수용된 것으로 보인다. 전쟁이 끝난 시기 이후로는 쌍수도는 군사들이 근접전에서 사용하기 위한 단병무기 사용을 통한 군사훈련의 목적으로 활용되었다. 이를 통해 조선의 군사들에게 일본의 도검 기법을 올바로 파악하여 체계적으로 습득시키고자 했다.

위에서 제시한 『기효신서』, 『무비지』, 『무예제보』 이외에 쌍수도에 실려 있는 인용문헌은 『중화고금주』, 『한서』, 『후한서』〈풍이전〉, 『도검록』 등이다. 쌍수도는 한국·중국·일본의 도검무예가 종합적으로 실려 있는 『무예도보통지』 권2에 실려 있다. 쌍수도는 일명 장도(長刀), 용검(用劍), 평검(平劍) 등으로 불리어지기도 한다.[87] 쌍수도는 두 손을 사용하며, 오직 조총수(鳥銃手)만 겸할 수 있다.

적이 멀리 있으면 조총을 쏘고 적이 가까이 있으면 도를 사용하는 것을 원칙으로 하였다.[88] 정조대에는 손잡이가 길고 무거운 장도가 아닌 손잡이가 짧고 휴대가 편리하면서 실용성을 갖춘 요도(腰刀)를 가지고 훈련을 실시하였다.[89] 이는 조선의 군사들에게 효율적으로 쌍수도를 좀 더 쉽게 습득시키고자 하는 조선의 강한 의도가 담긴 것이라고 볼 수 있다.

또한 쌍수도가 왜(倭)의 도법으로 '장도'로 불리면서 명(明)을 거쳐 조선에 정착되면서 최초의 '장도'의 명칭은 '쌍수도'로 변경되었고, 중국식의 복장과 도검의 형태는 조선의 복장과 형태로 그리고 기계도식, 보, 총보, 총도 등의 내용이 추가되면서 조선의 것으로 탈바꿈하였다.

　다만 도검기법의 '세'는 동일하였다. 도검기법은 전쟁에서 적을 벨 수 있는 가장 중요한 무기이자 전술무예이다. 따라서 일본의 도검기법이 실전에서 명과 조선을 능가했기에 이를 수용하여 기법을 그대로 군사들에게 전수하는 차원에서 적용한 것으로 보인다. 18세기 실용성을 강조하는 실학정신이 발현되는 시점에 군사들이 훈련하는 교범서인『무예도보통지』에 그 기법과 내용이 고스란히 실려 있다고 할 수 있다.

　쌍수도의 '세(勢)'는 전체 15개 동작으로 이루어져 있다. 견적출검세(見賊出劍勢)를 시작으로 지검대적세(持劍對賊勢), 향좌방적세(向左防賊勢), 향우방적세(向右防賊勢), 향상방적세(向上防賊勢), 향전격적세(向前擊賊勢), 초퇴방적세(初退防賊勢), 진전살적세(進前殺賊勢), 지검진좌세(持劍進坐勢), 식검사적세(拭劍伺賊勢), 섬검퇴좌세(閃劍退坐勢), 휘검향적세(揮劍向賊勢), 재퇴방적세(再退防賊勢), 삼퇴방적세(三退防賊勢), 장검고용세(藏劍賈勇勢)로 마치는 것이다. 각 세들을 전체적으로 설명하면 〈그림 1-23〉과 같다.

〈그림 1-23〉『기효신서』,『무비지』,『무예제보번역속집』,『무예도보통지』쌍수도 비교

순서	자세명	기효신서 (중국, 1566)	무비지 (중국, 1621)	무예제보 (한국, 1598)	무예도보통지 (한국, 1790)	기법
1	견적출검세 (見賊出劍勢)					방어
2	지검대적세 (持劍對賊勢)					공격

순서	자세명	기효신서 (중국, 1566)	무비지 (중국, 1621)	무예제보 (한국, 1598)	무예도보통지 (한국, 1790)	기법
3	향좌방적세 (向左防賊勢)					방어
4	향우방적세 (向右防賊勢)					방어
5	향상방적세 (向上防賊勢)					방어
6	향전격적세 (向前擊賊勢)					공격
7	초퇴방적세 (初退防賊勢)					방어
8	진전살적세 (進前殺賊勢)					공격

순서	자세명	기효신서 (중국, 1566)	무비지 (중국, 1621)	무예제보 (한국, 1598)	무예도보통지 (한국, 1790)	기법
9	지검진좌세 (持劍進坐勢)					방어
10	식검사적세 (拭劍伺賊勢)					방어
11	섬검퇴좌세 (閃劍退坐勢)					방어
12	휘검향적세 (揮劍向賊勢)					공격
13	재퇴방적세 (再退防賊勢)					방어
14	삼퇴방적세 (三退防賊勢)					방어

순서	자세명	기효신서 (중국, 1566)	무비지 (중국, 1621)	무예제보 (한국, 1598)	무예도보통지 (한국, 1790)	기법
15	장검고용세 (藏劍賈勇勢)					방어

위의 〈그림 1-23〉은 척계광이 편찬한 『기효신서(1566)』, 모원의가 편찬한 『무비지(1621)』, 한교가 편찬한 『무예제보(1598)』, 이덕무·박제가·백동수 등이 편찬한 『무예도보통지(1790)』의 쌍수도(雙手刀)의 15개 동작을 비교한 내용이다. 이에 대한 각 자세에 보이는 내용을 검토하면 다음과 같다.

자세명	기효신서 (중국, 1566)	무비지 (중국, 1621)	무예제보 (한국, 1598)	무예도보통지 (한국, 1790)	기법
견적출검세 (見賊出劍勢)					방어

첫 번째 견적출검세(見賊出劍勢)는 적을 보면서 검을 뽑는 동작이다. 『기효 신서』, 『무비지』, 『무예제보』, 『무예도보통지』는 동일한 동작의 형태를 취하 고 있다. 발의 동작은 왼발이 지면에서 밀어 주고 오른발은 무릎 높이로 들어 서 앞으로 나아가는 우상보 형태의 자세를 취하고 있다. 손의 동작은 오른손 으로만 검을 잡고 있는 단수 형태이다. 눈의 시선은 정면 방향을 응시하는 모습이며, 도검의 위치는 오른쪽 어깨에서 오른쪽 무릎 밑으로 향하고 있으 며, 칼날은 몸의 바깥쪽을 향하고 있다. 도검기법은 적을 방어하는 동작이다.

자세명	기효신서 (중국, 1566)	무비지 (중국, 1621)	무예제보 (한국, 1598)	무예도보통지 (한국, 1790)	기법
지검대적세 (持劍對賊勢)					공격

두 번째 지검대적세(持劍對賊勢)는 검을 왼쪽어깨에 의지하고 적과 마주
보고 있는 동작이다. 『기효신서』, 『무비지』의 발의 동작은 오른쪽 앞굽이
자세이다. 오른 무릎을 굽혀 앞에 나와 있고 왼발이 뒤에서 밀어주는 모양이
다. 『무예제보』, 『무예도보통지』의 발동작은 왼발이 지면에서 밀어 주고 오
른발은 무릎 높이로 들어서 앞으로 나아가는 우상보 형태의 자세를 취하고
있다. 손의 동작은 『기효신서』, 『무비지』, 『무예제보』가 동일하다. 왼손이
검의 손잡이 부분을 잡고 오른손이 검의 몸체인 칼 등의 중앙을 잡고 있는
모습이다.

『무예도보통지』의 손동작은 검의 손잡이에 한정하여 왼손이 검의 손잡이
끝을 잡고 오른손이 그 위에 올라와 잡는 쌍수(雙手)형태이다. 눈의 시선은
『기효신서』, 『무비지』, 『무예제보』, 『무예도보통지』가 동일하게 정면 방향
을 응시하는 모습이다. 도검의 위치는 신체의 단전에서부터 위의 방향으로
올라가 있다. 도검기법은 적을 공격하는 동작이다.

자세명	기효신서 (중국, 1566)	무비지 (중국, 1621)	무예제보 (한국, 1598)	무예도보통지 (한국, 1790)	기법
향좌방적세 (向左防賊勢)					방어

　세 번째 향좌방적세(向左防賊勢)는 왼쪽을 향해 적을 방어하는 동작이다. 『기효신서』, 『무비지』, 『무예제보』는 동일한 자세를 취하고 있다. 발의 동작은 왼발이 앞으로 나와 있고 오른발이 뒤에서 밀어주는 모양이다. 손의 동작은 오른손이 검의 손잡이 상단을 잡고 왼손이 손잡이 끝을 잡고 있는 쌍수 형태다. 도검은 오른손이 팔을 앞으로 쭉 뻗어 칼날이 위에서 아래 방향으로 향하고 있는 모습이다. 눈의 시선은 검을 따라 왼쪽 아래의 방향을 응시하고 있다.

　『무예도보통지』는 다르게 자세를 취하고 있다. 발의 동작은 왼발이 지면에서 밀어 주고 오른발은 무릎 높이로 들어서 앞으로 나아가는 우상보 형태의 자세를 취하고 있다. 손의 동작은 왼손이 밑으로 오른손이 위로 향하게 잡는 쌍수 형태이다. 눈의 시선은 왼쪽 방향의 아래를 응시하고 있으며, 도검은 칼날이 신체의 바깥쪽을 향하고 왼쪽의 무릎에서부터 신체에서 벗어난 왼쪽 정면 앞쪽에 위치하고 있다. 도검기법은 상대방의 왼쪽 공격을 방어하는 동작이다.

자세명	기효신서 (중국, 1566)	무비지 (중국, 1621)	무예제보 (한국, 1598)	무예도보통지 (한국, 1790)	기법
향우방적세 (向右防賊勢)					방어

　네 번째 향우방적세(向右防賊勢)는 오른쪽을 향해 적을 방어하는 동작이다. 『기효신서』, 『무비지』, 『무예제보』는 동일한 자세를 취하고 있다. 발의 동작은 『기효신서』는 왼발 앞굽이 자세로 왼쪽 무릎을 굽혀 앞에 있고 오른발이 뒤에서 밀어주는 모양이다. 『무비지』, 『무예제보』는 오른발 앞굽이 자세로 오른 무릎을 굽혀 앞에 있고 왼발이 뒤에서 밀어주는 모양이다. 손의 동작은 오른손이 검의 손잡이 상단을 잡고 왼손이 손잡이 끝을 잡고 있는

쌍수 형태이다. 도검은 오른손이 팔을 앞으로 쭉 뻗어 칼날이 위에서 아래 방향으로 향하고 있는 모습이다. 눈의 시선은 검을 따라 왼쪽 아래의 방향을 응시하고 있다.

『무예도보통지』는 다르게 자세를 취하고 있다. 발의 동작은 왼발이 지면에서 밀어 주고 오른발은 무릎 높이로 들어서 앞으로 나아가는 우상보 형태이다. 손의 동작은 양손이 검의 손잡이를 잡고 있는 쌍수 형태이다. 눈의 시선은 정면 방향을 응시하고 있다. 도검의 위치는 신체의 명치에서부터 오른쪽 방향 머리 위로 칼날이 바깥쪽을 향하게 하여 들고 있다. 도검기법은 상대방의 오른쪽 공격을 방어하는 동작이다.

자세명	기효신서 (중국, 1566)	무비지 (중국, 1621)	무예제보 (한국, 1598)	무예도보통지 (한국, 1790)	기법
향상방적세 (向上防賊勢)					방어

다섯 번째 향상방적세(向上防賊勢)는 검으로 위를 향해 적을 막는 동작이다. 『기효신서』, 『무비지』, 『무예제보』, 『무예도보통지』는 동일한 자세를 취하고 있다. 발의 동작은 왼발이 지면에서 밀어 주고 오른발은 무릎 높이로 들어서 앞으로 나아가는 우상보이다. 손의 동작은 오른손으로만 검을 잡고 있는 단수 형태이다. 눈의 시선은 머리를 들어 정면의 오른쪽 방향을 응시하는 모습이며, 도검의 위치는 오른쪽 어깨 위에 칼날이 위로 향하게 하고 있는 모습이다. 도검기법은 상대방의 검을 머리 위에서 방어하는 동작이다.

자세명	기효신서 (중국, 1566)	무비지 (중국, 1621)	무예제보 (한국, 1598)	무예도보통지 (한국, 1790)	기법
향전격적세 (向前擊賊勢)					공격

여섯 번째 향전격적세(向前擊賊勢)는 앞을 향해 적을 내려치는 동작이다. 『기효신서』, 『무비지』, 『무예제보』에 대한 설명이다. 발의 동작은 오른발이 무릎을 굽혀 앞에 있고 왼발이 뒤에서 밀어주는 모습이다. 손의 동작은 왼손이 검의 손잡이를 잡고 오른손이 검의 몸체의 칼 등의 중앙을 오른손이 잡고 있는 쌍수 형태이다. 눈의 시선은 정면 방향을 응시하고 있다. 도검의 위치는 몸의 하단전에서부터 칼날이 위의 방향으로 향하고 있다.

『무예도보통지』의 설명이다. 발의 동작은 왼발이 지면에서 밀어 주고 오른발은 무릎 높이로 들어서 앞으로 나아가는 우상보이다. 손의 동작은 왼손과 오른손이 검의 손잡이를 자고 있는 쌍수 형태이다. 눈의 시선은 정면을 응시하고 있다. 도검의 위치는 신체의 가운데인 단전에서 칼날이 시작하여 정면의 앞쪽을 향하고 있다. 도검기법은 상대방을 치는 공격 동작이다.

자세명	기효신서 (중국, 1566)	무비지 (중국, 1621)	무예제보 (한국, 1598)	무예도보통지 (한국, 1790)	기법
초퇴방적세 (初退防賊勢)					방어

일곱 번째 초퇴방적세(初退防賊勢)는 처음 물러났다가 적을 방어하는 동작이다. 『기효신서』, 『무비지』, 『무예제보』, 『무예도보통지』에 대한 설명이

다. 발의 동작은『기효신서』는 오른쪽 발이 무릎을 굽혀 앞에 있고 왼발이
뒤에서 밀어주는 모습이다.『무비지』,『무예제보』,『무예도보통지』는 왼발
이 무릎을 굽혀 앞에 있고 오른발이 뒤에 밀어 주는 모양이다.

　손의 동작은『기효신서』,『무비지』는 왼손이 검의 손잡이를 잡고 오른손
이 검의 몸체의 중앙인 칼 등을 잡고 있는 모습이다.『무예제보』,『무예도보
통지』는 왼손과 오른손이 검의 손잡이를 잡고 있는 쌍수 형태이다. 눈의 시
선은『기효신서』,『무비지』,『무예제보』,『무예도보통지』모두 정면 방향을
응시하고 있다. 도검의 위치는 중단세로서 칼끝이 단전에서부터 신체의 바
깥쪽을 겨누고 있는 자세이다. 도검기법은 상대방을 겨눔으로써 공격을 못
하게 하는 방어 동작이다.

자세명	기효신서 (중국, 1566)	무비지 (중국, 1621)	무예제보 (한국, 1598)	무예도보통지 (한국, 1790)	기법
진전살적세 (進前殺賊勢)					공격

　여덟 번째 진전살적세(進前殺賊勢)는 앞으로 나아가 적을 베는 동작이다.
『기효신서』,『무비지』,『무예제보』,『무예도보통지』에 대한 설명이다. 발의
동작은 왼발이 지면에서 밀어 주고 오른발은 무릎 높이로 들어서 앞으로 나
아가는 우상보이다. 손의 동작은『기효신서』,『무비지』는 왼손이 검의 손잡
이를 잡고 오른손이 검의 몸체의 중앙인 칼 등을 잡고 있는 모습이다.『무예
제보』,『무예도보통지』는 왼손과 오른손이 검의 손잡이를 잡고 있는 쌍수
형태이다. 눈의 시선은『기효신서』,『무비지』,『무예제보』,『무예도보통지』
모두 정면 방향을 응시하고 있다. 도검의 위치는 신체의 단전에서부터 칼날
이 위로 향하게 하는 모습이다. 도검기법은 상대방을 베는 공격 동작이다.

자세명	기효신서 (중국, 1566)	무비지 (중국, 1621)	무예제보 (한국, 1598)	무예도보통지 (한국, 1790)	기법
지검진좌세 (持劍進坐勢)					방어

아홉 번째 지검진좌세(持劍進坐勢)는 검을 쥐고 나아가 앉는 동작이다. 『기효신서』, 『무비지』, 『무예제보』, 『무예도보통지』에 대한 동일한 자세에 대한 설명이다. 발의 동작은 오른쪽 발이 무릎 정도로 앉고 왼쪽 발이 일보 후퇴하여 앉은 자세를 취한다. 손의 동작은 오른손만으로 검을 잡고 있는 단수 형태이다. 눈의 시선은 정면 방향을 응시하는 모습이며, 도검의 위치는 앉은 자세로 오른쪽 어깨에서 검의 손잡이를 잡어 오른쪽 발 앞에까지 칼날이 바깥으로 향하고 있는 모습이다. 도검기법은 앉은 자세로 상대방의 공격을 겨눔으로써 방어하는 동작이다.

자세명	기효신서 (중국, 1566)	무비지 (중국, 1621)	무예제보 (한국, 1598)	무예도보통지 (한국, 1790)	기법
식검사적세 (拭劍伺賊勢)					방어

열 번째 식검사적세(拭劍伺賊勢)는 검을 닦으며 적의 동향을 살피는 동작이다. 『기효신서』, 『무비지』, 『무예제보』, 『무예도보통지』에 대한 설명이다. 발의 동작은 오른쪽 발과 왼쪽 발이 나란히 지면을 딛고 서 있는 병렬보이다. 손의 동작은 오른손만으로 검을 잡고 있는 단수 형태이다. 눈의 시선은 『기효신서』, 『무비지』, 『무예제보』는 몸이 후면 방향에서 왼쪽 방향의

앞을 응시하고 있지만, 『무예도보통지』는 몸이 정면 방향에서 왼쪽 방향의 뒤를 돌아보는 다른 모습을 취하고 있다.

도검의 위치는 왼쪽의 뒤편의 어깨부터 아래로 칼날을 바깥으로 향하고 있는 모습이다. 도검기법은 기마상태의 자세로 왼쪽의 뒤편에 있는 상대방을 막기 위한 방어 동작이다.

자세명	기효신서 (중국, 1566)	무비지 (중국, 1621)	무예제보 (한국, 1598)	무예도보통지 (한국, 1790)	기법
섬검퇴좌세 (閃劍退坐勢)					방어

열한 번째 섬검퇴좌세(閃劍退坐勢)는 검을 피하며 물러나 앉는 동작이다. 『기효신서』, 『무비지』, 『무예제보』, 『무예도보통지』의 동일한 자세에 대한 설명이다. 발의 동작은 왼쪽 앞굽이 자세이다. 오른쪽 발이 무릎을 굽혀 앞으로 나가고 왼발이 뒤에서 밀어주는 모습을 취하고 있다. 손의 동작은 오른손은 정면으로 팔을 쭉 뻗고 왼손만으로 검을 잡고 있는 단수 형태이다. 눈의 시선은 정면 방향을 응시하는 모습이다. 도검의 위치는 오른손으로 잡은 칼의 손잡이를 신체의 등 뒤쪽 왼쪽 허리에 대고 칼날이 바깥쪽을 향하면서 왼쪽 허리부터 왼쪽 머리 위쪽으로 향하게 하고 있는 모습이다. 도검기법은 상대방을 피하여 방어하는 동작이다.

자세명	기효신서 (중국, 1566)	무비지 (중국, 1621)	무예제보 (한국, 1598)	무예도보통지 (한국, 1790)	기법
휘검향적세 (揮劍向賊勢)					공격

열두 번째 휘검향적세(揮劍向賊勢)는 적을 향해 검을 휘두르는 동작이다. 『기효신서』, 『무비지』, 『무예제보』에 대한 설명이다. 발의 동작은 왼쪽 앞굽이 자세이다. 왼발이 무릎을 굽혀 앞에 나와 있고 오른발이 위에서 밀어주는 모양이다. 손의 동작은 왼손과 오른손이 검의 손잡이를 잡고 있는 쌍수 형태이다. 눈의 시선은 몸의 방향이 후면을 응시하고 있는 모습이다. 도검의 위치는 칼날은 안쪽으로 칼등은 바깥쪽으로 하여 왼쪽 허리부터 수직으로 위의 방향으로 향하고 있다.

『무예도보통지』에 대한 설명이다. 발의 동작은 왼발이 지면에서 밀어 주고 오른발은 무릎 높이로 들어서 앞으로 나아가는 우상보이다. 손의 동작은 왼손이 밑으로 오른손이 위로 향하게 잡는 쌍수 형태이다. 눈의 시선은 정면에서 왼쪽 방향을 응시하고 있으며, 도검은 칼날이 신체의 바깥쪽을 향하고 왼쪽의 무릎에서부터 신체에서 벗어난 왼쪽 정면 앞쪽에 위치하고 있다. 도검기법은 상대방의 왼쪽을 공격하는 동작이다.

자세명	기효신서 (중국, 1566)	무비지 (중국, 1621)	무예제보 (한국, 1598)	무예도보통지 (한국, 1790)	기법
재퇴방적세 (再退防賊勢)					방어

열세 번째 재퇴방적세(再退防賊勢)는 다시 물러나서 적을 방어하는 동작이다. 『기효신서』, 『무비지』, 『무예제보』, 『무예도보통지』의 동일한 자세에 대한 설명이다. 발의 동작은 왼발이 무릎을 굽혀 앞에 나와 있고 오른발이 뒤에 위치하고 있는 모습이다. 손의 동작은 왼손과 오른손이 검의 손잡이를 잡고 있는 쌍수 형태이다. 눈의 시선은 정면 방향의 위를 응시하고 있다. 도검의 위치는 몸의 명치에서부터 오른쪽 어깨 방향으로 칼날이 바깥쪽으로 향하게 되어 있다. 도검기법은 신체가 후면에서 오른쪽 옆 방향으로 몸을 틀어서 오른쪽의 상대방을 방어하는 동작이다.

자세명	기효신서 (중국, 1566)	무비지 (중국, 1621)	무예제보 (한국, 1598)	무예도보통지 (한국, 1790)	기법
삼퇴방적세 (三退防賊勢)					방어

열네 번째 삼퇴방적세(三退防賊勢)는 세 번 물러나서 적을 방어하는 동작이다. 『기효신서』, 『무비지』, 『무예제보』, 『무예도보통지』의 동일한 자세에 대한 설명이다. 발의 동작은 오른발이 무릎을 굽혀 앞에 나와 있고 왼발이 뒤에서 밀어주는 자세이다. 손의 동작은 손의 동작은 왼손과 오른손이 검의 손잡이를 잡고 있는 쌍수 형태이다. 눈의 시선은 왼쪽 방향의 위를 응시하고 있으며, 도검의 위치는 신체의 명치부터 왼쪽 어깨의 앞쪽으로 나와 있다. 칼날은 신체의 안쪽 방향으로 되어 있다. 도검기법은 왼쪽의 상대방을 방어하는 동작이다.

자세명	기효신서 (중국, 1566)	무비지 (중국, 1621)	무예제보 (한국, 1598)	무예도보통지 (한국, 1790)	기법
장검고용세 (藏劍賈勇勢)					방어

열다섯 번째 장검고용세(藏劍賈勇勢)는 검을 감추고 날쌘 용맹으로 마무리 하는 동작이다. 『기효신서』, 『무비지』, 『무예제보』에 대한 설명이다. 발의 동작은 오른발이 무릎을 살짝 굽혀 앞에 있고 왼발이 뒤에서 밀어주는 모습이다. 손의 동작은 오른손은 팔을 밑으로 쭉 뻗고 왼손에만 검을 잡고 있는 단수 형태이다. 눈의 시선은 몸이 후면 방향에서 왼쪽 앞을 응시하고 있는 모습이다.

『무예도보통지』에 대한 설명이다. 발의 동작은 오른발이 무릎을 굽혀 앞에 있고 왼발이 뒤에서 밀어주는 모습이다. 손의 동작은 오른손은 팔과 함께 어깨 위까지 올려 옆으로 쭉 뻗고 왼손에만 검을 잡고 있는 단수 형태이다. 눈의 시선은 정면 방향을 응시하고 있다. 도검은 왼쪽 어깨와 나란히 위치하고 있으며, 칼날은 어깨 밑으로 향하고 있다. 도검기법은 상대방을 제압한 후 겨누는 방어 동작이다.

이상과 같이 『기효신서』, 『무비지』, 『무예제보』, 『무예도보통지』의 문헌에 실려 있는 쌍수도의 대표적 자세인 견적출검세(見賊出劍勢), 지검대적세(持劍對賊勢), 향좌방적세(向左防賊勢), 향우방적세(向右防賊勢), 향상방적세(向上防賊勢), 향전격적세(向前擊賊勢), 초퇴방적세(初退防賊勢), 진전살적세(進前殺賊勢), 지검진좌세(持劍進坐勢), 식검사적세(拭劍伺賊勢), 섬검퇴좌세(閃劍退坐勢), 휘검향적세(揮劍向賊勢), 재퇴방적세(再退防賊勢), 삼퇴방적세(三退防賊勢), 장검고용세(藏劍賈勇勢)의 15개 동작을 비교 검토하였다.

쌍수도의 '세(勢)'를 공방기법으로 구분하여 검토한 바, 공격기법은 지검대

적세(持劍對賊勢), 향전격적세(向前擊賊勢), 진전살적세(進前殺賊勢), 휘검향
적세(揮劍向賊勢)의 4세였다. 방어기법은 견적출검세(見賊出劍勢), 향좌방적
세(向左防賊勢), 향우방적세(向右防賊勢), 향상방적세(向上防賊勢), 초퇴방적
세(初退防賊勢), 지검진좌세(持劍進坐勢), 식검사적세(拭劍伺賊勢), 섬검퇴좌
세(閃劍退坐勢), 재퇴방적세(再退防賊勢), 삼퇴방적세(三退防賊勢), 장검고용
세(藏劍賈勇勢)의 11세였다. 이를 통해 일본의 도검무예인 쌍수도의 도검기
법은 공격보다는 방어에 치중한 기법이라는 것을 알 수 있었다.

2. 왜검(倭劍)

왜검(倭劍)은 『무예도보통지』 권2에 실려 있다. 왜검은 토유류(土由流),
운광류(運光流), 천유류(千柳流), 유피류(柳彼流)의 4가지 유파의 검법으로 소
개하고 있다. 현재 운광류의 검술만이 전해지고 다른 유파의 검법은 실전되
었다고 밝히고 있다. 또한 김체건(金體乾)이 익힌 왜검 기법을 연출한 것이
사이사이에 나오므로 새로운 의미로 교전하는 자세라 하여 교전보(交戰譜)
라 지칭하였다. 구보(舊譜)가 별도로 하나의 보(譜)가 되므로 이제 왜검보(倭
劍譜)에 붙였고 그 근원은 왜보(倭譜)에 있다[90]고 설명하고 있다.

왜검에 실려 있는 인용문헌은 『예기』〈월령〉, 『왜지』, 『왜한삼재도회』, 『무
비지』, 『고공기』, 『자휘』, 『사기』, 『광박물지』, 『사기』〈효무기〉, 『본초강목』,
모원의의 『무비지』, 양신의 『단연총록』, 양안상순의 『왜한삼재도회』 등이
다. 이중에서 주목되는 인용문헌은 『왜한삼재도회』, 『사기』, 『무비지』이다.

왜검의 4가지 유파에서 보이는 세를 살펴보면, 토유류에서는 장검재진세
(藏劍再進勢)과 장검삼진세(藏劍三進勢)의 2세, 운광류에서는 천리세(千利
勢), 과호세(跨虎勢), 속행세(速行勢), 산시우세(山時雨勢), 수구심세(水鳩心
勢), 유사세(柳絲勢) 등 6세였다. 천유류에서는 초도수세(初度手勢), 재농세
(再弄勢), 장검재진세(藏劍再進勢), 장검삼진세(藏劍三進勢)의 4세, 유피류에

서는 세가 보이지 않고 검을 사용하여 신체의 동작만을 설명하고 있었다.
　따라서 왜검은 세에 집중하기 보다는 도검기법의 전체를 파악하기 위해
4가지 유파의 모든 동작을 검토하고자 한다. 각 유파의 전체 동작을 검토하
면 토유류(土由流)는 전체 30개 동작, 운광류(運光流)는 전체 25개 동작, 천유
류(千柳流)는 전체 38개 동작, 유피류(柳彼流)의 전체 18개 동작으로 구성되
어 있다. 먼저 토유류에 내용을 설명하면 〈그림 1-24〉에 자세하다.

1) 토유류(土由流)

〈그림 1-24〉 왜검 토유류

순서	무예도보통지 (한국, 1790)	기법	순서	무예도보통지 (한국, 1790)	기법	순서	무예도보통지 (한국, 1790)	기법
1		방어	12		장검재진 (藏劍再進) 방어	23		공격
2		공격	13		공격	24		공격
3		방어	14		방어	25		방어
4		방어	15		공격	26		공격

순서	무예도보통지(한국, 1790)	기법	순서	무예도보통지(한국, 1790)	기법	순서	무예도보통지(한국, 1790)	기법
5		공격	16		방어	27		공격
6		공격	17		공격	28		공격
7		방어	18		준비	29		방어
8		공격	19		공격	30		공격
9		방어	20		공격			
10		공격	21		장검삼진(藏劍三進) 방어			
11		공격	22		공격			

위의 〈그림 1-24〉는 왜검의 한 유파인 토유류(土由流)의 전체 동작 30개를 정리한 내용이다. 『무예도보통지』의 왜검 토유류보(土由流譜)에서는 그림 1장에 2인이 1조가 되어서 각자 1가지 세를 취하는 형식으로 2세씩 나와 있다. 각 세에 대한 내용이 총 15장으로 구성되어 있다.

그러나 토유류에서는 각 세에 대한 명칭은 붙여 놓지 않았다. 다만 왜검총보의 토유류에서 12번째 동작에 장검재진(藏劍再進)이라는 표기를 해놓아 1번부터 11번까지 동작이 끝나고 다시 시작되는 동작임을 표시해 놓았다. 21번째 동작에도 장검삼진(藏劍三進)이라는 표기를 함으로써 12번부터 20번까지의 두 번째의 연결 동작이 끝나는 것을 표시해 두었다. 마지막으로 21번부터 시작하여 30번까지 세 번째의 연결 동작이 마무리 되는 것이었다. 이를 통해 토유류는 3회에 나누어 검보의 동작들이 일정한 투로 형식의 연결동작으로 시행되고 있음을 파악할 수 있었다. 각 동작에 보이는 내용을 검토하면 다음과 같다.

1. 방어	2. 공격	3. 방어	4. 방어	5. 공격

첫 번째 동작은 상대방을 마주보며 대적하는 모습이다.[91] 발의 동작은 두 발이 나란히 벌려 서 있지만 왼발이 앞에 오른발이 뒤에 있는 모습이다. 손의 동작은 양손이 검의 손잡이를 잡고 있는 쌍수 형태이며, 눈의 시선은 정면을 응시하고 있다. 도검의 위치는 오른쪽 허리 부분에 끼고 칼날이 정면을 향하고 있다. 도검기법은 우협세(右夾勢)의 형식을 취하는 방어 자세이다.

두 번째 동작은 오른손과 오른 다리로 공격하는 자세이다. 발의 동작은 오른쪽 무릎을 굽혀 발을 들어서 앞으로 나오며 왼발이 뒤에 있는 모습이다.

손의 동작은 양손이 검의 손잡을 잡고 있는 쌍수 형태이며, 눈의 시선은 정면을 응시하고 있다. 도검의 위치는 정중앙의 명치부분에 검의 손잡이가 위치하여 상대방의 머리를 향하고 있는 모습이다. 도검기법은 오른쪽에서 왼쪽으로 치는 공격 자세이다.

세 번째 동작은 방어하는 자세이다. 발의 동작은 오른발로 지탱하고 왼발을 무릎 위까지 들고 있는 모습이다. 손의 동작은 양손이 검의 손잡이를 잡고 있는 쌍수 형태이며, 눈의 시선은 정면에서 왼쪽 아래를 응시하고 있다. 도검의 위치는 어깨에서 무릎 아래로 칼날이 밑으로 향하고 있다. 도검기법은 방어를 하는 자세이다.

네 번째 동작은 상대방을 마주보며 대적하는 모습이다. 발의 동작은 두 발이 나란히 벌려 서 있지만 왼발이 앞에 오른발이 뒤에 있는 모습이다. 손의 동작은 검의 손잡이를 양손으로 잡고 있는 쌍수 형태이며, 눈의 시선은 정면방향을 응시하고 있다. 도검의 위치는 오른쪽 허리 부분에 끼고 칼날이 정면을 향하고 있다. 도검기법은 우협세의 형식을 취하는 방어 자세이다.

다섯 번째 동작은 왼쪽을 한 번 치는 공격의 모습이다. 발의 동작은 왼발이 무릎을 굽혀 앞으로 나가가며, 오른발은 중심을 지탱해 주는 모습이다. 손의 동작은 양손이 검의 손잡이를 잡고 있는 쌍수 형태이다. 눈의 시선은 정면 방향을 응시하고 있다. 도검의 위치는 정면 중앙의 신체의 어깨에서 검의 손잡이가 시작하여 위로 칼날이 올라가 있는 모습이다. 도검기법은 왼쪽을 치는 공격 자세이다.

6. 공격	7. 방어	8. 공격	9. 방어	10. 공격

여섯 번째 동작은 오른발이 나아가 앉으며 검을 오른쪽으로 밀치는 공격 자세이다. 발의 동작은 오른발이 앞에 나아가고 왼발이 뒤에 있으며 기마세(騎馬勢)를 취하고 있는 모습이다. 손의 동작은 양손이 검의 손잡이를 잡고 있는 쌍수 형태이다. 눈의 시선은 정면 방향을 응시하고 있다. 도검의 위치는 신체의 오른쪽 다리 무릎 위쪽에 검의 손잡이가 시작하여 정면 앞을 향하고 있다. 도검기법은 오른쪽을 밀치는 공격 자세이다.

일곱 번째 동작은 상대방의 검을 머리 위에서 막는 방어 자세이다. 발의 동작은 오른발이 앞에 왼발이 뒤에 있는 병렬보이며, 손의 동작은 양손이 검의 손잡이를 잡고 있는 쌍수 형태이다. 눈의 시선은 정면을 응시하고 있다. 도검의 위치는 왼쪽 어깨에서 이마 위로 칼날이 바깥쪽으로 향하여 막고 있는 모습이다. 도검기법은 신체의 정면 이마 위의 앞쪽에서 상대방의 검을 막는 방어 자세이다.

여덟 번째 동작은 앞으로 나아가며 치는 공격 자세이다. 발의 동작은 오른발이 무릎을 굽혀 앞으로 나아가며 왼발이 뒤에서 밀어주는 모습이다. 손의 동작은 양손이 검의 손잡이를 잡고 있는 쌍수 형태이다. 눈의 시선은 정면 위쪽을 응시하고 있다. 도검의 위치는 신체의 어깨부분의 정면에서 시작하여 위로 향하며, 칼날은 바깥쪽으로 향하고 있다. 도검기법은 상대방의 정면을 공격하는 자세이다.

아홉 번째 동작은 오른쪽 앞굽이 자세로 검을 왼쪽 어깨위에 감추는 방어 자세이다. 발의 동작은 오른발이 무릎을 굽혀 앞에 나가 있고 왼발이 뒤에서 지탱해 주는 모습이다. 손의 동작은 양손이 검의 손잡이를 잡고 있는 쌍수 형태이며, 눈의 시선은 정면을 응시하고 있다. 도검의 위치는 왼쪽어깨에서 시작하여 위로 향하고 있다. 칼날은 어깨의 바깥쪽을 향하고 있다. 도검기법은 방어 자세이다.

열 번째 동작은 오른쪽 손과 오른쪽 다리가 나아가며 오른쪽으로 밀어내는 자세이다. 발의 동작은 오른발이 무릎을 굽혀 앞에 나오고 왼발이 뒤에서 밀어주는 자세이다. 손의 동작은 양손이 검의 손잡을 잡고 있는 쌍수 형태이다. 눈의 시선은 정면을 응시하고 있다. 도검의 위치는 정면 중앙의 중단세 (中段勢)를 취하여 칼날이 밑으로 향하고 있는 모습이다. 도검기법은 오른쪽을 밀치는 공격 자세이다.

11. 공격	12. 장검재진 [방어]	13. 공격	14. 방어	15. 공격

  열한 번째 동작은 오른손과 왼쪽 다리로 앞으로 나아가 한 번 치는 자세이다. 발의 동작은 오른발이 무릎을 굽혀 앞으로 나아가며, 왼발은 뒤에서 밀어주는 모습이다. 손의 동작은 양손이 검의 손잡이를 잡고 있는 쌍수 형태이며, 눈의 시선은 정면을 응시하고 있다. 도검의 위치는 손잡이가 정면의 명치부분에서 시작하여 위로 향하고 있고, 칼날의 방향은 몸의 바깥쪽을 향하고 있다. 도검기법은 상대방의 정면 머리를 치는 공격 자세이다.

  토유류의 첫 번째 연결 투로가 한 번의 방어에서 시작하여 공격 - 방어 - 방어 - 공격 - 공격 - 방어 - 공격 - 방어 - 공격 - 공격으로 11회에 종료 되었다. 공격 6회, 방어5회로 나타났다. 이를 통해 방어와 공격이 적절하게 조화되고 있음을 알 수 있었다.

  토유류의 두 번째 연결 투로는 열두 번째 동작에서 시작하여 20번째 동작까지이다. 이에 대한 각 동작에 대한 설명은 다음과 같다.

  열두 번째 동작은 상대방을 마주보며 대적하는 모습이다. 발의 동작은 두 발이 나란히 벌려 서 있지만 왼발이 앞에 오른발이 뒤에서 밀어주는 모습이다. 손의 동작은 양손이 검의 손잡이를 잡고 있는 쌍수 형태이며, 눈의 시선은 정면을 응시하고 있다. 도검의 위치는 오른쪽 허리 부분에 끼고 칼날이 정면을 향하고 있다. 도검기법은 우협세의 형식을 취하는 방어 자세이다. 총보에는 장검재진으로 표기되어 있다.

열세 번째 동작은 오른손과 오른 다리로 왼쪽을 공격하는 자세이다. 발의 동작은 오른쪽 발이 무릎을 굽혀 앞으로 나가며 왼발이 뒤에서 밀어 주는 모습이다. 손의 동작은 양손이 검의 손잡이를 잡고 있는 쌍수 형태이며, 눈의 시선은 정면방향을 응시하고 있다. 도검의 위치는 정중앙의 명치부분에 검의 손잡이가 위치하여 상대방의 머리를 향하고 있는 모습이다. 도검기법은 오른쪽에서 왼쪽으로 치는 공격 자세이다.

열네 번째 동작은 오른발이 나아가 앉으며 검을 오른쪽으로 밀치며 오른발에 감추는 자세이다. 발의 동작은 오른발이 앞에 나아가고 왼발이 뒤에 있으며 기마세를 취하고 있는 모습이다. 손의 동작은 양손이 검의 손잡이를 잡고 있는 쌍수 형태이다. 눈의 시선은 정면을 응시하고 있다. 도검의 위치는 신체의 오른쪽 다리 무릎 위쪽에 검의 손잡이가 시작하여 정면 앞을 향하고 있다. 도검기법은 공격을 한 다음 상대방을 반격을 의식하여 다음 동작을 시행하기 위한 겨눔의 방어 자세이다.

열다섯 번째 동작은 오른손과 오른 다리로 오른쪽을 밀치는 공격 자세이다. 발의 동작은 오른발이 무릎을 굽혀 앞에 나오고 왼발이 뒤에서 밀어주는 자세이다. 손의 동작은 양손이 검의 손잡이를 잡고 있는 쌍수 형태이다. 눈의 시선은 정면을 응시하고 있다. 도검의 위치는 정면 중앙의 어깨부터 시작하여 위쪽으로 칼날이 향하고 있는 모습이다 도검기법은 오른쪽을 밀치는 공격 자세이다.

16. 방어	17. 공격	18. 준비	19. 공격	20. 공격

열여섯 번째 동작은 오른손과 왼쪽 다리로 왼쪽에 검을 감추는 자세이다. 발의 동작은 양발이 나란하게 서 있는 모습이며, 손의 동작은 양손이 검의 손잡이를 잡고 있는 쌍수 형태이다. 눈의 시선은 왼쪽을 응시하고 있다. 도검의 위치는 칼날이 몸의 바깥쪽이며 왼쪽어깨에서 시작하여 위의 방향으로 수직으로 서 있는 모습이다. 도검기법은 방어 자세이다.

열일곱 번째 동작은 오른손과 오른 다리로 오른쪽을 한 번 밀치는 공격 자세이다. 발의 동작은 오른발이 무릎을 굽혀 앞에 나오고 왼발이 뒤에서 밀어주는 모습이다. 손의 동작은 양손이 검의 손잡이를 잡고 있는 쌍수 형태이다. 눈의 시선은 정면을 응시하고 있다. 도검의 위치는 정면 중앙의 어깨부터 시작하여 위쪽으로 칼날이 향하고 있는 모습이다 도검기법은 오른쪽을 밀치는 공격 자세이다.

열여덟 번째 동작은 상대방을 마주보며 대적하는 모습이다. 발의 동작은 두 발이 나란히 벌려 서 있지만 왼발이 앞에 오른발이 뒤에 있는 모습이다. 손의 동작은 양손이 검의 손잡이를 잡고 있는 쌍수 형태이며, 눈의 시선은 정면을 응시하고 있다. 도검의 위치는 오른쪽 허리 부분에 끼고 칼날이 정면을 향하고 있다. 도검기법은 우협세의 형식을 취하는 방어 자세이다.

열아홉 번째 동작은 오른손과 오른 다리로 왼쪽을 한 번 치는 공격 자세이다. 발의 동작은 오른발이 무릎을 굽혀 앞으로 나오고 왼발이 뒤에서 밀어주는 모습이다. 손의 동작은 양손이 검의 손잡이를 잡고 있는 쌍수 형태이다. 눈의 시선은 왼쪽 방향을 응시하고 있다. 도검의 위치는 정면 중앙의 단전에서 시작하여 위쪽으로 칼날이 향하고 있는 모습이다. 도검기법은 왼쪽을 치는 공격 자세이다.

스무 번째 동작은 오른손과 왼쪽 다리로 앞을 한 번 치는 공격 자세이다. 발의 동작은 오른발이 무릎을 굽혀 앞으로 나오고 왼발이 뒤에서 밀어 주는 모습이다. 손의 동작은 양손이 검의 손잡이를 잡고 있는 쌍수 형태이다. 눈의 시선은 정면 방향을 응시하고 있다. 도검의 위치는 칼날이 몸의 바깥쪽을 향하고, 정면 중앙의 어깨 높이에서 시작하여 위로 향하고 있다. 도검기법은 정면을 치는 공격 자세이다.

토유류의 두 번째 연결 투로가 열두 번째 방어에서 시작하여 공격 - 방어 - 공격 - 방어 - 공격 - 방어 - 공격 - 공격으로 스무 번째에서 종료 되었다. 공격 5회, 방어 4회로 나타났다. 첫 번째 투로와 마찬가지로 공격과 방어에 조화를 이루고 있었다.

토유류의 세 번째 연결 투로는 스물한 번째 동작에서 시작하여 서른 번째 동작까지이다. 이에 대한 각 동작에 대한 설명은 다음과 같다.

21. 장검삼진 [방어]	22. 공격	23. 공격	24. 공격	25. 방어

스물한 번째 동작은 상대방을 마주보며 대적하는 모습이다. 발의 동작은 두 발이 나란히 벌려 서 있지만 왼발이 앞에 있고 오른발이 뒤에 있는 모습이다. 손의 동작은 양손이 검의 손잡이를 잡고 있는 쌍수 형태이며, 눈의 시선은 정면을 응시하고 있다. 도검의 위치는 오른쪽 허리 부분에 끼고 칼날이 정면을 향하고 있다. 도검기법은 우협세의 형식을 취하는 방어 자세이다. 총보에는 장검삼진으로 표기되어 있다.

스물두 번째 동작은 오른손과 오른 다리로 펼쳐 뛰어 나아가 한 번 치는 공격 자세이다. 발의 동작은 오른발이 무릎을 굽혀 앞으로 나오고 왼발이 뒤에서 밀어주는 모습이다. 손의 동작은 양손이 검의 손잡이를 잡고 있는 쌍수 형태이다. 눈의 시선은 정면의 아래를 응시하고 있다. 도검의 위치는 칼날이 몸의 바깥쪽을 향하고 있으며, 중앙의 단전에서부터 위쪽으로 향하고 있다. 도검기법은 앞으로 뛰어 나가며 치는 공격 자세이다.

　　스물세 번째 동작은 뒤에 있는 왼발이 오른발과 나란히 하면서 한 번 치는 공격 자세이다. 발의 동작은 왼발과 오른발이 나란하게 서 있고 손의 동작은 양손이 검의 손잡이를 잡고 있는 쌍수 형태이다. 눈의 시선은 정면의 위를 응시한다. 도검의 위치는 정면에서 손잡이가 어깨부터 시작하여 위쪽으로 향하고 있다. 도검기법은 정면을 치는 공격 기법이다.

　　스물네 번째 동작은 오른발을 펼쳐 뛰며 한 번 치는 공격 자세이다. 발의 동작은 오른발이 무릎을 굽혀 앞으로 나오고 왼발이 뒤에서 밀어주는 모습이다. 손의 동작은 양손이 검의 손잡이를 잡고 있는 쌍수 형태이다. 눈의 시선은 정면을 응시하고 있다. 도검의 위치는 칼날이 몸의 바깥쪽을 향하고 있으며, 중앙의 단전에서부터 정면의 위쪽으로 향하고 있다. 도검기법은 앞으로 뛰어 나가며 치는 공격 자세이다.

　　스물다섯 번째 동작은 오른손과 오른 다리로 검을 이마 위로 막는 방어 자세이다. 발의 동작은 오른발이 앞에 나와 있고 왼발이 뒤에 있는 병렬보이며, 손의 동작은 양손이 검의 손잡이를 잡고 있는 쌍수 형태이다. 눈의 시선은 왼쪽을 응시하고 있다. 도검의 위치는 얼굴의 이마 앞에서 칼날이 위로 향하여 막고 있는 모습이다. 도검기법은 상대방의 검을 막는 방어 자세이다.

26. 공격	27. 공격	28. 공격	29. 방어	30. 공격

　　스물여섯 번째 동작은 오른손과 왼쪽 다리로 앞으로 나아가며 한 번 치는 공격 자세이다. 발의 동작은 오른발이 무릎을 굽혀 앞에 나와 있고 왼발이 뒤에서 밀어주는 모습이다. 손의 동작은 양손이 검의 손잡이를 잡고 있는 쌍수 형태이며, 눈의 시선은 정면을 응시하고 있다. 도검의 위치는 칼날이

몸의 바깥쪽을 향하고 명치부분에서 시작하여 위쪽으로 향하고 있다. 도검 기법은 앞으로 나아가며 치는 공격 자세이다.

스물일곱 번째 동작은 오른손과 오른 다리가 나아가며 두 번 쫓는 공격 자세이다. 발의 동작은 오른발이 무릎을 굽혀 앞에 나와 있고 왼발이 뒤에서 밀어주는 모습이다. 손의 동작은 양손이 검의 손잡이를 잡고 있는 쌍수 형태 이며, 눈의 시선은 정면을 응시하고 있다. 도검의 위치는 몸의 중앙의 단전 에서부터 머리 위로 향하고 있는 중단세(中段勢)를 취하고 있다. 도검기법은 상대방을 쫓아 제압하는 공격 자세이다.

스물여덟 번째 동작은 오른손과 오른 다리가 나아가며 두 번 쫓는 공격 자세이다. 발의 동작은 오른발이 무릎을 굽혀 앞에 나아가고 왼발이 위에서 밀어주는 모습이다. 손의 동작은 양손이 검의 손잡이를 잡고 있는 쌍수 형태 이며, 눈의 시선은 정면을 응시하고 있다. 도검의 위치는 몸의 중앙의 단전 에서부터 수평으로 상대방 가슴을 겨눈 중단세를 취하고 있다. 도검기법은 상대방을 쫓아 제압하는 공격 자세이다.

스물아홉 번째 동작은 오른손과 오른 다리로 검을 이마 위로 막는 방어 자세이다. 발의 동작은 오른발이 앞에 나와 있고 왼발이 뒤에 있는 병렬보이 며, 손의 동작은 양손이 검의 손잡이를 잡고 있는 쌍수 형태이다. 눈의 시선 은 왼쪽을 응시하고 있다. 도검의 위치는 얼굴의 이마 앞에서 칼날이 위로 향하여 막고 있는 모습이다. 도검기법은 상대방의 검을 막는 방어 자세이다.

서른 번째 동작은 오른손과 왼쪽 다리로 앞으로 나아가며 한 번 치는 공격 자세이다. 발의 동작은 오른발이 무릎을 굽혀 앞으로 나오고 왼발이 뒤에서 밀어주는 모습이다. 손의 동작은 양손이 검의 손잡이를 잡고 있는 쌍수 형태 이다. 눈의 시선은 정면을 응시하고 있다. 도검의 위치는 정면에서 몸의 중 앙 단전에서부터 머리 위쪽을 향하고 있다. 도검기법은 공격 자세이다.

토유류의 세 번째 연결 투로가 스물한 번째 방어에서 시작하여 공격 - 공 격 - 공격 - 방어 - 공격 - 공격 - 공격 - 방어 - 공격으로 서른 번째에서 종료 되었다. 공격 7회, 방어 3회로 나타났다. 세 번째 투로에서는 공격에 집중하고 있음을 알 수 있었다.

이상과 같이 토유류의 전체적인 30개 동작의 투로를 분석한 바, 공격 18회, 방어 12회로 나타났다. 이를 통해 토유류의 도검기법은 방어보다는 공격에 집중되고 있음을 알 수 있었다.

2) 운광류(運光流)

〈그림 1-25〉 왜검 운광류

순서	자세명	무예도보통지(한국, 1790)	기법	순서	자세명	무예도보통지(한국, 1790)	기법
1	천리세(千利勢)		방어	14	×		공격
2	과호세(跨虎勢)		공격	15	×		공격
3	×		공격	16	수구심세(水鳩心勢)		방어
4	×		공격	17	×		공격
5	×		공격	18	×		공격

순서	자세명	무예도보통지 (한국, 1790)	기법	순서	자세명	무예도보통지 (한국, 1790)	기법
6	속행세 (速行勢)		방어	19	×		공격
7	과호세 (跨虎勢)		공격	20	×		공격
8	×		공격	21	유사세 (柳絲勢)		방어
9	×		공격	22	×		공격
10	×		공격	23	×		공격
11	산시우세 (山時雨勢)		방어	24	×		공격

순서	자세명	무예도보통지 (한국, 1790)	기법	순서	자세명	무예도보통지 (한국, 1790)	기법
12	과호세 (跨虎勢)		공격	25	×		공격
13	×		공격				

위의 〈그림 1-25〉는 왜검의 한 유파인 운광류(運光流)의 전체 동작 25개를 정리한 내용이다. 『무예도보통지』의 왜검 운광류보(運光流譜)에서는 그림 1장에 2인이 1조가 되어서 각자 1가지 세를 취하는 형식으로 2세씩 나와 있다. 각 세에 대한 내용이 총 13장으로 구성되어 있으며, 맨 마지막 장은 천유류의 처음 동작과 함께 실려 있다.

운광류는 토유류와 달리 각 세에 대한 명칭을 붙여 놓은 동작으로 천리세(千利勢), 과호세(跨虎勢), 속행세(速行勢), 산시우세(山時雨勢), 수구심세(水鳩心勢), 유사세(柳絲勢) 등 6개가 보이고 있다. 총보에서는 과호세를 제외한 천리세, 속행세, 산시우세. 수구심세, 유사세의 5개의 명칭으로 연결 동작의 투로가 1세에 5개의 연결 동작으로 총25개로 정리되어 있다. 특히 과호세는 각 세의 안에서 반복해서 동작이 나오므로 총보에서는 생략한 것으로 보인다. 각 동작에 보이는 내용을 검토하면 다음과 같다.

1. 천리세 [방어]	2. 과호세 [공격]	3. 공격	4. 공격	5. 공격

첫 번째 동작은 천리세(千利勢)로 검을 오른쪽에 감추고 상대방을 마주보며 대적하는 모습이다. 발의 동작은 두 발이 나란히 벌려 서 있지만 왼발이 앞에 나와 있고 오른발이 뒤에 있는 모습이다. 수법은 양손이 검의 손잡이를 잡고 있는 쌍수 형태이다. 눈의 시선은 정면을 응시하고 있다. 도검의 위치는 오른쪽 허리 부분에 끼고 칼날이 정면을 향하고 있다. 도검기법은 오른쪽 어깨 앞에서 상대방을 검을 방어하는 자세이다.

두 번째 동작은 과호세(跨虎勢)로 두 손으로 앞을 한 번 친다. 발의 동작은 기마 자세로 양쪽 발을 벌리고 무릎을 굽히고 있는 모습이다. 손의 동작은 양손이 검의 손잡이를 잡고 있는 쌍수 형태이다. 눈의 시선은 정면을 응시하고 있다. 도검의 위치는 몸의 중앙의 단전에서부터 수평으로 상대방을 겨누는 중단세이다. 도검기법은 상대방의 앞을 치는 공격 자세이다.

세 번째 동작은 오른손으로 왼발이 한 걸음 나오며 정면을 향해 한 번 치는 자세이다. 발의 동작은 오른발이 무릎을 굽혀 앞에 나오며 왼발이 뒤에서 밀어주는 모습이다. 손의 동작은 양손이 검의 손잡이를 잡고 있는 쌍수 형태이며, 눈의 시선은 정면을 응시하고 있다. 도검의 위치는 정면 중앙의 단전에서부터 위쪽으로 칼날이 향하고 있다. 도검기법은 정면을 한 번 치는 공격 자세이다.

네 번째 동작은 오른손과 오른발이 한 걸음 앞으로 나아가며 한 번 치는 자세이다. 발의 동작은 오른발이 무릎을 굽힌 앞굽이 자세로 앞에 나오고 왼발이 뒤에서 밀어주는 모습이다. 손의 동작은 양손이 검의 손잡이를 잡고 있는 쌍수 형태이다. 눈의 시선은 정면 아래를 응시하고 있다. 도검의 위치는 정면 중앙의 하단에서부터 명치 방향의 앞쪽으로 칼날이 향하고 있다. 도검기법은 정면을 한 번 치는 공격 자세이다.

다섯 번째 동작은 오른손과 오른발이 한 걸음 뛰어 앞으로 나아가며 한 번 치는 자세이다. 발의 동작은 양발이 나란히 하고 서 있지만 오른발이 왼발보다 약간 앞에 나와 있다. 손의 동작은 양손이 검의 손잡이를 잡고 있는 쌍수 형태이다. 눈의 시선은 정면을 응시하고 있다. 도검의 위치는 정면 중앙의 단전에서부터 위쪽으로 칼날이 향하고 있는 중단세이다. 도검기법은 한 번 뛰어 나아가 치는 공격 자세이다.

6. 속행세 [방어]	7. 과호세 [공격]	8. 공격	9. 방어	10. 공격

여섯 번째 동작은 속행세(速行勢)로 상대방을 가슴을 겨누고 방어하는 자세이다. 발의 동작은 오른발이 앞에 나와 있고 왼발이 뒤에서 몸을 지탱해 주는 모습이다. 손의 동작은 양손이 검의 손잡이를 잡고 있는 쌍수 형태이며, 눈의 시선은 몸이 옆으로 비스듬히 서있는 상태에서 왼쪽을 응시하고 있다. 도검의 위치는 왼쪽 어깨에서 오른쪽 방향으로 수평을 유지하며 칼날이 위로 향하고 있다. 도검기법은 상대방을 겨누고 방어하는 자세이다.

일곱 번째 동작은 과호세(跨虎勢)로 두 손으로 앞을 한 번 치는 자세이다. 발의 동작은 오른발이 무릎을 굽혀 앞에 나가고 왼발이 뒤에서 밀어 주는 모습이다. 손의 동작은 양손이 검의 손잡이를 잡고 있는 쌍수 형태이다. 눈의 시선은 정면을 응시하고 있다. 도검의 위치는 몸의 중앙의 단전에서부터 수평으로 상대방을 겨누는 중단세이다. 도검기법은 상대방의 앞을 치는 공격 자세이다.

여덟 번째 동작은 오른손과 왼발이 한 걸음 나아가 앞을 한 번 치는 자세이다. 발의 동작은 양쪽 발이 무릎을 굽혀 벌리고 기마 자세로 취하고 있다. 왼발이 약간 앞에 나와 있고 오른발이 뒤에 있다. 손의 동작은 양손이 검의 손잡이를 잡고 있는 쌍수 형태이다. 눈의 시선은 정면을 응시하고 있다. 도검의 위치는 몸의 중앙의 단전에서부터 수평으로 상대방을 겨누는 중단세이다. 도검기법은 앞을 치는 공격 자세이다.

아홉 번째 동작은 중단세를 취하고 있는 방어 동작이다. 발의 동작은 오른발이 앞에 나와 있고 왼발이 무릎을 굽혀 몸을 지탱하고 있는 모습이다. 손의 동작은 양손이 검의 손잡이를 잡고 있는 쌍수이다. 눈의 시선은 정면을 응시하고 있다. 도검의 위치는 칼날이 밑으로 몸을 굽힌 상태에서 중앙의 하단에서부터 머리 방향의 위로 향하고 있다. 도검기법은 중단세를 취하고 상대방을 공격하기 위한 자세이다.

열 번째 동작은 양손으로 중단세를 취하고 앞으로 나아가 상대방을 한 번 치려고 준비하는 자세이다. 발의 동작은 오른발이 왼발보다 일보 앞에 나와 있는 모습이다. 손의 동작은 양손이 검의 손잡이를 잡고 있는 쌍수 형태이며, 눈의 시선은 정면을 응시하고 있다. 도검의 위치는 서 있는 상태로 정면 중앙의 단전에서부터 위쪽을 겨누고 있는 중단세이다. 도검기법은 상대방을 나아가 치려는 공격 자세이다.

11. 산시우세 [방어]	12. 과호세 [공격]	13. 공격	14. 공격	15. 공격

열한 번째 동작은 산시우세(山時雨勢)로 오른손과 오른발이 한 걸음 나아

가 상대방을 겨누고 방어하는 자세이다. 발의 동작은 오른발이 앞에 나와 있고 왼발이 뒤에 있다. 손의 동작은 양손이 검의 손잡이를 잡고 있는 쌍수 형태이며, 눈의 시선은 몸이 옆으로 비스듬히 서있는 상태에서 왼쪽을 응시 하고 있다. 도검의 위치는 왼쪽 어깨에서 오른쪽 방향으로 수평을 유지하며 칼날이 위로 향하고 있다. 도검기법은 상대방을 겨누고 방어하는 자세이다.

열세 번째 동작은 오른손과 왼발이 한 걸음 나아가 앞을 한 번 치는 자세 이다. 발의 동작은 오른 앞굽이 자세로 오른발이 무릎을 굽혀 앞에 나와 있 고 왼발이 뒤에서 밀어주는 모습이다. 발의 동작은 양손이 검의 손잡이를 잡고 있는 쌍수 형태이며, 눈의 시선은 정면을 응시하고 있다. 도검의 위치 는 몸이 굽힌 상태에서 중앙의 하단에서부터 머리 방향의 위로 칼날이 향하 고 있다. 도검기법은 상대방의 앞을 치는 공격 자세이다.

열네 번째 동작은 오른손과 오른발이 한 걸음 나아가며 앞을 한 번 치는 자세이다. 발의 동작은 오른발이 무릎을 굽혀 앞으로 나가고 왼발이 뒤에서 밀어주는 모습이다. 손의 동작은 양손이 검의 손잡이를 잡고 있는 쌍수 형태 이며, 눈의 시선은 정면을 응시하고 있다. 도검의 위치는 몸의 중앙의 단전 에서부터 상대방을 향해 앞쪽으로 칼날이 향하고 있다. 도검기법은 상대방 의 앞을 뛰면서 치는 공격 자세이다.

열다섯 번째 동작은 오른손과 오른발이 앞으로 한 번 뛰면서 앞을 한 번 치는 자세이다. 발의 동작은 오른발이 앞에 나와 있고 왼발이 뒤에서 밀어주 는 모습이다. 손의 동작은 양손이 검의 손잡이를 잡고 있는 쌍수 형태이다. 눈의 시선은 왼쪽을 응시하고 있다. 도검의 위치는 몸이 서 있는 상태에서 중앙의 단전에서부터 앞을 향해 칼날을 겨누고 있는 중단세의 모습이다. 도 검기법은 상대방의 앞을 뛰면서 치는 공격 자세이다.

16. 수구심세 [방어]	17. 과호세 [공격]	18. 공격	19. 공격	20. 공격

열여섯 번째 동작은 수구심세(水鳩心勢)로 오른손과 오른발을 모아 오른쪽 어깨에 검을 의지하는 자세이다. 발의 동작은 양발이 나란히 모아지고 왼발이 오른발보다 약간 앞에 있는 모습이다. 손의 동작은 양손이 검의 손잡이를 잡고 있는 쌍수 형태이며, 눈의 시선은 정면을 응시하고 있다. 도검의 위치는 오른쪽 어깨에 검을 의지하여 수직으로 세운 모습이다. 도검기법은 오른쪽 어깨에 검을 의지하여 상대방을 대적하여 방어하는 자세이다.

열여덟 번째 동작은 오른손과 왼발로 앞을 한 번 치는 자세이다. 발의 동작은 오른발이 무릎을 굽혀 앞으로 나오고 왼발이 뒤에서 밀어주는 모습이다. 손의 동작은 양손이 검의 손잡이를 잡고 있는 쌍수 형태이다. 눈의 시선은 정면의 위를 응시하고 있다. 도검의 위치는 몸의 중앙의 단전에서부터 위로 상대방을 겨누는 중단세이다. 도검기법은 상대방의 앞을 치는 공격 자세이다.

열아홉 번째 동작은 오른손과 오른발이 한 걸음 나아가 앞을 한 번 치는 자세이다. 발의 동작은 앞굽이 자세로 오른발이 앞에 나와 무릎을 굽히고 왼발이 뒤에서 밀어주는 모습이다. 손의 동작은 양손이 검의 손잡이를 잡고 있는 쌍수 형태이며, 눈의 시선은 왼쪽을 응시하고 있다. 도검의 위치는 몸을 굽힌 상태에서 단전의 아래에서부터 위로 향하고 있는 모습이다. 도검기법은 상대방의 앞을 치는 공격 자세이다.

스무 번째 동작은 오른손과 오른발로 앞으로 한 번 뛰어 앞을 한 번 치는 자세이다. 발의 동작은 오른발과 왼발이 나란히 서 있는 병렬 모습이며, 손의 동작은 양손이 검의 손잡이를 잡고 있는 쌍수 형태이다. 눈의 시선은 정면을 응시하고 있다. 도검의 위치는 몸이 서 있는 상태에서 손잡이가 단전아래에서 시작하여 위쪽으로 향하고 있다.

21. 유사세 [방어]	22. 과호세 [공격]	23. 공격	24. 공격	25. 공격

  스물한 번째 동작은 유사세(柳絲勢)로 칼자루 끝을 아랫배에 대고 칼날을 살펴보는 자세이다. 발의 동작은 오른발과 왼발이 나란히 서 있는 병렬 모습이다. 손의 동작은 양손이 검의 손잡이를 잡고 있는 쌍수 형태이다. 눈의 시선은 정면에서 칼날을 응시하고 있다. 도검의 위치는 몸의 아랫배에 손잡이가 위치하여 위쪽으로 칼날이 향하고 있다. 도검기법은 칼날을 보면서 상대방의 움직임을 살펴보는 방어 자세이다.

  스물세 번째 동작은 오른손과 왼발로 한 걸음 나아며 앞을 한 번 치는 자세이다. 발의 동작은 오른발이 무릎을 굽혀 앞으로 나오고 왼발이 뒤에서 밀어주는 모습이다. 손의 동작은 양손이 검의 손잡이를 잡고 있는 쌍수 형태이다. 눈의 시선은 정면의 위를 응시하고 있다. 도검의 위치는 몸의 중앙의 단전에서부터 위로 상대방을 겨누는 중단세이다. 도검기법은 상대방의 앞을 치는 공격 자세이다.

  스물네 번째 동작은 오른손과 오른발로 한 걸음 나아가며 앞을 한 번 치는 자세이다. 발의 동작은 오른 앞굽이 자세로 오른 무릎을 굽혀 앞으로 나오고 왼발이 뒤에서 밀어주는 모습이다. 손의 동작은 양손이 검의 손잡이를 잡고 있는 쌍수 형태이며, 눈의 시선은 왼쪽을 응시하고 있다. 도검의 위치는 중

단세로서 몸을 굽힌 상태에서 단전의 아래에서부터 위로 향하고 있는 모습
이다. 도검기법은 상대방의 앞을 치는 공격 자세이다.

스물다섯 번째 동작은 오른손과 오른발로 앞으로 한 발 뛰어서 앞을 한
번 치는 자세이다. 발의 동작은 오른발과 왼발이 나란히 서 있는 병렬 모습
이며, 손의 동작은 양손이 검의 손잡이를 잡고 있는 쌍수 형태이다. 눈의 시
선은 정면을 응시하고 있다. 도검의 위치는 몸이 서 있는 상태에서 중단세를
취하여 손잡이가 단전아래에서 시작하여 위쪽으로 향하고 있다.

이상과 같이 운광류의 전체 25개 동작을 검토한 바, 공격은 20회, 방어는
5회로 나타났다. 천리세, 속행세, 산시우세, 수구심세, 유사세 등의 5개의 세
들의 투로를 살펴보면 방어 - 공격 - 공격- 공격 - 공격의 동일한 형식이었다.

운광류도 토유류와 마찬가지로 방어보다는 공격에 집중하는 경향을 보였
다. 이는 왜검이 실전에서 바로 사용할 수 있는 공격 위주의 도검기법이라는
점을 알 수 있는 단서로 볼 수 있다.

3) 천유류(千柳流)

〈그림 1-26〉 왜검 천유류

순서	자세명	무예도보통지 (한국, 1790)	기법	순서	자세명	무예도보통지 (한국, 1790)	기법
1	×		방어	21	×		방어
2	초도수세 (初度手勢)		공격	22	×		방어

순서	자세명	무예도보통지 (한국, 1790)	기법	순서	자세명	무예도보통지 (한국, 1790)	기법
3	×		방어	23	×		공격
4	×		공격	24	×		방어
5	×		공격	25	×		공격
6	×		방어	26	×		방어
7	×		공격	27	×		공격
8	×		공격	28	재농세 (再弄勢)		방어

순서	자세명	무예도보통지 (한국, 1790)	기법	순서	자세명	무예도보통지 (한국, 1790)	기법
9	×		방어	29	×		방어
10	×		공격	30	×		방어
11	×		공격	31	×		공격
12	×		방어	32	장검삼진 (藏劍三進)		방어
13	×		공격	33	×		공격
14	×		방어	34	×		방어

순서	자세명	무예도보통지 (한국, 1790)	기법	순서	자세명	무예도보통지 (한국, 1790)	기법
15	×		공격	35	×		공격
16	장검재진 (藏劍再進)		방어	36	×		방어
17	×		방어	37	×		공격
18	×		공격	38	×		공격
19	×		방어				
20	×		공격				

위의 〈그림 1-26〉은 왜검의 한 유파인 천유류(千柳流)의 전체 동작 38개를 정리한 내용이다. 하지만 천유류의 처음 동작은 운광류의 마지막 동작과 함께 실려 있다. 이 동작을 포함하여 『무예도보통지』의 왜검 천유류보(千柳流譜)에는 그림 1장에 2인이 1조가 되어서 각자 1가지 세를 취하는 형식으로 2세씩 나와 있다. 각 세에 대한 내용이 총 20장으로 구성되어 있다.

천유류에는 세의 대한 명칭으로는 초도수세(初度手勢)와 재농세(再弄勢)의 2개가 보이고 있다. 다만 총도에는 장검재진, 장검삼진이라는 표기를 해 놓아 1번부터 15번까지는 1단계 투로 형식, 16번부터 31번까지는 2단계 투로 형식의 장검재진, 32번부터 38번까지의 3단계 투로 형식의 장검삼진으로 정리되어 있다. 이 형식은 토유류에서도 동일하게 나오고 있다. 천유류도 토유류와 마찬가지로 3회에 나누어 검보의 동작들이 일정한 투로 형식의 연결동작으로 시행되고 있음을 알 수 있었다. 각 동작에 보이는 내용을 검토하면 다음과 같다.

1. 방어	2. 초도수세 [공격]	3. 방어
4. 공격	5. 공격	6. 방어

첫 번째 동작은 검을 오른쪽 어깨에 의지하고 상대방과 대적하는 있는 모습이다. 발의 동작은 두 발이 나란히 벌려 서 있지만 왼발이 앞에 오른발이

뒤에 있는 모습이다. 손의 동작은 양손이 검의 손잡이를 잡고 있는 쌍수 형태이며, 눈의 시선은 정면을 응시하고 있다. 도검의 위치는 오른쪽 허리 부분에 끼고 칼날이 정면을 향하고 있다. 도검기법은 우협세(右夾勢)의 형식을 취하는 방어 자세이다.

두 번째 동작은 초도수세(初度手勢)로 오른손으로 오른발 한 걸음 나아가 왼쪽을 한 번 치는 자세이다. 발의 동작은 오른발이 무릎을 굽혀 앞으로 나가며 왼발이 뒤에서 밀어주는 모습이다. 손의 동작은 양손이 검의 손잡이를 잡고 있는 쌍수 형태이며, 눈의 시선은 정면을 응시하고 있다. 도검의 위치는 몸의 정면 중앙의 어깨높이에서부터 칼날이 위로 향하고 있다. 도검기법은 왼쪽을 치는 공격 자세이다.

세 번째 동작은 앞으로 나아가 앉으며 칼을 오른쪽 다리에 감추는 자세이다. 발의 동작은 오른발이 무릎을 굽혀 앞으로 나가고 왼발이 뒤에서 밀어주는 모습이다. 손의 동작은 양손이 검의 손잡이를 잡고 있는 쌍수 형태이며, 눈의 시선은 정면을 응시하고 있다. 도검의 위치는 몸의 앞쪽 가슴에서부터 앞쪽을 향하고 있다. 도검기법은 오른쪽 다리에 검을 감추는 방어 자세이다.

네 번째 동작은 오른손과 오른발로 오른쪽을 한 번 밀치는 자세이다. 발의 동작은 오른발이 무릎을 굽혀 앞으로 나가고 왼발이 뒤에서 밀어주는 모습이다. 손의 동작은 양손이 검의 손잡이를 잡고 있는 쌍수 형태이며, 눈의 시선은 정면을 응시하고 있다. 도검의 위치는 몸의 정면 단전에서부터 앞으로 향하고 있는 중단세이다. 도검기법은 오른쪽을 밀치는 공격 자세이다.

다섯 번째 동작은 오른손과 왼발로 앞을 한 번 치는 자세이다. 발의 동작은 오른발이 무릎을 굽혀 앞으로 나가고 왼발이 뒤에서 밀어주는 모습이다. 손의 동작은 양손이 검의 손잡이를 잡고 있는 쌍수 형태이며, 눈의 시선은 정면을 응시하고 있다. 도검의 위치는 몸의 정면 명치에서부터 위쪽으로 향하고 있다. 도검기법은 앞을 치는 자세이다.

여섯 번째 동작은 오른손과 오른발로 검을 이마 위로 막는 자세이다. 발의 동작은 몸이 등 뒤에서 왼쪽으로 향하고 있는 자세로 왼발이 앞에 나와 있고 오른발이 뒤에 서 있는 모습이다. 손의 동작은 양손이 검의 손잡이를 잡고 있는 쌍수 형태이며, 눈의 시선은 왼쪽을 응시하고 있다. 도검의 위치는 왼쪽어깨에서 이마 위로 칼날이 바깥쪽을 향해 수평으로 들고 있는 모습이다. 도검기법은 얼굴의 상단 부위를 막는 방어 자세이다.

7. 공격	8. 공격	9. 방어
10. 공격	11. 공격	12. 방어

　일곱 번째 동작은 오른발로 나아가며 한 번 뛰었다가 다시 뛰는 자세이다. 발의 동작은 오른발과 왼발이 나란히 서 있는 모습이며, 손의 동작은 양손이 검의 손잡이를 잡고 있는 쌍수 형태이다. 눈의 시선은 왼쪽을 응시하고 있다. 도검의 위치는 서 있는 상태로 몸의 정면 단전에서부터 위로 향하고 있는 중단세이다. 도검기법은 앞으로 뛰는 공격 자세이다.

　여덟 번째 동작은 오른손과 오른발로 한 걸음 나아가 앞으로 한 번 치는 자세이다. 발의 동작은 오른발이 무릎을 굽혀 앞으로 나가며 왼발이 뒤에서 밀어주는 모습이다. 손의 동작은 양손이 검의 손잡이를 잡고 있는 쌍수 형태이며, 눈의 시선은 정면을 응시하고 있다. 도검의 위치는 몸의 정면의 어깨에서부터 위로 향하고 있다. 도검기법은 앞으로 치는 공격 자세이다.

　아홉 번째 동작은 왼손과 왼발이 한 걸음 물러나 칼날을 잡는 자세이다. 발의 동작은 오른발과 왼발이 나란하게 있지만 왼발이 앞에 나와 있고 오른발이 뒤에 있는 모습이다. 손의 동작은 양손이 검의 손잡이를 잡고 있는 쌍수 형태이며, 눈의 시선은 왼쪽을 응시하고 있다. 도검의 위치는 오른손은 손잡이의 앞을 잡고 단전의 앞쪽에 있고 왼손은 칼날을 밑에서 잡고 있는 모습이다. 도검기법은 방어 자세이다.

열 번째 동작은 왼쪽 밖으로 스쳐 왼손과 왼발로 한걸음 뛰어 칼을 누르는 자세이다. 발의 동작은 앞굽이 자세로 왼발이 무릎을 굽혀 앞으로 나가고 오른발이 뒤에서 밀어주는 모양이다. 손의 동작은 양손이 검의 손잡이를 잡고 있는 쌍수 형태이며, 눈의 시선은 정면을 응시하고 있다. 도검의 위치는 오른손이 머리 위에서 검의 손잡이를 잡고 칼날이 밑으로 향하게 하여 왼손은 칼등을 잡고 있는 모습이다. 도검기법은 상대방의 움직임을 겨누고 있는 공격 자세이다.

열한 번째 동작은 일자로 나아가 앉는 자세이다. 발의 동작은 기마자세로 왼발이 앞에 있고 오른발이 뒤에 있는 모양이다. 손의 동작은 양손이 검의 손잡이를 잡고 있는 쌍수 형태이다. 눈의 시선은 정면을 응시하고 있다. 도검의 위치는 단전에서부터 수평으로 앞을 향하고 있다. 오른손은 단전에 있는 손잡이를 잡고 왼손은 앞쪽에 있는 칼등에 손을 잡고 있다. 도검기법은 상대방을 찌르는 공격 자세이다.

열두 번째 동작은 오른손과 오른발로 검을 이마 위로 막고 나아가 앉는 자세이다. 발의 동작은 기마자세로 오른발 왼발 동일하게 나란한 모양으로 있다. 손의 동작은 양손이 검의 손잡이를 잡고 있는 쌍수 형태이며, 눈의 시선은 왼쪽 정면을 응시하고 있다. 도검의 위치는 왼쪽 정면의 이마 위에서 수평으로 오른쪽으로 칼날이 향하고 있다. 도검기법은 얼굴을 막는 방어 자세이다.

13. 공격	14. 방어	15. 공격

열세 번째 동작은 오른손과 왼발이 나아가며 앞을 한 번 치는 자세이다. 발의 동작은 오른발이 무릎을 굽혀 앞으로 나가고 왼발이 뒤에서 밀어주는 모양이다. 손의 동작은 양손이 검의 손잡이를 잡고 있는 쌍수 형태이며, 눈의 시선은 정면 방향의 위를 응시하고 있다. 도검의 위치는 몸의 단전에서부터 위를 향하고 있다. 도검기법은 정면을 치는 공격 자세이다.

열네 번째 동작은 오른손과 오른발로 나아가 앉는 자세이다. 발의 동작은 기마자세로 오른발과 왼발이 동일하게 나란한 모습이다. 손의 동작은 양손이 검의 손잡이를 잡고 있는 쌍수 형태이며, 눈의 시선은 왼쪽 정면을 응시하고 있다. 도검의 위치는 왼쪽 정면의 이마 위에서 수평으로 오른쪽으로 칼날이 향하고 있다. 도검기법은 얼굴을 막는 방어 자세이다.

열다섯 번째 동작은 오른손과 왼발로 한 걸음 나아가 앞을 한 번 치는 자세이다. 발의 동작은 오른발이 무릎을 굽혀 앞으로 나가고 뒤에서 왼발이 밀어주는 모습이다. 손의 동작은 양손이 검의 손잡이를 잡고 있는 쌍수 형태이며, 눈의 시선은 정면을 응시하고 있다. 도검의 위치는 몸 중앙의 명치에서 시작하여 위쪽으로 향하고 있다. 도검기법은 정면을 치는 공격 자세이다.

천유류의 첫 번째 투로는 첫 번째 방어에서 시작하여 공격 - 방어 - 공격 - 공격 - 방어 - 공격 - 공격 - 방어 - 공격 - 공격 - 방어 - 공격 - 방어 - 공격으로 열다섯 번째에서 종료되었다. 공격 9회, 방어 6회로 나타났다. 이를 통해 방어와 공격이 적절하게 조화되고 있음을 알 수 있었다.

천유류의 두 번째 투로는 열여섯 번째 동작에서 시작하여 서른한 번째 동작까지이다. 이에 대한 각 동작에 대한 설명은 다음과 같다.

16. 장검재진[방어]	17. 방어	18. 공격

열여섯 번째 동작은 검을 오른쪽 어깨에 의지하고 상대방과 대적하는 있는 모습이다. 발의 동작은 두 발이 나란히 벌려 서 있지만 왼발이 앞에 나와 있고 오른발이 뒤에 있는 모습이다. 손의 동작은 양손이 검의 손잡이를 잡고 있는 쌍수 형태이며, 눈의 시선은 정면을 응시하고 있다. 도검의 위치는 오른쪽 허리 부분에 끼고 칼날이 정면을 향하고 있다. 도검기법은 우협세의 형식을 취하는 방어 자세이다. 총보에는 장검재진(藏劍再進)이라고 표기되어 있다.

열일곱 번째 동작은 왼손과 왼발로 칼을 이마로 막고 나아가 앉으며 뒤를 돌아보는 자세이다. 발의 동작은 기마 자세로 양쪽 다리를 벌리고 무릎을 굽혀 오른발과 왼발이 나란하게 있는 모양이다. 손의 동작은 양손이 검의 손잡이를 잡고 있는 쌍수 형태이며, 눈의 시선은 오른쪽을 응시하고 있다. 도검의 위치는 정면의 이마 위에서 수평으로 오른쪽으로 칼날이 향하고 있다. 도검기법은 얼굴을 막는 방어 자세이다.

열여덟 번째 동작은 오른손과 오른발로 한 걸음 나아가며 앞을 한 번 치는 자세이다. 발의 동작은 앞굽이 자세로 오른발이 무릎을 굽혀 앞으로 나가고 왼발이 뒤에서 밀어주는 모양이다. 손의 동작은 양손이 검의 손잡이를 잡고 있는 쌍수형태이며, 눈의 시선은 정면을 응시하고 있다. 도검의 위치는 몸의 명치 앞에서부터 위로 향하고 있는 모습이다. 도검기법은 정면을 치는 공격 자세이다.

19. 방어	20. 공격	21. 방어
22. 방어	23. 공격	24. 방어

열아홉 번째 동작은 왼손과 왼다리로 칼을 이마로 막고 나아가 앉으며 뒤를 돌아보는 자세이다. 발의 동작은 기마 자세로 양쪽 다리를 벌리고 무릎을 굽혀 앉아서 오른발과 왼발이 나란하게 있는 모양이다. 손의 동작은 양손이 검의 손잡이를 잡고 있는 쌍수 형태이며, 눈의 시선은 오른쪽을 응시하고 있다. 도검의 위치는 정면의 이마 위에서 수평으로 오른쪽으로 칼날이 향하고 있다. 도검기법은 얼굴을 막는 방어 자세이다.

스무 번째 동작은 오른손과 오른 발로 한 걸음 나아가 앞을 한 번 치는 자세이다. 발의 동작은 앞굽이 자세로 오른발이 무릎을 굽혀 앞에 나가고 왼발이 뒤에서 밀어주는 모양이다. 손의 동작은 양손이 검의 손잡이를 잡고 있는 쌍수 형태이며, 눈의 시선은 정면을 응시하고 있다. 도검의 위치는 몸의 명치에서부터 시작하여 위로 향하고 있다. 도검기법은 정면을 치는 공격 자세이다.

스물한 번째 동작은 오른손과 왼발로 오른쪽 아래에 검을 감추는 자세이다. 발의 동작은 왼발이 앞에 나와 있고 오른발이 뒤에서 밀어주는 모양이다. 손의 동작은 양손이 검의 손잡이를 잡고 있는 쌍수 형태이며, 눈의 시선은 정면 위를 응시하고 있다. 도검의 위치는 오른쪽허리에서 아래로 향하고 있다. 도검기법은 검을 감추고 방어하는 자세이다.

스물두 번째 동작은 오른손과 오른발이 한걸음 나아가 검을 이마로 막는 자세이다. 발의 동작은 몸이 왼쪽으로 향하고 있는 자세로 오른발이 앞에 나와 있고 왼발이 뒤에 서 있는 모습이다. 손의 동작은 양손이 검의 손잡이를 잡고 있는 쌍수 형태이며, 눈의 시선은 왼쪽을 응시하고 있다. 도검의 위치는 왼쪽어깨에서 이마 위로 칼날이 바깥쪽을 향해 수평으로 들고 있는 모습이다. 도검기법은 얼굴의 상단 부위를 막는 방어 자세이다.

스물세 번째 동작은 오른손과 왼발이 한걸음 나아가 앞을 한 번 치는 자세이다. 발의 동작은 앞굽이 자세로 오른발이 무릎을 굽혀 앞으로 나가고 왼발이 뒤에 있는 모습이다. 손의 동작은 양손이 검의 손잡이를 잡고 있는 쌍수 형태이며, 눈의 시선은 정면을 응시하고 있다. 도검의 위치는 어깨 높이에서 위로 향하고 있다. 도검기법은 정면을 치는 공격 자세이다.

스물네 번째 동작은 오른손과 오른발로 한 걸음 나아가 검을 이마 위로 막고 왼손으로는 오른쪽 팔을 잡는 자세이다. 발의 동작은 몸이 등 뒤에서 왼쪽으로 향하고 있는 자세로 왼발이 앞에 나와 있고 오른발 뒤에 서 있는 모습이다. 손의 동작은 양손으로 검을 잡고 있는 쌍수 형태이며, 눈의 시선은 왼쪽을 응시하고 있다. 도검의 위치는 이마 앞에서 칼날이 바깥쪽을 향해 수평으로 들고 있는 모습이다. 도검기법은 얼굴의 상단 부위를 막는 방어 자세이다.

25. 공격	26. 방어	27. 공격

28. 방어	29. 방어	30. 방어

스물다섯 번째 동작은 오른손과 왼발로 한 걸음 나아가 앞을 한 번 치는 자세이다. 발의 동작은 오른발이 무릎을 굽혀 앞으로 나가고 왼발이 뒤에서 밀어주는 모습이다. 손의 동작은 양손이 검의 손잡이를 잡고 있는 쌍수 형태이며, 눈의 시선은 정면을 응시하고 있다. 도검기법은 칼날이 몸의 중앙의 단전에서부터 위로 향하고 있는 모습이다.

스물여섯 번째 동작은 검을 오른쪽 어깨에 의지하고 상대방과 대적하는 있는 모습이다. 발의 동작은 두 발이 나란히 벌려 서 있지만 왼발이 앞에 오른발이 뒤에 있는 모습이다. 손의 동작은 양손이 검의 손잡이를 잡고 있는 쌍수 형태이며, 눈의 시선은 정면을 응시하고 있다. 도검의 위치는 오른쪽 허리 부분에 끼고 칼날이 정면을 향하고 있다. 도검기법은 우협세(右夾勢)의 형식을 취하는 방어 자세이다.

스물일곱 번째 동작은 왼손을 뒤로 향하여 있는 자세이다. 발의 동작은 앞굽이 자세로 오른발이 무릎을 굽혀 앞으로 나가고 왼발이 뒤에서 밀어 주는 모습이다. 손의 동작은 오른손만 검의 손잡이를 잡고 있는 단수 형태이며, 눈의 시선은 정면을 응시하고 있다. 도검의 위치는 오른쪽 어깨에서 위로 향하고 있는 모양이다. 도검기법은 앞으로 나아가며 한 손으로 치는 공격 자세이다.

스물여덟 번째 동작은 재농세(再弄勢)로 오른손과 오른발로 두 번 뛰는 자세이다. 발의 동작은 오른발이 무릎을 굽혀 앞으로 나아가고 왼발이 뒤에서 밀어주는 모양이다. 손의 동작은 양손이 검의 손잡이를 잡고 있는 쌍수 형태이며, 눈의 시선은 정면을 향하고 있다. 도검의 위치는 몸의 중앙의 명치에서부터 위로 향하고 있다. 도검기법은 공격하는 자세이다.

스물아홉 번째 동작은 오른손과 오른발로 오른쪽 아래에 검을 감추는 자세이다. 발의 동작은 왼발이 앞에 나와 있고 오른발이 뒤에서 밀어주는 모양이다. 손의 동작은 양손이 검의 손잡이를 잡고 있는 쌍수 형태이며, 눈의 시선은 정면 방향의 위를 응시하고 있다. 도검의 위치는 오른쪽 허리에서 아래로 향하고 있다. 도검기법은 검을 감추고 방어하는 자세이다.

서른 번째 동작은 오른손과 오른발로 한걸음 나아가 검을 이마로 막는 자세이다. 발의 동작은 몸이 왼쪽으로 향하고 있는 자세로 오른발이 앞에 나와 있고 왼발이 뒤에 있는 모습이다. 손의 동작은 양손이 검의 손잡이를 잡고 있는 쌍수 형태이며, 눈의 시선은 왼쪽을 응시하고 있다. 도검의 위치는 왼쪽 어깨에서 이마 위로 칼날이 바깥쪽을 향해 수평으로 들고 있는 모습이다. 도검기법은 얼굴의 상단 부위를 막는 방어 자세이다.

31. 공격

서른한 번째 동작은 오른손과 왼발이 한 걸음 나아가 앞을 한 번 치는 자세이다. 발의 동작은 오른발이 무릎을 굽혀 앞으로 나아가고 왼발이 뒤에서 밀어주는 모습이다. 손의 동작은 양손이 검의 손잡이를 잡고 있는 쌍수 형태이며, 눈의 시선은 정면을 향하고 있다. 도검의 위치는 몸의 중앙의 단전에서부터 위로 향하고 있다. 도검기법은 정면을 치는 공격 자세이다. 두 번째 투로가 열여섯 번째의 방어에서 시작하여 방어 - 공격 - 방어 - 공격 - 방어 - 방어 - 공격 - 방어 - 공격 - 방어 - 공격 - 방어 - 방어 - 방어 - 공격으로 서른한 번째에서 종료되었다. 공격 6회, 방어 10회로 나타났다. 첫 번째 투로와는 다르게 공격보다는 방어에 치중하는 동작이 많이 나타나고 있었다.

천유류의 세 번째 투로는 서른두 번째 동작에서 시작하여 서른여덟 번째 동작까지이다. 이에 대한 각 동작에 대한 설명은 다음과 같다.

32. 장검삼진 [방어]	33. 공격	34. 방어	35. 공격	36. 방어

서른두 번째 동작은 검을 오른쪽 어깨에 의지하고 상대방과 대적하고 있는 모습이다. 발의 동작은 두 발이 나란히 벌려 서 있지만 왼발이 앞에 있고 오른발이 뒤에 있는 모습이다. 손의 동작은 양손이 검의 손잡이를 잡고 있는 쌍수 형태이며, 눈의 시선은 정면을 응시하고 있다. 도검의 위치는 오른쪽 허리 부분에 끼고 칼날이 정면을 향하고 있다. 도검기법은 우협세의 형식을 취하는 방어 자세이다. 총보에는 장검삼진(藏劍三進)이라고 표기되어 있다.

서른세 번째 동작은 오른손과 오른발로 왼쪽으로 한걸음 뛰어나가 앉으며 치는 자세이다. 발의 동작은 기마 자세로 양쪽 다리를 벌리고 무릎을 굽혀 오른발과 왼발이 나란히 있는 모양이다. 손의 동작은 양손이 검의 손잡이를 잡고 있는 쌍수 형태이며, 눈의 시선은 왼쪽을 응시하고 있다. 도검의 위치는 몸이 앉은 자세로 중앙의 단전에서부터 위로 향하고 있는 모양이다. 도검기법은 왼쪽 방향을 공격하는 자세이다.

서른네 번째 동작은 오른손과 오른발로 한걸음 나아가 검을 이마로 막는 자세이다. 발의 동작은 몸이 왼쪽으로 향하고 있는 자세로 오른발이 앞으로 나와 있고 왼발이 뒤에서 약간 무릎을 굽힌 채 서 있는 모습이다. 손의 동작은 양손이 검의 손잡이를 잡고 있는 쌍수 형태이며, 눈의 시선은 왼쪽을 응시하고 있다. 도검의 위치는 왼쪽어깨에서 이마 위로 칼날이 바깥쪽을 향해 수평으로 들고 있는 모습이다. 도검기법은 얼굴의 상단 부위를 막는 방어 자세이다.

서른다섯 번째 동작은 오른손과 왼발로 한 걸음 나아가 앞을 한 번 치는 자세이다. 발의 동작은 오른발이 무릎을 굽혀 앞으로 나가고 왼발이 뒤에서 밀어주는 모습이다. 손의 동작은 양손이 검의 손잡이를 잡고 있는 쌍수 형태이며, 눈의 시선은 정면을 응시하고 있다. 도검의 위치는 중앙의 단전에서부터 위로 향하는 모습이다. 도검기법은 정면을 치는 공격 자세이다.

서른여섯 번째 동작은 오른손과 오른발로 오른쪽 어깨에 검을 의지하고 있는 자세이다. 발의 동작은 두 발이 나란히 벌려 서 있지만 왼발이 앞에 나와 있고 오른발이 뒤에 있는 모습이다. 손의 동작은 양손이 검의 손잡이를 잡고 있는 쌍수 형태이며, 눈의 시선은 정면을 응시하고 있다. 도검의 위치는 오른쪽 허리 부분에 끼고 칼날이 정면을 향하고 있다. 도검기법은 우협세(右夾勢)의 형식을 취하는 방어 자세이다.

| 37. 공격 | 38. 공격 |

서른일곱 번째 동작은 오른손과 오른발 앞으로 유성처럼 나아가 왼쪽을 한 번 치는 자세이다. 발의 동작은 오른발이 무릎을 굽혀 앞으로 나가고 왼발이 뒤에서 밀어주는 모습이다. 손의 동작은 검의 손잡이를 잡고 있는 쌍수 형태이며, 눈의 시선은 정면을 응시하고 있다. 도검의 위치는 몸의 중앙의 어깨높이에서 위로 향하고 있다. 도검기법은 왼쪽 방향을 공격하는 자세이다.

서른여덟 번째 동작은 오른손과 왼발로 한 걸음 나아가 앞을 한 번 치는 자세이다. 발의 동작은 오른발이 무릎을 굽혀 앞으로 나가고 왼발이 뒤에서 밀어주는 모습이다. 손의 동작은 양손이 검의 손잡이를 잡고 있는 쌍수 형태이며, 눈의 시선은 정면을 응시하고 있다. 도검의 위치는 몸의 중앙의 단전에서부터 위로 향하고 있다. 도검기법은 정면을 치는 공격 자세이다.

천유류의 세 번째 투로가 서른두 번째 방어에서 시작하여 공격 - 방어 - 공격 - 방어 - 공격 - 공격으로 서른여덟 번째에서 종료되었다. 공격 4회, 방어 3회로 나타났다. 세 번째 투로에서는 공격과 방어가 조화롭게 이루어지고 있음을 알 수 있었다.

이상과 같이 천유류의 전체적인 38개 동작의 투로를 분석한 바, 공격 19
회, 방어 19회로 나타났다. 이를 통해 천유류의 도검기법은 공격과 방어 중
에서 어느 한쪽에 집중하여 치중되기 보다는 공격과 방어가 조화롭게 분포
되어 있는 도검기법이라는 것을 파악할 수 있었다.

4) 유피류(柳彼流)

〈그림 1-27〉 왜검 유피류

순서	자세명	무예도보통지 (한국, 1790)	기법	순서	자세명	무예도보통지 (한국, 1790)	기법
1	×		방어	10	×		공격
2	×		공격	11	×		방어
3	×		공격	12	×		공격
4	×		공격	13	×		공격

순서	자세명	무예도보통지 (한국, 1790)	기법	순서	자세명	무예도보통지 (한국, 1790)	기법
5	×		공격	14	×		공격
6	×		방어	15	×		공격
7	×		방어	16	×		방어
8	×		공격	17	×		방어
9	×		방어	18	×		공격

위의 〈그림 1-27〉은 왜검의 한 유파인 유피류(柳彼流)의 전체 동작 18개를 정리한 내용이다. 그러나 유피류의 처음 동작은 천유류의 마지막 동작과 함께 실려 있다. 이 동작을 포함하여 『무예도보통지』의 왜검 유피류보(柳彼流

譜)에서는 그림 1장에 2인이 1조가 되어서 각자 1가지 세를 취하는 형식으로 2세씩 나와 있다. 마지막 장에만 1가지 세가 실려 있다. 각 세에 대한 내용은 총 10장으로 구성되어 있다.

유피류에서는 각 세에 대한 명칭은 보이지 않았다. 총도에도 1번부터 18번까지의 동작의 투로가 나와 있다. 토유류(土由流), 천유류(千柳流)가 동일한 형식의 투로의 도검기법을 선 보였다면, 운광류는 새롭게 천리세(千利勢), 과호세(跨虎勢), 속행세(速行勢), 산시우세(山時雨勢), 수구심세(水鳩心勢), 유사세(柳絲勢)의 6개의 세를 바탕으로 각 세에 대한 투로가 있다는 특징이 있었다. 그러나 유피류는 위에서 언급한 3유파의 왜검과는 다른 형식으로 1번부터 18번까지 한 개의 투로 형식으로 정리되고 있음을 알 수 있었다. 각 동작에 보이는 내용을 검토하면 다음과 같다.

1. 방어	2. 공격	3. 공격	4. 공격	5. 공격

첫 번째 동작은 검을 드리우고 바로 서 있는 자세이다. 발의 동작은 오른발 왼발이 나란히 11자로 벌려 서 있는 모양이다. 손의 동작은 양손이 검의 손잡이를 잡고 있는 쌍수 형태이며, 눈의 시선은 정면을 응시하고 있다. 도검의 위치는 정면의 가슴부위에서 앞으로 수평으로 칼을 뻗고 있는 모습이다. 도검기법은 검을 앞으로 내밀어 방어하는 자세이다.

두 번째 동작은 오른손과 오른발로 한 걸음 나아가 앞을 한 번 찌르는 자세이다. 발의 동작은 오른발이 무릎을 굽혀 앞으로 나가고 왼발이 뒤에서 밀어주는 모양이다. 손의 동작은 양손이 검의 손잡이를 잡고 있는 쌍수 형태이며, 눈의 시선은 정면을 응시하고 있다. 도검의 위치는 정면의 어깨에서 위로 향하고 있다. 도검기법은 정면을 베는 자법(刺法)의 공격 자세이다.

세 번째 동작은 왼쪽 발을 내디디며 왼쪽 어깨 위에서 똑바로 내려치는 자세이다. 발의 동작은 오른발이 무릎을 굽혀 앞으로 나가고 왼발이 뒤에서 밀어주는 모습이다. 손의 동작은 양손이 검의 손잡이를 잡고 있는 쌍수 형태이며, 눈의 시선은 정면 위를 응시하고 있다. 도검의 위치는 정면의 어깨에서 위쪽으로 향하고 있다. 도검기법은 정면을 치는 격법(擊法)의 공격 자세이다.

네 번째 동작은 왼발을 한 걸음 물러서며 오른쪽 어깨 위에서 똑바로 내려치는 자세이다. 발의 동작은 앞굽이 자세로 오른발이 무릎을 굽혀 앞으로 나가고 왼발이 뒤에서 밀어주는 모습이다. 손의 동작은 양손이 검의 손잡이를 잡고 있는 쌍수 형태이며, 눈의 시선은 정면을 응시하고 있다. 도검의 위치는 정면의 어깨에서 위쪽으로 향하고 있다. 도검기법은 정면을 치는 격법의 공격 자세이다.

다섯 번째 동작은 오른발을 한 걸음 물러서며 왼쪽으로 어깨 위에서 똑바로 내려치는 자세이다. 발의 동작은 오른발이 무릎을 굽혀 앞으로 나가고 왼발이 뒤에서 밀어주는 모습이다. 손의 동작은 양손이 검의 손잡이를 잡고 있는 쌍수 형태이며, 눈의 시선은 정면 위를 응시하고 있다. 도검의 위치는 정면의 어깨에서 위쪽으로 향하고 있다. 도검기법은 정면을 치는 격법의 공격 자세이다.

6. 방어	7. 방어	8. 공격	9. 방어	10. 공격

여섯 번째 동작은 검을 오른쪽 아래에 감추는 자세이다. 발의 동작은 오른

발이 무릎을 굽혀 앞으로 나가고 왼발이 뒤에서 밀어주는 모습이다. 손의 동작은 양손이 검의 손잡이를 잡고 있는 쌍수 형태이며, 눈의 시선은 오른쪽을 응시하고 있다. 도검의 위치는 오른쪽 허리에서 아래로 향하고 칼날은 몸의 바깥쪽을 향하고 있다. 도검기법은 몸의 하단을 방어하는 자세이다.

일곱 번째 동작은 오른손과 오른발이 한 걸음 나아가 검을 이마 위에서 막는 자세이다. 발의 동작은 몸이 왼쪽으로 향하고 있는 자세로 오른발이 앞에 나와 있고 왼발이 뒤에 서 있는 모습이다. 손의 동작은 양손이 검의 손잡이를 잡고 있는 쌍수 형태이며, 눈의 시선은 왼쪽을 응시하고 있다. 도검의 위치는 왼쪽 어깨에서 이마 위로 칼날이 바깥쪽을 향해 수평으로 들고 있는 모습이다. 도검기법은 얼굴의 상단 부위를 막는 방어 자세이다.

여덟 번째 동작은 양손으로 검을 잡고 오른발을 한 걸음 나아가 앞을 한 번 치는 자세이다. 발의 동작은 앞굽이 자세로 왼발이 무릎을 굽혀 앞으로 나가고 오른발이 뒤에서 밀어주는 모습이다. 손의 동작은 양손이 검의 손잡이를 잡고 있는 쌍수 형태이며, 눈의 시선은 왼쪽을 응시하고 있다. 도검의 위치는 왼쪽의 허리 바깥쪽에서 위로 향하여 방어하는 모양이다. 도검기법은 허리 부위를 막는 방어 자세이다.

아홉 번째 동작은 오른손과 오른발로 오른편에 검을 감추는 자세이다. 발의 동작은 두 발이 나란히 벌려 서 있지만 왼발이 앞에 나와 있고 오른발이 뒤에 있는 모습이다. 손의 동작은 양손이 검의 손잡이를 잡고 있는 쌍수 형태이며, 눈의 시선은 정면을 응시하고 있다. 도검의 위치는 오른쪽 허리 부분에 끼고 칼날이 정면을 향하고 있다. 도검기법은 우협세(右夾勢)의 형식을 취하는 방어 자세이다.

열 번째 동작은 오른손과 오른발로 한 걸음 나아가 앞을 한 번 찌르는 자세이다. 발의 동작은 오른발이 앞에 나와 있고 왼발이 뒤에 서 있는 모습이다. 손의 동작은 양손이 검의 손잡이를 잡고 있는 쌍수 형태이며, 눈의 시선은 정면을 응시하고 있다. 도검의 위치는 정면의 어깨에서부터 위로 향하고 있다. 도검기법은 앞을 향해 찌르는 자법의 공격 자세이다.

11. 방어	12. 공격	13. 공격	14. 공격	15. 공격

열한 번째 동작은 왼발을 내디디며 오른쪽으로 검을 감추는 자세이다. 발의 동작은 두 발이 나란히 벌려 서 있지만 왼발이 앞에 나와 있고 오른발이 뒤에 서 있는 모습이다. 손의 동작은 양손이 검의 손잡이를 잡고 있는 쌍수 형태이며, 눈의 시선은 정면을 응시하고 있다. 도검의 위치는 오른쪽 허리 부분에 대고 칼날이 정면을 향하고 있다. 도검기법은 우협세의 형식을 취하는 방어 자세이다.

열두 번째 동작은 오른손과 오른발로 한걸음 나아가 앞을 한 번 찌르는 자세이다. 발의 동작은 왼발이 앞에 나와 있고 오른발에 뒤에서 밀어주는 모습이다. 손의 동작은 양손이 검의 손잡이를 잡고 있는 쌍수 형태이며, 눈의 시선은 정면을 응시하고 있다. 도검의 위치는 정면의 어깨에서 위로 향하고 있다. 도검기법은 정면을 찌르는 자법의 공격 자세이다.

열세 번째 동작은 왼발을 내디디며 왼쪽 어깨 위에서 똑바로 내려치는 자세이다. 발의 동작은 앞굽이 자세로 오른발이 무릎을 굽혀 앞으로 나가고 왼발이 뒤에서 밀어주는 모습이다. 손의 동작은 양손이 검의 손잡이를 잡고 있는 쌍수 형태이며, 눈의 시선은 정면을 응시하고 있다. 도검의 위치는 몸을 약간 굽힌 상태로 중앙의 명치에서부터 아래로 향하고 있으며 칼날은 위쪽을 바라보고 있다. 도검기법은 정면을 치는 격법의 공격 자세이다.

열네 번째 동작은 왼발을 한 걸음 물러서며 오른쪽 어깨 위에서 똑바로 내려치는 자세이다. 발의 동작은 앞굽이 자세로 오른발이 무릎을 굽혀 앞으로 나가고 왼발이 뒤에서 밀어주는 모습이다. 손의 동작은 양손이 검의 손잡이를 잡고 있는 쌍수 형태이며, 눈의 시선은 정면을 응시하고 있다. 도검의 위치는 정면의 명치에서부터 위쪽으로 향하고 있다. 도검기법은 정면을 치는 격법의 공격 자세이다.

열다섯 번째 동작은 오른발을 한 걸음 물러서며 왼쪽으로 어깨 위에서 똑바로 내려치는 자세이다. 발의 동작은 앞굽이 자세로 왼발이 무릎을 굽혀 앞으로 나가고 오른발이 뒤에서 밀어주는 모습이다. 손의 동작은 양손이 검의 손잡이를 잡고 있는 쌍수 형태이며, 눈의 시선은 정면을 응시하고 있다. 도검의 위치는 몸을 약간 굽힌 상태로 중앙의 명치에서부터 아래로 향하고 있으며 칼날은 위쪽을 바라보고 있다. 도검기법은 정면을 치는 격법의 공격 자세이다.

16. 방어	17. 방어	18. 공격

열여섯 번째 동작은 오른쪽 아래에 검을 감추는 자세이다. 발의 동작은 오른 발이 무릎을 굽혀 앞으로 나가고 왼발이 뒤에서 밀어주는 모습이다. 손의 동작은 양손이 검의 손잡이를 잡고 있는 쌍수 형태이며, 눈의 시선은 오른쪽을 응시하고 있다. 도검의 위치는 오른쪽 허리 부분에 대고 칼날이 아래로 향하고 있다. 도검기법은 우협세의 형식을 취하는 방어 자세이다.

열일곱 번째 동작은 오른손과 오른발이 한 걸음 나아가 오른손으로 검을 이마 위로 막는 자세이다. 발의 동작은 몸이 왼쪽으로 향하고 있는 자세로 오른발이 앞에 나와 있고 왼발이 뒤에 서 있는 모습이다. 손의 동작은 양손이 검의 손잡이를 잡고 있는 쌍수 형태이며, 눈의 시선은 왼쪽을 응시하고 있다. 도검의 위치는 왼쪽어깨에서 이마 위로 칼날이 바깥쪽을 향해 수평으로 들고 있는 모습이다. 도검기법은 얼굴의 상단 부위를 막는 방어 자세이다.

열여덟 번째 동작은 오른손과 왼발로 한 걸음 나아가 앞을 한 번 치는 자세이다. 발의 동작은 오른발이 무릎을 굽혀 앞으로 나가고 왼발이 뒤에서 밀어주는 모습이다. 손의 동작은 양손이 검의 손잡이를 잡고 있는 쌍수 형태이며, 눈의 시선은 오른쪽을 응시하고 있다. 도검의 위치는 왼쪽 무릎 바깥쪽에서 위로 향하고 있는 모양이다. 도검기법은 앞을 치는 격법의 공격 자세이다.

이상과 같이 유피류의 전체적인 18개 동작의 투로를 분석한 바, 공격 11회, 방어 7회로 나타났다. 이를 통해 유피류는 공격에 치중하는 도검기법이라는 알 수 있었다. 왜검의 4가지 유파의 도검기법을 전체적으로 살펴본 바, 공격위주의 도검기법은 토유류, 운광류, 유피류의 3개 유파에 집중되어 있었던 반면, 어느 한 부분에 치우치지 않고 공격과 방어가 조화롭게 정리된 형식의 공방기법이 천유류라는 것을 알 수 있었다.

3. 왜검교전(倭劍交戰)

왜검교전(倭劍交戰)은 1610년(광해군 2)에 편찬된 『무예제보번역속집』에 최초로 등장하게 된다. 왜검(倭劍)이라는 명칭으로 소개되지만 내용은 갑(甲)과 을(乙)의 두 사람이 교전(交戰)하는 방식으로 설명되어 있다. 이는 일본군에 대한 실전 대비를 위해 군사들을 훈련시킬 목적으로 들어간 도검무예로 볼 수 있다. 이후 왜검교전은 1790년(정조 14)에 편찬된 『무예도보통지』권2에 왜검과 함께 교전이라는 부록으로 실려 있다.[92]

실제적으로 『무예제보번역속집』의 왜검(교전)과 『무예도보통지』의 왜검교전은 내용에 있어서 연속성을 찾아볼 수 없을 정도로 현격히 달라 서로 다른 도검무예로 보아야 한다는 주장도 있다.[93] 이러한 점은 필자도 동의하는 바이다. 그러나 필자는 '왜검교전'의 명칭으로 자세들을 비교하며 살펴보고자 한다.

『무예제보번역속집』에 실려 있는 왜검(교전)의 자세는 모두 13세이다. 자세들을 살펴보면, 진전살적세(進前殺賊勢)[94] 시작으로 향전격적세(向前擊賊勢), 하접세(下接勢), 지검대적세(持劍對賊勢), 선인봉반세(仙人捧盤勢), 제미세(齊眉勢), 용나호확세(龍拏虎攫勢), 좌방적세(左防賊勢), 우방적세(右防賊勢), 적수세(滴水勢), 향상방적세(向上防賊勢), 초퇴방적세(初退防敵勢), 무검사적세(撫劍伺賊勢)까지이다.

『무예도보통지』 권2에 실려 있는 왜검교전은 왜검에 교전을 첨부하였다는 내용으로 설명되어 있다. 그리고 교전보(交戰譜)에서 사용하는 칼은 모두 양쪽날이었지만 외날 요도(腰刀)로 고쳤고, 요도가 왜검보(倭劍譜)를 익히는 데 매우 필요한 칼이라고 설명하였다.[95] 또한 왜검교전은 원래 모검(牟劍)이라는 명칭으로 사용되다가 정조대에 도검무예의 명칭을 통일화 시키는 과정에서 왜검교전으로 변경되었다. 왜검(倭劍)의 특징은 제독검(提督劍)이나 본국검(本國劍), 쌍검(雙劍)과 같이 세를 통한 동작의 설명이 아닌 세를 사용하지 않고 동작에 대한 설명으로 되어 있다는 점이다.[96]

왜검교전(倭劍交戰)에 대한 전체 동작은 50개로 이루어져 있으나, 두 사람이 서로 교전하는 모습을 담고 있기에 2인 1조로 하여 총 25장에 그림으로 정리되어 있다. 이에 대한 내용은 〈그림 1-28〉에 자세하다.

〈그림 1-28〉 왜검교전

순번	자세명	무예속집 (한국, 1610)	기법	자세명	무예통지 (한국, 1790)	기법
1	진전살적[97] (進前殺賊)		공격	개문 (開門)		방어

순번	자세명	무예속집 (한국, 1610)	기법	자세명	무예통지 (한국, 1790)	기법
2	향전격적 (向前擊賊)		공격	교검 (交劍)		공방
3	하접 (下接)		공격	상장 (相藏)		방어
4	지검대적 (持劍對賊)		공격	퇴진 (退進)		공방
5	선인봉반 (仙人捧盤)		방어	환립 (換立)		공방
6	제미(齊眉)		방어	대격 (戴擊)		공방
7	용나호확 (龍拏虎攫)		공격	환립 (換立)		공방

순번	자세명	무예속집 (한국, 1610)	기법	자세명	무예통지 (한국, 1790)	기법
8	좌방적 (左防賊)		방어	상장 (相藏)		방어
9	우방적 (右防賊)		방어	진퇴 (進退)		공방
10	적수 (滴水)		방어	환립 (換立)		공방
11	향상방적 (向上防賊)		방어	대격 (戴擊)		공방
12	초퇴방적 (初退防敵)		방어	환립 (換立)		공방
13	무검사적 (撫劍伺賊)		공격	재고진 (再叩進)		공방

순번	자세명	무예속집 (한국, 1610)	기법	자세명	무예통지 (한국, 1790)	기법
14	×	×	×	퇴진 (退進)		공방
15	×	×	×	휘도 (揮刀)		공방
16	×	×	×	진재고 (進再叩)		공방
17	×	×	×	진퇴 (進退)		공방
18	×	×	×	휘도 (揮刀)		공방
19	×	×	×	퇴자격진 (退刺擊進)		공방

순번	자세명	무예속집 (한국, 1610)	기법	자세명	무예통지 (한국, 1790)	기법
20	×	×	×	퇴진 (退進)		공방
21	×	×	×	휘도 (揮刀)		공방
22	×	×		진퇴자격 (進退刺擊)		공방
23	×	×	×	진퇴 (進退)		공방
24	×	×	×	휘도 (揮刀)		공방
25	×	×	×	상박 (相撲)		공격

위의 그림 〈1-28〉은 『무예제보번역속집』의 13세 자세와 『무예도보통지』의 왜검교전(倭劍交戰) 25개 동작에 대한 전체 내용이다. 이에 대한 내용을 순차적으로 살펴보고자 한다. 먼저 『무예제보번역속집』의 13개 동작의 자세를 살펴보면 다음과 같다.

1. 진전살적 [공격]	2. 향전격적 [공격]	3. 하접 [공격]	4. 지검대적 [공격]	5. 선인봉반 [방어]

첫 번째 진전살적세(進前殺賊勢)이다. 일보 앞으로 나아가며 적을 베는 동작이다. 언해본에는 향전살적세로 표기되어 있다. 발의 동작은 오른발이 무릎을 굽혀 앞으로 나가고 왼발이 뒤에서 밀어주는 모습이다. 손의 동작은 양손이 검의 손잡이를 잡고 있는 쌍수 형태이다. 눈의 시선은 몸을 후면으로 돌려 후면의 왼쪽 방향을 응시하고 있다. 도검의 위치는 오른쪽 어깨의 수평을 따라 검이 왼쪽 방향의 위쪽을 향하고 있는 모습이다. 도검기법은 공격 자세이다.

두 번째 향전격적세(向前擊賊勢)이다. 앞을 향하여 나아가 적을 치는 동작이다. 발의 동작은 오른발이 무릎을 굽혀 앞으로 나가고 왼발이 뒤에서 밀어주는 모습이다. 손의 동작은 양손이 검의 손잡이를 잡고 있는 쌍수 형태이며, 눈의 시선은 몸을 후면으로 돌려 후면의 왼쪽 방향을 응시하고 있다. 도검의 위치는 오른쪽 어깨를 쭉 뻗어 검이 왼쪽 방향의 위쪽을 향하고 있는 모습이다. 도검기법은 공격 자세이다.

세 번째 동작은 하접세(下接勢)이다. 오른쪽 다리를 치는 동작이다. 발의 동작은 오른발이 무릎을 굽혀 앞으로 나가고 왼발이 뒤에서 밀어주는 모습이다. 손의 동작은 양손이 검의 손잡이를 잡고 있는 쌍수 형태이며, 눈의 시선은 정면의 왼쪽 방향을 응시하고 있다. 도검의 위치는 왼쪽 어깨 위에서 검을 거꾸로 들어 아래로 향하고 있는 모습이다. 도검 기법은 공격 자세이다.

네 번째 지검대적세(持劍對賊勢)이다. 상대방을 마주보며 검을 손에 잡고 치려는 동작이다. 발의 동작은 왼발이 무릎을 굽혀 앞으로 나가고 오른발이 뒤에서 밀어주는 모습이다. 손의 동작은 양손이 검의 손잡이를 잡고 있는 쌍수 형태이며, 눈의 시선은 후면의 정면 방향을 응시하고 있다. 도검의 위치는 가슴 부위에서 정면 방향의 위로 향하고 있는 모습이다. 도검기법은 공격 자세이다.

다섯 번째 선인봉반세(仙人捧盤勢)이다. 선인이 대야를 바치고 있는 모습의 동작이다. 발의 동작은 왼발이 무릎을 굽혀 앞으로 나가고 오른발이 뒤에서 밀어주는 앞굽이 자세이다. 손의 동작은 왼손이 검의 손잡이를 잡고 오른손이 검의 등 부위를 잡고 있는 쌍수 형태이며, 눈의 시선은 정면을 응시하고 있다. 도검의 위치는 왼쪽 머리 위에서 정면 방향으로 비스듬히 앞으로 막고 있는 모습이다. 도검기법은 방어 자세이다.

6. 제미 [방어]	7. 용나호확 [공격]	8. 좌방적 [방어]	9. 우방적 [방어]	10. 적수 [방어]

여섯 번째 제미세(齊眉勢)이다. 일보 앞으로 나아가며 방어 하는 동작이다. 발의 동작은 왼발이 앞에 나와 있고 오른발이 뒤에서 밀어주는 모습이다. 손의 동작은 양손이 검의 손잡이를 잡고 있는 쌍수 형태이며, 눈의 시선은 몸을 후면으로 돌려 후면의 정면방향을 응시하고 있다. 도검의 위치는 오른쪽 어깨의 뒤쪽으로 검을 수평으로 들고 있는 모습이다. 도검기법은 방

어 자세이다.

일곱 번째 용나호확세(龍拏虎攫勢)이다. 발의 동작은 오른발이 무릎을 굽혀 앞으로 나가고 왼발이 뒤에서 밀어주는 모습이다. 손의 동작은 양손이 검의 손잡이를 잡고 있는 쌍수 형태이다. 눈의 시선은 정면의 왼쪽 방향을 응시하고 있다. 도검의 위치는 양손으로 검을 비틀어 정면의 가슴에서부터 앞으로 쭉 뻗어 찌르는 모습이다. 도검기법은 공격 자세이다.

여덟 번째 좌방적세(左防賊勢)이다. 발의 동작은 오른발이 무릎을 굽혀 앞으로 나가고 왼발이 뒤에서 밀어주는 모습이다. 손의 동작은 양손이 검의 손잡이를 잡고 있는 쌍수 형태이며, 눈의 시선은 정면을 응시하고 있다. 도검의 위치는 양손이 검을 비틀어 왼쪽 방향의 아래를 막고 있는 모습이다. 도검기법은 방어 자세이다.

아홉 번째 우방적세(右防賊勢)이다. 발의 동작은 오른발이 무릎을 굽혀 앞으로 나오고 왼발이 뒤에서 밀어 주는 모습이다. 손의 동작은 양손이 검의 손잡이를 잡고 있는 쌍수 형태이며, 눈의 시선은 왼쪽 방향을 응시하고 있다. 도검의 위치는 무릎을 굽혀 들고 있는 오른쪽 다리를 막는 모습이다. 도검기법은 방어 자세이다.

열 번째 적수세(滴水勢)이다. 발의 동작은 오른 앞굽이 자세로 오른발이 무릎을 굽혀 앞으로 나가고 왼발이 뒤에서 밀어주는 모습이다. 손의 동작은 양손이 검의 손잡이를 잡고 있는 쌍수 형태이며, 눈의 시선은 정면을 응시하고 있다. 도검의 위치는 검을 비틀어 왼쪽 어깨 위에서 아래로 향하고 있는 모습이다. 도검기법은 방어 자세이다.

11. 향상방적[방어]	12. 초퇴방적[방어]	13. 무검사적[공격]

열한 번째 향상방적세(向上防賊勢)이다. 발의 동작은 왼발이 무릎을 굽혀 앞으로 나아가고 왼발이 뒤에서 밀어주는 모습이다. 손의 동작은 왼손이 검의 손잡이를 잡고 오른손이 검의 등을 잡고 있는 쌍수 형태이며, 눈의 시선은 몸을 돌려 정면을 응시하고 있다. 도검의 위치는 검이 왼쪽 어깨 위에서 수평으로 정면 방향으로 나오는 모습이다. 도검기법은 방어 자세이다.

열두 번째 초퇴방적세(初退防敵勢)이다. 발의 동작은 오른 앞굽이 자세로 오른발이 무릎을 굽혀 앞으로 나가고 왼발이 뒤에서 밀어주는 모습이다. 손의 동작은 양손이 검의 손잡이를 잡고 있는 쌍수 형태이며, 눈의 시선은 정면을 응시하고 있다. 도검의 위치는 중단세로서 칼끝이 단전에서부터 신체의 바깥쪽을 겨누고 있는 자세이다. 도검기법은 상대방을 겨눔으로써 공격을 못하게 하는 방어 자세이다.

열세 번째 무검사적세(撫劍伺賊勢)이다. 발의 동작은 왼발이 무릎을 굽혀 앞에 나오고 오른발이 뒤에서 밀어주는 모습이다. 손의 동작은 왼손이 검의 손잡이를 잡고 있고 오른손이 칼 등을 잡고 있는 쌍수 형태이며, 눈의 시선은 후면을 응시하고 있다. 도검의 위치는 왼쪽 심장에서부터 수평으로 검을 들고 있는 모습이다. 도검기법은 공격 자세이다.

『무예제보번역속집』에 실려 있는 왜검교전의 내용을 좀 더 구체적으로 살펴보기 위하여 왜검교전의 전체 내용을 살펴보면 다음과 같다.

> 무릇 적군을 칠 때 반드시 (칼을) 들었다 내려치는 것을 빠르게 해서 자신의 몸을 보호하도록 한다. 두 사람이 마주서서 빨리 나아가며 모두 진전살적세(進前殺賊勢)로 칼을 엇갈리며 서로 마주치기를 두 차례 한다. 을이 진전살적세로 갑을 향하여 치면 갑은 오른다리를 나아가며 바로 칼을 들어 을의 칼을 막으며 즉시 오른다리를 물리며 발을 구르며 앉아 을의 왼손 팔목을 친다. 을이 또 진전살적세로 갑을 향하여 치면 갑이 왼발을 나아가며 을의 오른쪽을 향하며 칼로 을의 오른 손목을 가격한다. 이어서 몸을 뒤집으며 뛰어 나아가며 오른쪽으로 들어가 옆으로 서며 칼을 들어 을의 목을 친다. 을이 또 진전살적세로 갑을 향하여 치면 갑이 오른발을 나아가며 즉시 그 칼로 을의 칼 아랫부분을 따르다가 을의 오른쪽으로 뛰어나가며 곧 향전격적세(向前擊賊勢)로 을의 가슴

에다 한 번 친다.

을은 하접세(下接勢)로 을의 오른다리를 치면 갑은 오른다리를 물리며 조금 잠시 앉아 지검대적세(持劍對賊勢)로 을의 머리를 향하여 친다. 그러면 을은 선인봉반세(仙人捧盤勢)로 이를 막고 즉시 칼날을 교차하며 물러난다. 모두 제미세(齊眉勢)로 각각 한 걸음 나아가다 돌며 용나호환세(龍拏虎攫勢)를 하고 서로 향하여 바로 본다. 또 한 걸음 나아가며 칼을 들고 갑의 왼쪽을 향하여 치면 갑은 즉시 칼을 들며 왼발 사이로 나아간다. 을은 오른쪽으로 돌며 오른발을 을의 두 발에 넣으며 몸을 뒤집으며 서서 을의 두 손목을 친다.

두 사람이 각각 한 걸음 나아가며 좌방적세(左防賊勢)를 취하고 또 각각 한 걸음 나아가며 모두 우방적세(右防賊勢)를 취하며 함께 진전살적세로 칼을 교차하며 서로 막아내기를 세 차례한다. 을이 진전살적세로 갑을 향하여 치면 갑은 적수세(滴水勢)로써 막아내고 이어서 을의 왼쪽으로 들어가며 향상방적세(向上防賊勢)로 을의 왼팔을 친다. 을은 오른손을 이용하여 칼을 들어 갑의 왼팔을 치려고 하면 갑은 곧 진전살적세로 아래를 향하여 을의 오른팔을 베고 모두 초퇴방적세(初退防敵勢)로 각자 원래 위치로 돌아온다.

두 사람이 모두 제미세를 취하며 날 듯이 달려 들어가는데 을은 진전살적세로 갑을 향하여 치면 갑은 적수세로 을의 칼을 막아내고 즉시 모두 몸을 돌려 서로 향하여 노려본다. 갑이 즉시 지검대적세로 을의 머리를 향하여 치면 을은 선인봉반세로 막아낸다. 갑은 빠르게 을의 오른쪽 겨드랑이로 들어오며 향상방적세로 을의 오른팔을 벤다. 을은 왼손으로 칼을 들어 갑의 오른팔을 치려고 하면 갑은 진전살적세로 을의 왼팔을 치고 모두 초퇴방적세로 각자 원래 위치로 돌아간다.

두 사람이 모두 무검사적세(撫劍伺賊勢)로 서로 바라보며 비스듬히 움직여 가며 갑자기 서로 만나는 형상을 취하고 일시에 칼을 뽑으며 모두 진전살적세로 급히 소리치며 막아낸다. 각각 한 걸음 물러서며 을은 칼을 노려보며 오른쪽으로 돌고 갑은 을을 노려보며 왼쪽으로 도는데 을이 하접세(下接勢)로 갑의 왼다리를 치면 갑은 좌방적세로써 이를 막아낸다. 그리고 즉시 하접세로써 을의 오른다리를 치면 을도 우방적세로 막아낸다. 갑은 곧 지검대적세로 을의 머리를 향하여 치면 을은 선인봉반세로 막아내고 즉시 지검대적세로 갑의 머리를 향하여 친다.

갑은 곧 앞으로 다가가며 을의 두 손을 잡고 그 수중에 있는 칼로 자신의 몸을 닿지 않도록 한다. 즉시 그 칼로 을의 두 손 사이에 들어가며 동호(銅護)를 써서 을의 왼손바닥 뒤를 누르고 그 칼날로써 을의 오른손을 끼며 을의 칼을 빼앗

는다. 모두 초퇴방적세로 각자 원지로 돌아온다. 두 사람이 또 제미세로 날 듯이 달려 들어가는데 을은 지검대적세로 갑의 머리를 향하여 치면 갑은 을의 오른쪽 어깨 쪽으로 들어가며 향상방적세로 을의 오른팔을 베고 나아간다. 즉시 우방적세로써 뒤로부터 을의 허리를 치며 마친다.[98]

　이상과 같이『무예제보번역속집』에 실려 있는 왜검교전 13세의 도검기법과 왜검교전에 대한 전체적인 내용을 살펴보았다. 왜검교전 13개 자세의 도검기법을 공격과 방어로 구분하면 다음과 같다. 공격기법은 진전살적세(進前殺賊勢) 향전격적세(向前擊賊勢), 하접세(下接勢), 지검대적세(持劍對賊勢), 용나호확세(龍拏虎攫勢), 무검사적세(撫劍伺賊勢)의 6개였다. 방어기법은 선인봉반세(仙人捧盤勢), 제미세(齊眉勢), 좌방적세(左防賊勢), 우방적세(右防賊勢), 적수세(滴水勢), 향상방적세(向上防賊勢), 초퇴방적세(初退防敵勢)의 7개였다. 이를 통해『무예제보번역속집』의 왜검교전은 공격 보다는 방어에 치중한 도검기법이었다.

　다음은『무예도보통지』의 왜검교전보이다. 두 사람이 2인 1조로 교전하는 동작이 나와 있는 전체 25개의 투로의 보를 대상으로 살펴보았다. 전체명칭을 살펴보면 다음과 같다.『무예도보통지』왜검교전보 총도(總圖)에 실려 있는 명칭을 기준으로 명칭을 살펴보면, 개문(開門), 교검(交劍), 상장(相藏), 퇴진(退進), 환립(換立), 대격(戴擊), 환립(換立), 상장(相藏), 진퇴(進退), 환립(換立), 대격(戴擊), 환립(換立), 재고진(再叩進), 퇴진(退進), 휘도(揮刀), 진재고(進再叩), 진퇴(進退), 휘도(揮刀), 퇴자격진(退刺擊進), 퇴진(退進), 휘도(揮刀), 진퇴자격(進退刺擊), 진퇴(進退), 휘도(揮刀), 상박(相撲)으로 되어 있다.

　왜검교전 전체 25개의 투로 동작에 대한 내용을 검토하면 다음과 같다.

1. 개문 [방어]	2. 교검 [공방]	3. 상장 [방어]

4. 퇴진 [공방]	5. 환립 [공방]

첫 번째 동작은 두 사람이 오른손으로 칼을 지고 왼손으로 왼쪽에 끼고 서 있는 자세이다. 두 사람의 발의 동작은 왼발이 앞에 나오고 오른발이 뒤에 있는 모양이다. 손의 동작은 단수 형태이다. 눈의 시선은 정면을 응시하고 있다. 도검의 위치는 몸은 정면을 응시하고 왼손은 왼쪽 허리에 잡고 오른손은 검을 잡고 머리 뒤쪽의 왼쪽에서 오른쪽 어깨에 대고 수평으로 칼날이 위로 향하고 있는 모습이다. 도검은 오른쪽 어깨에 지고 있는 모습이다. 도검기법은 방어 자세이다. 총도에는 개문(開門)으로 표기되어 있으며, 두 사람의 교전의 문이 열렸다는 의미를 가지고 있다.

두 번째 동작은 갑이 처음으로 견적출검세를 취하되 오른손과 오른발로 앞을 한 번 치고 검을 들고 뛰어 나아가 또 한 번 치고 몸을 돌려 뒤를 향하거든 을이 또 견적출검세를 취하되 검을 들고 뛰어 나가 서로 한번 맞붙는 자세이다.

오른쪽 사람의 발동작은 오른발이 무릎 위로 굽혀서 들려 앞에 나오고 왼발이 뒤에서 밀어 주는 모양이다. 손의 동작은 단수 형태이며, 눈의 시선은 정면의 상대방을 응시하고 있다. 도검의 위치는 몸이 정면으로 향하고 왼손은 어깨에서 수평으로 뻗어있고, 오른손은 팔이 굽혀 검을 잡고 있는 모습이다. 도검은 오른쪽 어깨 위에서 칼날이 위로 향하고 있다.

　왼쪽 사람의 발동작은 오른발이 무릎 위로 굽혀서 들려 앞에 나오고 왼발이 뒤에서 밀어 주는 모양이다. 손의 동작은 단수 형태이며, 눈의 시선은 정면의 상대방을 응시하고 있다. 도검의 위치는 몸이 정면으로 향하고 왼손은 앞으로 손을 내밀어 세운 상태이며, 오른손은 반 정도 굽힌 상태에서 검을 잡고 있는 모습이다. 도검은 오른쪽 어깨 위에서 앞으로 향하고 있다. 도검 기법은 공격과 방어를 하는 공방 자세이다. 총도에는 교검(交劍)이라고 표기되어 있으며, 두 사람이 검이 서로 치고 받는다는 의미이다.

　세 번째 동작은 몸을 돌려 바꾸어서 오른쪽에 검을 감추고 서는 자세이다. 두 사람의 발동작은 왼발이 앞에 나오고 오른발이 뒤에 있는 모양이다. 손의 동작은 양손이 검의 손잡이를 잡고 있는 쌍수 형태이며, 눈의 시선은 상대방을 응시하고 있다. 도검의 위치는 양손이 검을 잡고 오른쪽 어깨에 의지하여 검이 수직으로 세워 위로 향하고 있는 모양이다. 도검기법은 방어 자세이다. 총도에는 상장(相藏)이라고 표기되어 있다. 두 사람이 서로 검을 감추는 의미이다.

　네 번째 동작은 갑이 들어와서 한번 갈겨 치고 한 번 들어 치고 또 한 번 갈쳐 치면 을이 물러가며 한번 누르고 한번 맞붙고 또 한 번 누르고 갑이 또 들어와 한번 갈겨 치고 한번 들어 치고 또 한 번 갈겨 치면 을이 물러가며 한번 누르고 한번 맞붙고 또 한 번 누르는 자세이다.

　오른쪽 사람의 발동작은 왼발이 앞에 나오고 오른발이 뒤에서 밀어주는 모양이다. 손의 동작은 양손이 검의 손잡이를 잡고 있는 쌍수 형태이다. 눈의 시선은 상대방의 정면을 응시하고 있다. 도검의 위치는 몸의 중앙의 명치에서부터 검의 손잡이가 시작하여 앞으로 향하여 상대방의 검과 부딪쳐 있는 모습이다. 왼쪽 사람의 발동작은 왼발을 무릎 높이로 굽혀 앞에 나오고 오른발이 밀어주는 모양이다. 손의 동작과 눈의 시선은 동일하다. 도검의 위치는 몸을 앞으로 굽힌 상태로 검의 손잡이가 명치에서부터 위로 향하여 상대방의 검과 부딪쳐 있는 모습이다. 도검기법은 공격과 방어를 하는 공방

자세이다. 총도에는 퇴진(退進)으로 표기되어 있고 왼쪽은 물러나고 오른쪽
은 앞으로 나아가는 의미이다.

　다섯 번째 동작은 갑과 을이 각각 왼쪽에 검을 감추었다가 칼날로 안으로
한 번 치고 밖으로 한번 치고 몸을 되돌려 바꾸어 서는 자세이다. 오른쪽
사람의 발동작은 오른발이 무릎을 굽혀 앞으로 나가고 왼발이 뒤에서 밀어
주는 모양이다. 손의 동작은 양손이 검의 손잡이를 잡고 있는 쌍수 형태이
며, 눈의 시선은 정면의 상대방을 응시하고 있다. 도검의 위치는 검의 오른
쪽 어깨에서부터 아래로 향하고 있으며 상대방의 검 바깥쪽에 위치하고 부
딪치고 있는 모습이다.

　왼쪽 사람은 왼발이 무릎 높이로 굽혀 앞에 나오고 오른발이 뒤에서 밀어
주는 모양이다. 손의 동작과 눈의 시선은 동일하다. 도검의 위치는 왼쪽 어
깨에서부터 아래로 향하고 있으며, 상대방의 검 안쪽에 위치하여 부딪치고
있다. 도검기법은 공격과 방어를 하는 공방 자세이다. 총도에는 환립(換立)
으로 표기되어 있고, 검의 위치가 위에서 아래로 바꾸어 서는 의미이다.

6. 대격 [공방]	7. 환립 [공방]	8. 상장 [방어]

9. 진퇴 [공방]	10. 환립 [공방]

여섯 번째 동작은 검을 드리워서 한 번 치고 오른쪽 아래로 감추고 갑이 나아가 검을 이마 위로 받는 듯이 높이 들어 한 번 치는 자세이다. 오른쪽 사람의 발동작은 앞굽이 자세로 오른발이 무릎을 굽혀 앞에 나오고 왼발이 뒤에서 밀어주는 모양이다. 손의 동작은 양손이 검의 손잡이를 잡고 있는 쌍수 형태이며, 눈의 시선은 정면을 응시하고 있다. 도검의 위치는 정면의 가슴에서부터 무릎 아래로 향하는 하단세(下段勢)를 취하고 있다.

왼쪽 사람의 발동작은 왼발이 무릎 높이로 들어 앞에 나오고 오른발이 뒤에서 밀어주는 모양이다. 손의 동작과 눈의 시선은 동일하며, 도검의 위치는 명치에서부터 머리 위쪽 방향으로 향하고 있다. 도검기법은 공격과 방어를 하는 공방 자세이다. 총도에는 대격(戴擊)으로 표기되어 있다. 머리 위에서 검을 친다는 의미이다.

일곱 번째 동작은 을이 한 번 누르고 한 번 맞붙고 또 왼쪽에 감추었다가 안으로 한 번 치고 밖으로 한 번 치고 몸을 되돌려서 바꾸어 서는 자세이다. 오른쪽 사람의 발동작은 오른발이 무릎을 굽혀 앞으로 나가고 왼발이 밀어주는 모양이다. 손의 동작은 양손이 검의 손잡이를 잡고 있는 쌍수 형태이며, 눈의 시선은 정면의 상대방을 응시하고 있다. 도검의 위치는 검의 오른쪽 어깨에서부터 아래로 향하고 있으며 상대방의 검 바깥쪽에 위치하고 부딪치고 있는 모습이다.

왼쪽 사람은 왼발이 무릎 높이로 굽혀 앞에 나오고 오른발이 뒤에서 밀어주는 모양이다. 손의 동작과 눈의 시선은 동일하다. 도검의 위치는 왼쪽어깨에서부터 아래로 향하고 있으며, 상대방의 검 안쪽에 위치하여 부딪치고 있다. 도검기법은 공격과 방어를 하는 공방 자세이다. 총도에는 환립(換立)으로 표기되어 있고, 검의 위치가 위에서 아래로 바꾸어 서는 의미이다.

여덟 번째 동작은 검을 드리워 한 번 치고 왼쪽 어깨에 검을 감추는 자세이다. 오른쪽 사람의 발동작은 오른발 왼발 나란히 서 있는 모습이다. 손의 동작은 양손이 검의 손잡이를 잡고 있는 쌍수 형태이며, 눈의 시선은 정면을 응시하고 있다. 도검의 위치는 왼쪽 어깨에 검을 수직으로 세워서 의지하고 칼날이 바깥쪽을 향하고 있는 모습이다. 왼쪽 사람의 발동작은 오른발이 앞에 나오고 왼발이 뒤에 있는 모양이다. 손의 동작과 눈의 시선 그리고 도검의 위치도 동일하다. 도검기법은 방어 자세이다. 총도에는 상장(相藏)이라고 표기되어 있다. 두 사람이 서로 검을 감추는 의미이다.

아홉 번째 동작은 을이 나아가 왼발이 나아가 한 번 갈겨 치고 오른발 나아가 한 번 들어 치고 또 한 번 왼발 나가며 갈겨 치면 갑이 왼발로 물러나면서 한번 누르고 을이 또 나아가 왼발로 나아가 한번 갈겨 치고 오른발 나아가 한번 들어 치고 또 왼발 나아가 한 번 갈겨 치면 갑이 왼발 물러나며 한번 누르고 오른발 물러나면서 한 번 맞붙고 또 왼발이 물러나면서 한 번 누르는 자세이다.

오른쪽 사람의 발동작은 오른발이 무릎을 굽혀 앞으로 나가고 왼발이 뒤에서 밀어주는 모양이다. 손의 동작은 양손이 검의 손잡이를 잡고 있는 쌍수 형태이며, 눈의 시선은 상대방의 정면을 응시하고 있다. 도검의 위치는 손잡이가 명치에서부터 상대방 머리 방향으로 향하여 상대방의 검과 부딪치고 있는 모양이다.

왼쪽 사람의 발동작은 오른발이 무릎을 굽혀 앞으로 나가고 왼발이 밀어주는 모습이다. 손동작과 눈의 시선 그리고 도검의 위치도 동일하다. 도검기법은 공격과 방어를 하는 공방 자세이다. 총도에는 진퇴(進退)라고 표기되어 있다. 왼쪽은 나아가고 오른쪽은 물러나는 의미이다.

열 번째 동작은 갑, 을이 각각 왼쪽어깨에 검을 감추었다가 칼날로써 안으로 한 번 치고 밖으로 한번 치고 몸을 되돌려 바꾸어 서며 검을 드리워 한번 치고 오른쪽 아래에 감추는 자세이다.

오른쪽 사람의 발동작은 오른발이 무릎을 굽혀 앞으로 나가고 왼발이 뒤에서 밀어주는 모양이다. 손의 동작은 양손이 검의 손잡이를 잡고 있는 쌍수 형태이며, 눈의 시선은 정면의 상대방을 응시하고 있다. 도검의 위치는 검의 오른쪽 어깨에서부터 아래로 향하고 있으며 상대방의 검 바깥쪽에 위치하고 부딪치고 있는 모습이다.

왼쪽 사람은 왼발이 무릎을 굽혀 앞으로 나가고 오른발이 뒤에서 밀어주는 모양이다. 손의 동작과 눈의 시선은 동일하다. 도검의 위치는 왼쪽어깨에서부터 아래로 향하고 있으며, 상대방의 검 안쪽에 위치하여 부딪치고 있다. 도검기법은 공격과 방어를 하는 공방 자세이다. 총도에는 환립(換立)으로 검의 위치로 위에서 아래로 바꾸어 서는 의미이다.

11. 대격 [공방]	12. 환립 [공방]	13. 재고진 [공방]

14. 퇴진 [공방]	15. 휘도 [공방]

열한 번째 동작은 을이 나아가 검을 이마 위로 높이 들어 한 번 치면 갑이 한 번 누르고 한 번 마주 치는 자세이다. 오른쪽 사람의 발동작은 앞굽이 자세로 오른발이 무릎을 굽혀 앞에 나오고 왼발이 뒤에서 밀어주는 모양이다. 손의 동작은 양손이 검의 손잡이를 잡고 있는 쌍수 형태이며, 눈의 시선은 정면을 응시하고 있다. 도검의 위치는 정면의 가슴에서부터 머리 위쪽을 향하고 있다.

왼쪽 사람의 발동작은 왼발이 무릎을 굽혀 앞으로 나가고 오른발이 뒤에서 밀어주는 모양이다. 손동작과 눈의 시선은 동일하며, 도검의 위치는 단전에서부터 오른쪽 무릎 아래로 있고, 칼날이 몸의 바깥쪽을 향하고 있다. 도검기법은 공격과 방어를 하는 공방 자세이다. 총도에는 대격(戴擊)으로 표기되어 있다. 머리 위에서 검을 친다는 의미이다.

열두 번째 동작은 왼쪽에 감추었다가 칼날로써 안으로 한 번 치고 밖으로 한 번 치고 몸을 되돌려 바꾸어 서며 검을 드리워 한 번 치고 오른쪽 아래로 검을 감추는 자세이다. 오른쪽 사람의 발동작은 오른발이 무릎을 굽혀 앞으로 나가고 왼발이 뒤에서 밀어주는 모양이다. 손의 동작은 양손이 검의 손잡이를 잡고 있는 쌍수 형태이며, 눈의 시선은 정면의 상대방을 응시하고 있다. 도검의 위치는 양손을 교차하여 검의 오른쪽 어깨 아래에서부터 무릎으로 향하고 있으며 상대방의 검 바깥쪽에서 부딪치고 있는 모습이다.

왼쪽 사람은 왼발이 무릎을 굽혀 앞으로 나가고 오른발이 뒤에서 밀어주는 모양이다. 손동작과 눈의 시선은 동일하다. 도검의 위치는 가슴에서부터 무릎 아래로 향하고 있으며, 상대방의 검 안쪽에 위치하여 부딪치고 있다. 도검기법은 공격과 방어를 하는 공방 자세이다. 총도에는 환립(換立)으로 검의 위치로 위에서 아래로 바꾸어 서는 의미이다.

열세 번째 동작은 을이 검을 들어 한 번 치고 또 한 번 치면 갑이 들어가 검을 이마 위로 높이 들어 왼쪽으로 검을 드리워 치고 오른쪽으로 검을 드리워 치고 또 왼쪽으로 검을 드리워 치거든 을이 물러 나가면 왼쪽으로 검을 드리워 막고 오른쪽으로 검을 드리워 막고 또 왼쪽으로 검을 드리워 막는 자세이다.

오른쪽 사람의 발동작은 왼발이 앞에 나오고 오른발이 뒤에서 있는 모습이다. 손의 동작은 양손이 검의 손잡이를 잡고 있는 쌍수 형태이며, 눈의 시선은 정면의 상대방을 응시하고 있다. 도검의 위치는 오른쪽 허리에 검을 차고 무릎 아래로 향하고 있는 모습이다. 칼날은 몸의 안쪽을 바라보고 있다.

왼쪽 사람의 발동작은 오른발이 무릎을 굽혀 앞으로 나가고 왼발이 뒤에서 밀어주는 모양이다. 손동작과 눈의 시선은 동일하며, 도검의 위치는 양손으로 검을 정면 이마 위에서 잡고 위로 향하는 상단세(上段勢)를 취하고 있다. 도검기법은 공격과 방어를 하는 공방 자세이다. 총도에는 재고진(再叩進)으로 표기되어 있다. 왼쪽은 재고(再叩)로 두 번 두드린다는 것이고 오른쪽은 진(進)으로 앞으로 나아간다는 의미이다.

열네 번째 동작은 갑을이 칼날을 들어 높이 치고 왼쪽으로 칼을 드리워 한 번 치고 오른쪽 아래에 검을 감추는 자세이다. 오른쪽 사람의 발동작은 오른발이 무릎을 굽혀 앞으로 나가고 왼발이 뒤에서 밀어주는 모양이다. 손의 동작은 양손이 검의 손잡이를 잡고 있는 쌍수 형태이다. 눈의 시선은 상대방의 정면을 응시하고 있다. 도검의 위치는 양손을 교차하여 검의 오른쪽 어깨 아래에서부터 무릎 아래 방향으로 칼날이 내려와 상대방의 검을 바깥쪽에서 부딪치고 있다.

왼쪽 사람은 발동작과 손동작 그리고 눈의 시선은 동일하다. 도검의 위치는 가슴에서부터 무릎 아래로 내려와 상대방 검과 안쪽에서 부딪치고 있다. 도검기법은 공격과 방어를 하는 공방 자세이다. 총도에는 퇴진(退進)으로 표기되어 있고 왼쪽은 물러나고 오른쪽은 앞으로 나아가는 의미이다.

열다섯 번째 동작은 갑이 검을 들어 한 번 치고 또 한 번 치면 을이 나아가 검을 이마 위로 올려 막고 왼쪽으로 칼을 드리워 치고 오른편으로 검을 드리워 치고 또 왼쪽으로도 검을 드리워 치면 갑이 물러가며 왼쪽으로 검을 드리워 막고 오른쪽으로 검을 드리워 막고 또 왼쪽으로 칼을 드리워 막는 자세이다.

오른쪽 사람의 발동작은 오른발이 무릎을 굽혀 앞으로 나가고 왼발이 뒤에서 밀어주는 모양이다. 손의 동작은 쌍수 형태이며, 눈의 시선은 정면의 상대방을 응시하고 있다. 도검의 위치는 왼쪽의 머리 위에서부터 수평으로 앞으로 향하고 있다. 칼날은 위쪽을 바라보면서 상대방의 검과 부딪치고 있다.

왼쪽 사람의 발동작은 오른발이 무릎을 굽혀 앞에 있고 왼발이 뒤에서 밀어주는 모양이다. 손동작과 눈의 시선은 동일하며 도검의 위치는 명치에서부터 머리 방향으로 향하여 상대방 검과 부딪치고 있다. 도검기법은 공격과 방어를 하는 공방 자세이다. 총도에는 휘도(揮刀)라고 표기되어 있다.

| 16. 진재고 [공방] | 17. 진퇴 [공방] | 18. 휘도 [공방] |
| 19. 퇴자격진 [공방] | | 20. 퇴진 [공방] |

열여섯 번째 동작은 갑을이 칼날을 들어 높이 치고 왼쪽으로 검을 드리워 한번 치고 오른쪽 아래에 검을 감추는 자세이다. 오른쪽 사람의 발동작은 오른발이 무릎을 굽혀 앞으로 나가고 왼발이 뒤에서 밀어주는 모양이다. 손의 동작은 양손이 검의 손잡이를 잡고 있는 쌍수 형태이며, 눈의 시선은 정면의 상대방을 응시하고 있다. 도검의 위치는 오른쪽 어깨 위에서 칼날이 위로 향하고 있는 모습이다.

왼쪽 사람의 발동작은 오른발이 무릎을 굽혀 앞으로 나가고 왼발이 뒤에서 밀어주는 모습이다. 손동작과 눈의 시선은 동일하며, 도검의 위치는 양손으로 검을 잡고 오른쪽 허리 바깥쪽에서 무릎 아래로 칼날이 향하고 있는 하단세를 취하고 있다. 도검기법은 공격과 방어를 하는 공방 자세이다. 총도에는 진재고(進再叩)로 표기되어 있다. 왼쪽은 진(進)으로 나아가는 것이고, 재고(再叩)는 두 번 두드린다는 의미이다.

열일곱 번째 동작은 을이 한번 뛰며 한번 찌르고 한번 치면 갑이 아래로 갈겨 치는 자세이다. 오른쪽 사람의 발동작은 오른발이 앞굽이 자세로 무릎을 굽혀 앞에 나오고 왼발이 뒤에서 밀어주는 모양이다. 손의 동작은 양손이 검의 손잡이를 잡고 있는 쌍수 형태이며, 눈의 시선은 상대방의 정면을 응시

하고 있다. 도검의 위치는 몸을 숙여 손이 교차하여 오른쪽 어깨 아래에서부
터 상대방 무릎 아래로 검이 부딪치고 있는 모습이다.

왼쪽 사람의 발동작은 오른발이 무릎을 굽혀 앞으로 나가고 왼발이 뒤에
서 밀어주는 모습이다. 손동작과 눈의 시선은 동일하다. 도검의 위치는 왼쪽
가슴에서부터 상대방 무릎을 향해 상대방 검의 아래에서 부딪치고 있다. 도
검기법은 공격과 방어를 하는 공방 자세이다. 총도에는 진퇴(進退)라고 표기
되어 있다. 왼쪽은 나아가고 오른쪽은 물러나는 의미이다.

열여덟 번째 동작은 앞으로 나아가 검을 이마 위로 막고 왼쪽으로 검을
드리워 치고 오른쪽으로 검을 드리워 치고 또 왼쪽으로 검을 드리워 치는
자세이다. 오른쪽 사람의 발동작은 오른발이 앞굽이 자세로 무릎을 굽혀 앞
에 나오고 왼발이 뒤에서 밀어주는 모양이다. 손의 동작은 양손이 검의 손잡
이를 잡고 있는 쌍수 형태이며, 눈의 시선은 정면의 상대방을 응시하고 있
다. 도검의 위치는 왼쪽의 머리 위에서부터 수평으로 앞으로 향하고 있다.
칼날은 위쪽을 바라보면서 상대방의 검과 부딪치고 있다.

왼쪽 사람의 발동작은 오른발이 무릎을 굽혀 앞으로 나가고 왼발이 뒤에
서 밀어주는 모양이다. 손동작과 눈의 시선은 동일하며 도검의 위치는 명치
에서부터 머리 방향으로 향하여 상대방 검을 치고 있다. 도검기법은 공격과
방어를 하는 공방 자세이다. 총도에는 휘도(揮刀)라고 표기되어 있다.

열아홉 번째 동작은 을이 물러가며 왼쪽으로 검을 드리워 막고 오른쪽으
로 검을 드리워 막고 또 왼쪽으로 검을 드리워 막는 자세이다. 오른쪽 사람
의 발동작은 왼발이 무릎을 굽혀 앞으로 나가고 오른발이 뒤에서 밀어주는
모양이다. 손동작은 양손이 검의 손잡이를 잡고 있는 쌍수 형태이며, 눈의
시선은 상대방의 정면을 응시하고 있다. 도검의 위치는 양손이 교차하여 오
른쪽 어깨아래에서 칼날이 바깥쪽을 향하여 무릎 아래로 내려오고 있다. 상
대방의 검을 바깥쪽에서 막아 부딪치고 있다.

왼쪽 사람의 발동작은 왼발이 무릎을 굽혀 앞으로 나가고 오른발이 뒤에
서 밀어주는 모양이다. 손동작과 눈의 시선은 동일하다. 도검의 위치는 정면

의 가슴에서부터 상대방의 무릎 아래로 향하고 있다. 상대방의 검을 안쪽에서 부딪치고 있다. 도검기법은 공격과 방어를 하는 공방 자세이다. 총도에는 퇴자격진(退刺擊進)라고 표기되어 있다. 왼쪽은 퇴자격(退刺擊)으로 물러나면서 찌르고 치는 것이며, 오른쪽은 진(進)으로 앞으로 나아가는 것을 의미한다.

스무 번째 동작은 갑을이 칼날을 들어 높이 치고 왼쪽으로 칼을 드리워 한번 치고 오른쪽 아래에 검을 감추는 자세이다. 오른쪽 사람의 발동작은 오른발이 무릎을 굽혀 앞으로 나가고 왼발이 뒤에서 밀어주는 모양이다. 손의 동작은 양손이 검의 손잡이를 잡고 있는 쌍수 형태이다. 눈의 시선은 상대방의 정면을 응시하고 있다. 도검의 위치는 양손을 교차하여 검의 오른쪽 어깨 아래에서부터 무릎아래 방향으로 칼날이 내려와 상대방의 검을 바깥쪽에서 부딪치고 있다.

왼쪽 사람은 발동작과 손동작 그리고 눈의 시선은 동일하다. 도검의 위치는 가슴에서부터 무릎 아래로 내려와 상대방의 검과 안쪽에서 부딪치고 있다. 도검기법은 공격과 방어를 하는 공방 자세이다. 총도에는 퇴진(退進)으로 표기되어 있고 왼쪽은 물러나고 오른쪽은 앞으로 나아가는 의미이다.

21. 휘도 [공방]	22. 진퇴자격 [공방]	23. 진퇴 [공방]
24. 휘도 [공방]		25. 상박 [공격]

스물한 번째 동작은 갑이 한 번 뛰며 한 번 찌르고 한번 치면 을이 아래로 갈겨 치는 자세이다. 오른쪽 사람의 발동작은 오른발이 무릎을 굽혀 앞으로 나가고 왼발이 뒤에서 밀어주는 모양이다. 손의 동작은 양손이 검의 손잡이를 잡고 있는 쌍수 형태이며, 눈의 시선은 상대방의 정면 아래를 응시하고 있다. 도검의 위치는 몸의 중앙의 단전에서부터 상대방 무릎을 향하여 상대방 검과 부딪치고 있다.

왼쪽 사람의 발동작은 오른발이 무릎을 굽혀 앞으로 나가고 왼발이 뒤에서 밀어주는 모양이다. 손동작과 눈의 시선은 동일하다. 도검의 위치는 중앙의 단전에서부터 상대방 무릎 아래로 향하여 상대방 검과 부딪치고 있다. 도검기법은 공격과 방어를 하는 공방 자세이다. 총도에는 휘도(揮刀)로 표기되어 있다. 스물두 번째 동작은 앞으로 나아가 검을 이마 위로 막고 왼쪽으로 검을 드리워 치고 오른쪽으로 검을 드리워 치고 또 왼쪽으로 검을 드리워 치는 자세이다. 오른쪽 사람의 발동작은 오른발이 앞굽이 자세로 무릎을 굽혀 앞으로 나가고 왼발이 뒤에서 밀어주는 모양이다. 손의 동작은 양손이 검의 손잡이를 잡고 있는 쌍수 형태이며, 눈의 시선은 정면의 상대방을 응시하고 있다. 도검의 위치는 왼쪽의 머리 위에서부터 수평으로 앞으로 향하여 위쪽을 바라보면서 상대방의 검을 부딪치고 있다.

왼쪽 사람의 발동작은 오른발이 무릎을 굽혀 앞으로 나가고 왼발이 뒤에서 밀어주는 모양이다. 손동작과 눈의 시선은 동일하며 도검의 위치는 명치에서부터 머리 방향으로 향하여 상대방 검을 치고 있다. 도검기법은 공격과 방어를 하는 공방 자세이다. 총도에는 진퇴자격이라고 표기되어 있다. 왼쪽은 진(進)으로 앞으로 나아가는 것, 오른쪽은 퇴자격(退刺擊)으로 물러나면서 찌르고 치는 것을 의미한다.

스물세 번째 동작은 갑이 물러가며 왼쪽으로 검을 드리워 막고 오른쪽으로 검을 드리워 막고 또 왼쪽으로 검을 드리워 막는 자세이다. 오른쪽 사람의 발동작은 오른발이 앞굽이 자세로 무릎을 굽혀 앞으로 나가고 왼발이 뒤에서 밀어주는 모습이다. 손의 동작은 양손이 검의 손잡이를 잡고 있는 쌍수 형태이며, 눈의 시선은 상대방의 정면을 응시하고 있다. 도검의 위치는 몸을 전체적으로 앞으로 숙인 후 양손을 가슴에서부터 쭉 뻗어 상대방의 무릎을 향해 찌르는 모습이다. 칼날은 위로 향하고 있다.

왼쪽 사람의 발동작은 오른발이 무릎을 굽혀 앞으로 나가고 왼발이 뒤에서 밀어주는 모양이다. 손동작과 눈의 시선은 동일하다. 도검의 위치는 오른쪽 어깨에서부터 아래로 향하여 상대방 검과 부딪치고 있다. 도검기법은 공격과 방어를 하는 공방 자세이다. 총도에는 진퇴(進退)라고 표기되어 있다. 왼쪽은 진(進)으로 앞으로 나아가는 것, 오른쪽은 퇴(退)로 물러나는 것을 의미한다. 스물네 번째 동작은 갑을이 칼날을 높이 들어 치고 왼쪽으로 검을 드리워 한번 치고 오른쪽에 검을 감추는 자세이다. 오른쪽 사람의 발동작은 오른발이 앞굽이 자세로 무릎을 굽혀 앞으로 나가고 왼발이 뒤에서 밀어주는 모양이다. 손의 동작은 양손이 검의 손잡이를 잡고 있는 쌍수 형태이며, 눈의 시선은 정면의 상대방을 응시하고 있다. 도검의 위치는 왼쪽의 머리 위에서부터 수평으로 앞으로 향하여 위쪽을 바라보면서 상대방의 검을 부딪쳐 막고 있다.

왼쪽 사람의 발동작은 오른발이 무릎을 굽혀 앞으로 나가고 왼발이 뒤에서 밀어주는 모양이다. 손동작과 눈의 시선은 동일하며 도검의 위치는 명치에서부터 머리 방향으로 향하여 상대방 검을 치고 있다. 도검기법은 공격과 방어를 하는 공방 자세이다. 총도에는 휘도(揮刀)로 표기되어 있다.

스물다섯 번째 동작은 검을 던지고 손으로 상대방을 제압하고 마치는 자세이다. 오른쪽 사람의 발동작은 기마 자세를 하여 오른발과 왼발을 나란히 벌리고 서 있는 모양이다. 손의 동작은 검이 없이 양손으로 상대방의 손을 제압하여 잡고 있는 모양이다. 눈의 시선은 정면 아래에 있는 상대방을 응시하고 있다. 도검의 위치는 바닥에 놓여 있다.

왼쪽 사람의 발동작은 앞굽이 자세로 왼발이 무릎을 굽혀 앞으로 나가고 왼발이 뒤에서 무릎이 굽혀 있는 모습이다. 손의 동작은 상대방의 양손에 제압을 당하고 있는 모양이며, 눈의 시선은 오른쪽 아래를 바라보고 있다.

도검의 위치는 바닥에 놓여 있다. 기법은 검을 내려놓고 손으로 상대방을 제압하는 공격 자세이다. 총도에는 상박(相撲)으로 표기되어 있다.

이상과 같이 『무예도보통지』에 실려 있는 왜검교전의 전체적인 25개 동작의 투로를 분석한 바, 공격 1회, 방어 3회, 공격과 방어와 동시에 이루어지는 공방이 21회로 나타났다. 이를 통해 왜검교전은 두 사람이 실전에 대비하여 공격과 방어를 동시에 할 수 있도록 만든 도검기법이라는 것을 파악할 수 있었다.

4. 도검무예 기법 특징

『무예도보통지』에 실려 있는 일본의 도검무예는 쌍수도(雙手刀), 왜검(倭劍), 왜검교전(倭劍交戰)의 3기이다. 일본의 도검무예 기법의 특징은 다음과 같다.

쌍수도는 중국의 문헌인 『기효신서』, 『무비지』, 한국의 문헌인 『무예제보』, 『무예도보통지』에 실려 있다. 쌍수도(雙手刀)의 전체 동작은 15세이었다. 쌍수도의 전체 동작 15세를 대상으로 공방기법을 살펴보면 다음과 같다.

공격은 지검대적세(持劍對賊勢), 향전격적세(向前擊賊勢), 진전살적세(進前殺賊勢), 휘검향적세(揮劍向賊勢)의 4세였다. 방어는 견적출검세(見賊出劍勢), 향좌방적세(向左防賊勢), 향우방적세(向右防賊勢), 향상방적세(向上防賊勢), 초퇴방적세(初退防賊勢), 지검진좌세(持劍進坐勢), 식검사적세(拭劍伺賊勢), 섬검퇴좌세(閃劍退坐勢), 재퇴방적세(再退防賊勢), 삼퇴방적세(三退防賊勢), 장검고용세(藏劍賈勇勢) 등 11세였다. 이를 통해 일본의 도검무예인 쌍수도의 도검기법은 공격보다는 방어에 치중한 기법이라는 것을 알 수 있었다.

왜검(倭劍)은 토유류(土由流), 운광류(運光流), 천유류(千柳流), 유피류(柳彼流)의 4가지 유파로 구분되어 살펴보았다.

먼저 토유류(土由流)는 검법의 투로 형식을 3회로 구분하여 특징을 파악할

수 있다. 첫 번째 연결 투로는 첫 번째부터 열한 번 째 까지 이다. 한 번의
방어에서 시작하여 공격 - 방어 - 방어 - 공격 - 공격 - 방어 - 공격 - 방어 - 공
격 - 공격으로 11회에 종료 되었다. 공격 6회, 방어5회로 나타났다. 이어 토
유류의 두 번째 연결 투로가 열두 번째 방어에서 시작하여 공격 - 방어 - 공
격 - 방어 - 공격 - 방어 - 공격 - 공격으로 스무 번째에서 종료 되었다. 공격 5
회, 방어 4회로 나타났다. 세 번째 연결 투로가 스물한 번째 방어에서 시작하
여 공격 - 공격 - 공격 - 방어 - 공격 - 공격 - 공격 - 방어 - 공격으로 서른 번째
에서 종료 되었다. 공격 7회, 방어 3회로 나타났다. 세 번째 투로에서는 공격
에 집중하고 있음을 알 수 있었다.

이상과 같이 토유류의 전체적인 30개 동작의 투로를 분석한 바, 공격 18
회, 방어 12회로 나타났다. 이를 통해 토유류의 도검기법은 방어보다는 공격
에 집중되고 있음을 알 수 있었다.

다음은 운광류(運光流)이다. 운광류는 토유류와 달리 각 세에 대한 명칭을
붙여 놓은 동작으로 천리세(千利勢), 과호세(跨虎勢), 속행세(速行勢), 산시우
세(山時雨勢), 수구심세(水鳩心勢), 유사세(柳絲勢) 등 6개가 보이고 있다. 총
보에서는 과호세(跨虎勢)를 제외한 천리세(千利勢), 속행세(速行勢), 산시우
세(山時雨勢), 수구심세(水鳩心勢), 유사세(柳絲勢)의 5개의 명칭으로 연결 동
작의 투로가 1세에 5개의 연결동작으로 총25개로 되어 있다.

이상과 같이 운광류의 전체 25개 동작을 검토한 바, 공격은 20회, 방어는
5회로 나타났다. 천리세, 속행세, 산시우세, 수구심세, 유사세 등의 5개의 세
들의 투로를 살펴보면 방어 - 공격 - 공격 - 공격 - 공격의 동일한 형식이었다.
운광류도 토유류와 마찬가지로 방어보다는 공격에 집중하는 경향을 보였다.
이는 왜검이 실전에서 바로 사용할 수 있는 공격 위주의 도검기법이었다.

다음은 천유류(千柳流)이다. 천유류는 초도수세(初度手勢)와 재농세(再弄
勢)의 2개의 세가 나오고 있다. 다만 총도에는 장검재진(藏劍再進), 장검삼진
(藏劍三進)이라는 표기를 해놓아 1번부터 15번까지는 1단계 투로 형식, 16번
부터 31번까지는 2단계 투로 형식의 장검재진(藏劍再進),, 32번부터 38번까

지의 3단계 투로 형식의 장검삼진(藏劍三進)으로 정리되어 있다. 이 형식은 토유류에서도 동일하게 나오고 있다. 천유류도 토유류와 마찬가지로 3회에 나누어 검보의 동작들이 일정한 투로 형식의 연결동작으로 시행되고 있음을 알 수 있다. 천유류의 첫 번째 투로는 첫 번째 방어에서 시작하여 공격 - 방어 - 공격 - 공격 - 방어 - 공격 - 공격 - 방어 - 공격 - 공격 - 방어 - 공격 - 방어 - 공격으로 열다섯 번째에서 종료되었다. 공격 9회, 방어 6회로 나타났다.

두 번째 투로가 열여섯 번째의 방어에서 시작하여 방어 - 공격 - 방어 - 공격 - 방어 - 방어 - 공격 - 방어 - 공격 - 방어 - 공격 - 방어 - 방어 - 방어 - 공격으로 서른한 번째에서 종료되었다. 공격 6회, 방어 10회로 나타났다. 첫 번째 투로와는 다르게 공격보다는 방어에 치중하는 동작이 많이 나타나고 있었다. 세 번째 투로는 서른두 번째 방어에서 시작하여 공격 - 방어 - 공격 - 방어 - 공격 - 공격으로 서른여덟 번째에서 종료되었다. 공격 4회, 방어 3회로 나타났다. 세 번째 투로에서는 공격과 방어가 조화롭게 이루어지고 있음을 알 수 있었다.

이상과 같이 천유류의 전체적인 38개 동작의 투로를 분석한 바, 공격 19회, 방어 19회로 나타났다. 이를 통해 천유류의 도검기법은 공격과 방어 중에서 어느 한쪽에 집중하여 치중되기 보다는 공격과 방어가 조화롭게 분포되어 있는 도검기법이라는 것을 파악할 수 있었다.

다음은 유피류(柳彼流)이다. 유피류의 전체적인 18개 전체동작의 투로를 분석한 바, 공격 11회, 방어 7회로 나타났다. 이를 통해 유피류는 공격에 치중하는 도검기법이라는 알 수 있었다. 왜검의 4가지 유파의 도검기법을 전체적으로 살펴본 바, 공격위주의 도검기법은 토유류(土由流), 운광류(運光流), 유피류(柳彼流)의 3개 유파에 집중되어 있었던 반면, 어느 한 부분에 치우치지 않고 공격과 방어가 조화롭게 정리된 형식의 공방기법이 천유류(千柳流)라는 것을 알 수 있었다.

위의 내용을 종합하면, 토유류는 30개 전체 동작 중에서 공격이 18세, 방어 12세로 공격 기법, 운광류는 전체 25개 동작 중에서 공격이 20세, 방어

5세로 공격 기법, 천유류는 전체 38개 동작 중에서 공격이 19세, 방어가 19세로 공격과 방어가 적절하게 조합되어 있는 공방의 기법이었다. 유피류는 전체 18개 동작 중에서 공격이 11세, 방어가 7세로 공격 기법이었다. 이를 통해 천유류를 제외한 토유류, 운광류, 유피류의 3개 유파는 공격에 치중해 있는 공격 기법이었다.

다음은 왜검교전(倭劍交戰)에 대한 기법이다. 왜검교전(倭劍交戰)은『무예제보번역속집』과『무예도보통지』에 실려 있다. 먼저『무예제보번역속집』에 실려 있는 왜검교전의 자세명칭인 진전살적세(進前殺賊勢), 향전격적세(向前擊賊勢), 하접세(下接勢), 지검대적세(持劍對賊勢), 선인봉반세(仙人捧盤勢), 제미세(齊眉勢), 용나호확세(龍拏虎攫勢), 좌방적세(左防賊勢), 우방적세(右防賊勢), 적수세(滴水勢), 향상방적세(向上防賊勢), 초퇴방적세(初退防敵勢), 무검사적세(撫劍伺賊勢)의 전체 13세를 대상으로 공방기법을 살펴보면 다음과 같다.

공격기법은 진전살적세(進前殺賊勢) 향전격적세(向前擊賊勢), 하접세(下接勢), 지검대적세(持劍對賊勢), 용나호확세(龍拏虎攫勢), 무검사적세(撫劍伺賊勢)의 6개였다. 방어기법은 선인봉반세(仙人捧盤勢), 제미세(齊眉勢), 좌방적세(左防賊勢), 우방적세(右防賊勢), 적수세(滴水勢), 향상방적세(向上防賊勢), 초퇴방적세(初退防敵勢)의 7개였다. 이를 통해『무예제보번역속집』의 왜검교전은 공격 보다는 방어에 치중한 도검기법이었다.

다음은『무예도보통지』의 왜검교전(倭劍交戰)이다. 두 사람이 2인 1조로 교전하는 동작이 나와 있는 전체 25개의 투로의 보를 대상으로 살펴보았다. 전체명칭을 살펴보면 다음과 같다.『무예도보통지』왜검교전보 총도(總圖)에 실려 있는 명칭을 기준으로 명칭을 살펴보면, 개문(開門), 교검(交劍), 상장(相藏), 퇴진(退進), 환립(換立), 대격(戴擊), 환립(換立), 상장(相藏), 진퇴(進退), 환립(換立), 대격(戴擊), 환립(換立), 재고진(再叩進), 퇴진(退進), 휘도(揮刀), 진재고(進再叩), 진퇴(進退), 휘도(揮刀), 퇴자격진(退刺擊進), 퇴진(退進), 휘도(揮刀), 진퇴자격(進退刺擊), 진퇴(進退), 휘도(揮刀), 상박(相撲)으로 되어 있다.

『무예도보통지』 전체 25개의 투로의 보에 실려 있는 내용을 검토하여 공방기법을 검토하면, 전체 공격 1회, 방어 3회, 공격과 방어와 동시에 이루어지는 공방의 기법이 21회로 나타났다. 이를 통해 왜검교전은 실전에 대비하여 공격과 방어를 동시에 할 수 있도록 만든 도검기법이었다. 이에 대한 내용은 〈표 7〉에 자세하다.

〈표 7〉 일본의 도검무예 기법 특징

도검무예명		전체 동작	도검기법			특징
			공격	방어	공방	
쌍수도(雙手刀)		15	4	11	×	방어
왜검(倭劍)	토유류(土由流)	30	18	12	×	공격
	운광류(運光流)	25	20	5	×	공격
	천유류(千柳流)	38	19	19	×	공방
	유피류(柳彼流)	18	11	7	×	공격
왜검교전 (倭劍交戰)	무예제보번역속집	13	6	7	×	방어
	무예도보통지	25	1	3	21	공방(실전)
총계		164	79	64	21	

위의 〈표 7〉을 통해 알 수 있는 것은 쌍수도, 왜검, 토유류, 운광류, 천유류, 유피류, 왜검교전의 3기의 전체동작의 수는 164개, 공방의 기법으로는 공격이 79개, 방어는 64개, 기타(공방) 21개로 나타났다. 세부적으로는 쌍수도가 15개 동작에 공격이 4개, 방어가 11개로 방어 위주의 도검기법이었다. 왜검은 4가지 유파로 구분하여 살펴보면, 토유류는 30개 동작에 공격 18개, 방어 12개로 공격 위주의 도검기법이었다. 운광류는 25개 동작에 공격 20개, 방어 5개로 공격 위주의 도검기법이었다. 천유류는 38개 동작에 공격 19개, 방어 19개로 공격과 방어가 조화롭게 구성된 도검기법이었다. 유피류는 18개 동작에 공격 11개, 방어 7개로 방어 위주의 도검기법이었다. 이를 통해 왜검은 공격 위주의 도검기법임을 파악할 수 있었다.

왜검교전은『무예제보번역속집』에서는 13개 동작으로 공격 6개, 방어 7개
로 방어 위주의 도검기법이었다. 『무예도보통지』에서는 25개 동작으로 공격
1개, 방어 3개, 공격과 방어를 동시에 행하는 공방기법 21개이었다. 실제로
왜검교전은 두 사람이 실전에 대비하여 공격과 방어를 동시에 할 수 있도록
만든 도검기법이었다.

제6장
한·중·일 도검무예
교류와 기법 분석

| 왕세자출궁도(王世子出宮圖) ≪왕세자입학도첩(王世子入學圖帖)≫ 中 |
고려대학교도서관 소장

|한국| 고려대학교박물관, 경인미술관, 『칼, 실용과
상징』 도록, 2008, 46쪽

|중국| 고려대학교박물관, 경인미술관, 『칼,
실용과 상징』 도록, 2008, 45쪽

|일본| 고려대학교박물관, 경인미술관, 『칼,
실용과 상징』 도록, 2008, 47쪽

1. 한·중·일 도검무예 교류

동아시아 한국·중국·일본의 도검무예 교류의 실상은『무예도보통지』에 각 나라별 도검무예가 어떻게 실려지게 되는지를 규명하는 데서부터 출발하게 된다. 도검무예의 교류방식은 전쟁 또는 통신사의 외교사절단 등 사람에 의해 전수되는 것과 책과 문서 등의 기록으로 전해지는 것 등으로 구분할 수 있다.

조선후기 도검무예는 임진왜란을 기점으로 수용된다. 이후 18세기 정조대에『무예도보통지』를 통해 한국, 중국, 일본의 동아시아 도검무예가 체계적으로 정비된다. 임진왜란 이후 쌍수도, 왜검(토유류, 운광류, 천류류, 유피류) 같은 일본의 도검무예가 수용되고, 제독검, 쌍검, 월도, 협도, 등패 등 중국의 도검무예가 수용되었다. 이어 본국검, 예도(조선세법) 등 한국의 전통검법이 보완되면서 한국, 중국, 일본의 도검무예가 하나로 집대성되었고, 무기와 기법이 하나로 체계화되어『무예도보통지』로 정리되었다.

필자는『무예도보통지』에 한국의 본국검, 예도, 중국의 제독검, 쌍검, 월도, 협도, 등패, 일본의 쌍수도, 왜검, 왜검교전의 도검무예 10가지 유형이 실려 편찬될 때까지를 기준으로 교류 내용을 살펴보고자 한다. 이를 파악하기 위해서는 각 권별로 실려 있는 개별 도검무예의 인용문헌을 중심으로 교류에 대한 내용을 파악해보고자 한다. 이를 통해 동아시아『무예도보통지』의 기록유산의 의미를 재조명해 보고자 한다.

『무예도보통지』권3에 실려 있는 본국검은 신검(新劍) 또는 예도(銳刀)와 같은 요도(腰刀)로 불린다고 하였다.[99] 본국검은『신증동국여지승람(新增東國輿地勝覽)』에 실린 신라의 화랑 황창랑(黃昌郎) 고사에서 유래되었다. 황창랑이 백제의 왕을 죽이기 위해 가면을 쓰고 검무를 추었는데 그때 그의 검무가 신라의 검법이며 본국검이라 지칭되었다고 하였다.[100] 위에서 설명한『동국여지승람』이외에 중국의 모원의가 편찬한『무비지』가 인용문헌으로 실려 있다.『무비지』에는 '조선세법(朝鮮勢法)'이라는 용어로 실려 있다.[101] 이를 통해 한국의 검법이 중국까지 전파되어 서로 교류되고 있었음을 알 수 있다.

반면, 일본의 학자인 준꼬(山本純子)는 임진과 정유재란을 통해 쌍수도, 제독검, 왜검교전, 예도, 본국검이 모두 일본의 영향을 받은 것이라고 주장하고 있다.[102] 그의 도검무예에 대한 설명은 다음과 같다. 쌍수도는 『기효신서』의 장도(長刀)에서 차용되어 한교의 『무예제보』에 실렸지만, 실제로 장도는 일본의 「影流之目錄」에 영향을 받았음으로 일본의 도검무예가 중국의 도검무예에 영향을 주었고, 이것이 다시 한국의 도검무예에 영향을 주어 『무예도보통지』에 도검무예를 집대성하는 계기가 되었다는 것이다.

이어 쌍수도와 제독검의 세의 명칭이 8세가 동일하여 제독검이 쌍수도에서 파생된 것으로 설명하고 있다. 이어 왜검교전은 조선통신사와 함께 일본에 들어온 김체건(金體乾)이 왜검을 배워 이것을 근본으로 왜검교전을 새롭게 창안한 것으로 주장하였다. 그 이유는 정묘, 병자호란을 맞이하여 남방에 해당하는 일본과 평화공존을 위해 도검무예에 집중하였다고 설명하였다. 예도는 『무비지』의 「조선세법」과 일치한다고 하면서 『무예도보통지』에 예도가 실린 것은 도검에 대한 가치관의 변화에서 발생한 것이라 주장하였다.[103] 본국검의 기원이 삼국시대에 있다는 설이 다소 무리가 있다고 주장하면서, 영·정조시기 민족의식을 하나의 특징으로 하는 실학사상의 배경이 영향을 끼쳤다고 설명하였다.[104]

위에서 준꼬가 제시한 내용을 종합하면, 쌍수도, 제독검, 왜검교전, 예도, 본국검이 모두 일본에서 파생되어간 도검무예로 주장하고 있지만, 조선과 중국의 문헌 기록들을 검토하면 일방적인 전파방식이 아닌 한국, 중국, 일본의 상호간 영향을 끼친 도검무예의 교류 문화를 보여주는 증거라고 할 수 있다.

『무예도보통지』 권2에 실려 있는 예도(銳刀)는 일명 단도(短刀)라고 한다.[105] 또한 모원의가 편찬한 『무비지』에는 '조선세법(朝鮮勢法)'으로 수록되어 있다. 그 내용은 다음과 같다.

근래 호사자가 있어서 조선에서 얻었는데 세법을 구비되어 있었다. 진실로 중
국에서 잃어버린 것을 사예에서 구하여 알려고 하였다고 언급하였다.[106]

위의 내용을 통해 『무예도보통지』의 예도가 중국의 『무비지』에는 '조선세
법'이라는 명칭으로 불리고 있다는 것을 알 수 있다. 예도에 실려 있는 인용
문헌은 『무비지』 이외에 『청이록』, 『무예신보』, 『사물기원』, 『관자』, 『석명』,
『주례정의』, 『방언』, 『몽계필담』, 『본초강목』, 『무편』, 『왜한삼재도회』, 『본
초』, 『등절보』, 『육일거사집』, 『열자』, 『기효신서』 등이다. 예도 또한 본국
검과 마찬가지로 한국의 『무예신보』와 중국의 『기효신서』, 『무비지』, 일본
의 『왜한삼재도회』 등의 문헌 등을 통해 도검무예의 기법들이 상호간 교류
하고 있었다는 것을 파악할 수 있다.

제독검(提督劍)은 『무예도보통지』 권3에 실려 있다. 제독검은 예도처럼
허리에 차는 칼이라고 하였다.[107] 제독검의 유래는 이여송이 창안했으며 전
체 14세로 구성되었다고 밝히고 있다.[108] 제독검의 14세 중에서 8개 동작의
세가 쌍수도와 일치하였다. 이 검법은 임진왜란 시기 명나라 장수들을 통하
여 조선에 전해졌다.

특히 명나라 장수 낙상지(駱尙志)가 당시 영의정으로 있던 유성룡(柳成龍)
에게 건의하여 명나라 교사(敎師)들이 조선의 금군 한사립(韓士立) 등 70여명
에게 창, 검, 낭선 등 단병무예를 체계적으로 가르쳤다는 내용이다. 또한 낙
상지가 이여송 제독 밑에 있었으므로 제독검이 여기서 나왔다고 설명하고
있다.[109] 이를 통해 중국의 도검무예가 조선의 군사들에게 전수되었다.

쌍검(雙劍)은 『무예도보통지』 권3에 실려 있다. 쌍검은 임진왜란 당시 선
조가 명나라의 군사가 시범 보이는 쌍검을 인상 깊게 보고서 쌍검 교습을
훈련도감에 전교하는 내용에 실려 있다.[110] 선조는 의주(義州)에서 중국 군
사의 쌍검을 보고 흡족하여 훈련도감에게 전교하여 쌍검을 훈련시키는 일을
논의하였다. 여기서 훈련도감은 쌍검의 도검무예가 다른 기예보다 어려우므
로 살수 중에서 특출한 자를 선정하여 집중적으로 쌍검을 가르치게 논의하

여 실행하였다. 쌍검 역시 중국의 명군을 통해 조선의 군사들에게 도검무예
기법이 전수되었다고 볼 수 있다.

월도(月刀)와 협도(挾刀)는 1610년(광해군 2)에 편찬된『무예제보번역속집』
에 청룡언월도(靑龍偃月刀)와 협도곤(夾刀棍)이라는 명칭으로 처음 나온다.
모원의는 월도에 대하여 "조련하고 익힐 때는 그 웅대함을 보이는 것이 전중
에는 쓸 수 없다"고 하였다.111) 이는 실전에서 쓰는 군사 훈련용보다는 의례
에서 행해지는 웅장함을 드러낼 때 사용되는 도검무예라고 볼 수 있다. 『무
예도보통지』에 실린 월도와 협도는『무예제보번역속집』과 다른 점은 월도
와 협도의 무기 도식의 재원을 한국의 방식[今式], 중국의 방식[華式], 일본의
방식[倭式]의 세 가지로 구분하여 동아시아 무기의 차이점을 분명하게 설명
하고 있다.

이어 월도는 중국의 인용문헌만을 제시하여 조선의 군사들에게 전파되었
다면, 협도는『왜한삼재도회』,『삼재도회』,『화명초』,『무예신보』,『일본기』,
『무비지』등의 인용문헌들을 통해 한국·중국·일본의 문헌들의 내용을 연
결하여 도검무예 기법을 서로 교류한 것으로 파악할 수 있다.

등패(藤牌)는 1566년(가정(嘉靖) 45) 척계광(戚繼光)이 편찬한『기효신서』
에 처음 실렸으며, 선조(宣祖)의 명에 의해 한교(韓嶠)가 1598년(선조 31)에
편찬한『무예제보』에 수록된 도검무예이다. 이후 중국은 1621년(천계(天啓)
1) 모원의(茅元儀)가 편찬한『무비지』에 등패가 실렸고, 우리나라는 1790년
(정조 14) 편찬한『무예도보통지』에 단병무예이자 도검무예인 등패가 실렸
다. 등패는 임진왜란으로 중국의 등패를 수입하여 조선의 군사훈련을 통해
실전에 사용할 수 있도록 보급되고 정착된 도검무예이다.

조선은 중국의 등패를 수용하면서『무예제보』에서 단순하게 '세(勢)'를 '도
(圖)'로 변경한 이유는 조선의 군사들이 등패 자세의 그림을 보고 기법을 쉽
게 이해하기를 바라는 마음에서였다. 이를 통해 군사들이 실전에서 등패 기
법을 바로 사용할 수 있도록 배려한 점이다. 다만『무예제보』에 실려 있는
군사의 복장과 무기 그리고 자세는 모두 중국의 문헌을 그대로 모사한 것으

로 볼 수 있다. 이후 『무예도보통지』에 실려 있는 등패는 중국식이 아닌 우리나라의 복장과 무기로 변화하여 그림이 그려져 있음을 알 수 있다. 이 점은 중국의 기예에 대한 이해가 시간이 흐르면서 조선에 정착되면서 우리의 방식으로 변경되었다는 것에 주목할 수 있다.

쌍수도(雙手刀)는 일본의 도검 기법이다. 쌍수도가 처음 등장하는 문헌은 1566년(가정(嘉靖) 45)에 척계광이 편찬한 『기효신서』에 장도(長刀)라는 용어로 실렸다. 중국의 절강(浙江) 지역에 왜구가 자주 침범하였는데, 당시에 왜구들이 사용하는 도검기법이 장도였다는 것이다. 이후 1592년(선조 25)에 임진왜란을 통하여 수입된 『기효신서』를 바탕으로 한교가 1598년(선조 31)에 편찬한 『무예제보』에 수록된 장도의 명칭이 일본의 도검무예이다. 이어 1621년(천계(天啓) 1) 모원의가 편찬한 『무비지』에 장도가 실렸고, 1790년(정조 14) 편찬한 『무예도보통지』에 쌍수도라는 도검무예로 실렸다.

이를 통해 쌍수도는 한국·중국·일본이 상호 교류를 통해 가장 선호했던 도검무예로 보인다. 이는 근접전에서 유리한 일본의 도검기법인 쌍수도를 습득하여 실전에서 사용하고자 하는 취지에서 수용된 것으로 보인다. 전쟁이 끝난 시기 이후로는 쌍수도는 군사들이 근접전에서 사용하기 위한 단병무기 사용을 통한 군사훈련의 목적으로 활용되었다. 이를 통해 조선의 군사들에게 일본의 도검 기법을 올바로 파악하여 체계적으로 습득시키고자 했던 목적이 있다.

특히 쌍수도는 두 손을 사용하며, 오직 조총수(鳥銃手)만 겸할 수 있다. 적이 멀리 있으면 조총을 쏘고 적이 가까이 있으면 도를 사용하는 것을 원칙으로 하였다.[112] 정조대에는 손잡이가 길고 무거운 장도가 아닌 손잡이가 짧고 휴대가 편리하면서 실용성을 갖춘 요도(腰刀)를 가지고 훈련을 실시하였다.[113] 이는 조선의 군사들에게 효율적으로 쌍수도를 좀 더 쉽게 습득시키고자 하는 조선의 강한 의도가 담긴 것이라고 볼 수 있다.

왜검(倭劍)은 『무예도보통지』 권2에 실려 있다. 왜검은 토유류(土由流), 운광류(運光流), 천유류(千柳流), 유피류(柳彼流)의 4가지 유파의 검법으로 소개하고 있다. 현재 운광류의 검술만이 전해지고 다른 유파의 검법은 실전되었다고 밝히고 있다. 또한 김체건(金體乾)이 익힌 왜검 기법을 연출한 것이 사이사이에 나오므로 새로운 의미로 교전하는 자세라 하여 교전보(交戰譜)라 지칭하였다. 구보(舊譜)가 별도로 하나의 보(譜)가 되므로 이제 왜검보(倭劍譜)에 붙였고 그 근원은 왜보(倭譜)에 있다[114]고 설명하고 있다.

이를 통해 김체건이라는 인물이 일본에 건너가 왜검을 습득하여 다시 조선에 돌아와 실전에 강한 일본의 도검무예를 대비하기 위한 하나의 방안으로 조선의 군사들에게 훈련되었을 것으로 보인다.

왜검교전(倭劍交戰)은 1610년(광해군 2)에 편찬된 『무예제보번역속집』에 최초로 등장하게 된다. 왜검교전(倭劍交戰)은 1610년(광해군 2)에 편찬된 『무예제보번역속집』에 최초로 등장하게 된다. 왜검(倭劍)이라는 명칭으로 소개되지만 내용은 갑(甲)과 을(乙)의 두 사람이 교전(交戰)하는 방식으로 설명되어 있다. 이는 일본군에 대한 실전 대비를 위해 군사들을 훈련시킬 목적으로 들어간 도검무예로 볼 수 있다.

이후 왜검교전은 1790년(정조 14)에 편찬된 『무예도보통지』 권2에 왜검과 함께 교전이라는 부록으로 실려 있다. 그러나 실제적으로 『무예제보번역속집』의 왜검(교전)과 『무예도보통지』의 왜검교전은 내용에 있어서 연속성을 찾아볼 수 없을 정도로 현격히 다르다. 그럼에도 불구하고 왜검교전이 중요한 이유는 기존의 도검무예들이 한 사람이 투로 형식으로 훈련하는 방식이라면 왜검교전은 두 사람이 서로 대결하는 실전의 도검무예라는 점이다.

실제적으로 동아시아 도검무예 교류가 중요한 이유는 『무예도보통지』에 실려 있는 한국의 본국검, 예도, 중국의 제독검, 쌍검, 월도, 협도, 등패, 일본의 쌍수도, 왜검, 왜검교전의 10기가 어느 한 나라에만 국한하여 도검무예로 남아 있는 것이 아니라 서로 다른 시공간에서 도검무예들이 전쟁 또는 외교사절단 또는 기록문화에 의해 다양한 방식으로 교류가 되어왔다는 점이다.

이러한 점에서 『무예도보통지』에 집대성된 한국·중국·일본의 도검무예의 기법 비교와 분석은 동아시아의 무형유산의 원형 보존과 고증이라는 또 하나의 무예 교류에 대한 재현의 장을 만들 수 있다는 점에서 매우 의미가 있다. 아울러 동아시아 도검무예에 대하여 표준화할 수 있는 기록유산으로서 의미도 크다고 할 수 있다.

2. 한·중·일 도검무예 기법 분석

『무예도보통지』권2에 실려 있는 쌍수도(雙手刀), 예도(銳刀), 왜검(倭劍), 왜검교전(倭劍交戰)과 권3에 실려 있는 제독검(提督劍), 본국검(本國劍), 쌍검(雙劍), 월도(月刀), 협도(挾刀), 등패(藤牌)의 도검무예 10기를 대상으로 한국, 중국, 일본의 도검무예로 구분하여 기법을 비교하여 설명하고자 한다.

먼저, 한국의 본국검(本國劍), 예도(銳刀), 쌍수도(雙手刀), 예도(銳刀), 왜검(倭劍), 왜검교전(倭劍交戰), 제독검(提督劍), 본국검(本國劍), 쌍검(雙劍), 월도(月刀), 협도(挾刀), 등패(藤牌)의 도검무예 10기를 국가명, 도검무예명, 전체동작, 도검의 공방기법, 특징으로 구분하여 한·중·일 도검무예 기법의 전체적인 특징을 비교하여 〈표 8〉에 제시하였다. 이에 대한 내용은 다음과 같다.

〈표 8〉 한·중·일 도검무예 기법 비교

국가명	도검무예명		전체 동작	도검기법			특징
				공격	방어	공방	
한국	본국검(本國劍)		24	14	10	x	공격
	예도(銳刀)		28	19	7	2	
	소계		52	33	17	2	
중국	제독검(提督劍)		14	7	7	x	공방(조화)
	쌍검(雙劍)		13	5	8	x	방어
	월도(月刀)	무예제보번역속집	13	6	7	x	방어
		무예도보통지	18	11	7	x	공격

국가명	도검무예명		전체 동작	도검기법			특징
				공격	방어	공방	
	협도(挾刀)	무예제보번역속집	21	10	11	x	방어
		무예도보통지	18	10	8	x	공격
	등패(藤牌)		8	5	3	x	공격
	소계		162	54	51	0	
일본	쌍수도(雙手刀)		15	4	11	x	방어
	왜검(倭劍)	토유류(土由流)	30	18	12	x	공격
		운광류(運光流)	25	20	5	x	공격
		천유류(千柳流)	38	19	19	x	공방
		유피류(柳彼流)	18	11	7	x	공격
	왜검교전 (倭劍交戰)	무예제보번역속집	13	6	7	x	방어
		무예도보통지	25	1	3	21	공방(실전)
	소계		164	79	64	21	
총계			321	166	132	23	

위의 〈표 8〉을 통해 한국의 본국검(本國劍), 예도(銳刀)의 2기, 중국의 제독검(提督劍), 쌍검(雙劍), 월도(月刀), 협도(挾刀), 등패(藤牌)의 5기, 일본의 쌍수도(雙手刀), 왜검(倭劍)의 토유류(土由流), 운광류(運光流), 천유류(千柳流), 유피류(柳彼流)의 4가지 유파, 왜검교전(倭劍交戰)의 3기 등 동아시아 삼국의 도검무예 10기의 도검기법을 전체적으로 비교하였다.

전체동작의 수는 321개, 도검의 공방 기법으로는 공격 166개, 방어 132개, 기타 23개로 나타났다. 이를 통해 도검무예는 전체적으로 공격 성향의 기법을 선호하고 있었음을 알 수 있었다. 이를 나라별로 구분하여 세부적으로 살펴보면 다음과 같다.

먼저, 한국의 도검무예인 본국검(本國劍), 예도(銳刀)의 전체동작의 수는 52개, 공방의 기법으로는 공격이 33개, 방어는 17개, 기타는 2개로 나타났다. 세부적으로는 본국검(本國劍)은 24개 동작에 공격 14개, 방어 10개로 공격 위주의 도검기법이었다. 예도(銳刀)가 28개 동작에 공격이 19개, 방어 7개, 기타 2개로 공격 위주의 도검기법이었다. 이를 통해 한국의 도검무예인 본국검(本國劍)과 예도(銳刀)는 전체동작이 방어보다는 공격 위주의 도검기법을 많이 사용하고 있음을 알 수 있었다.

　다음은 중국의 도검무예인 제독검(提督劍), 쌍검(雙劍), 월도(月刀), 협도(挾刀), 등패(藤牌) 5기의 전체동작의 수는 105개, 공방의 기법으로는 공격이 54개, 방어는 51개로 나타났다. 세부적으로는 제독검(提督劍)이 14개 동작에 공격 7개, 방어 7개로 공방의 조화를 나타내는 유일한 도검기법이었다. 쌍검(雙劍)은 13개 동작에 공격 5개, 방어 8개로 방어 위주의 도검기법이었다. 월도(月刀)는 『무예제보번역속집』에서는 13개 동작에 공격 6개, 방어 7개로 방어 위주였지만, 『무예도보통지』에서는 18개 동작으로 공격 11개, 방어 7개로 공격 위주의 성향으로 변화한 도검기법이었다.

　협도(挾刀)는 『무예제보번역속집』에서는 21개 동작에 공격 10개, 방어 11개로 방어 위주였지만, 『무예도보통지』에서는 18개 동작으로 공격 10개, 방어 8개로 공격 위주로 성향으로 변화한 도검기법이었다. 등패(藤牌)는 8개 동작으로 공격 5개, 방어 3개로 공격 위주의 도검기법이었다. 이를 통해 중국의 도검무예는 공방의 조화를 강조하는 제독검(提督劍), 공격 성향의 등패(藤牌), 방어 성향의 쌍검(雙劍)과 공격과 방어가 어우러져 있는 월도(月刀)와 협도(挾刀)로 다양하게 구분할 수 있었다. 이는 중국의 도검무예가 실전과 훈련을 대비하기 위한 조치였다고 볼 수 있다.

　다음은 일본의 도검무예인 쌍수도(雙手刀), 왜검(倭劍)의 토유류(土由流), 운광류(運光流), 천유류(千柳流), 유피류(柳彼流)의 4가지 유파, 왜검교전(倭劍交戰)의 3기의 전체동작의 수는 164개, 공방의 기법으로는 공격이 79개, 방어는 64개, 기타(공방) 21개로 나타났다. 세부적으로는 쌍수도(雙手刀)가 15개 동작에 공격이 4개, 방어가 11개로 방어 위주의 도검기법이었다.

　왜검(倭劍)은 4가지 유파로 구분하여 살펴보면, 토유류(土由流)는 30개 동작에 공격 18개, 방어 12개로 공격 위주의 도검기법이었다. 운광류(運光流)는

25개 동작에 공격 20개, 방어 5개로 공격 위주의 도검기법이었다. 천유류(千柳流)는 38개 동작에 공격 19개, 방어 19개로 공격과 방어가 조화롭게 구성된 도검기법이었다. 유피류(柳彼流)는 18개 동작에 공격 11개, 방어 7개로 방어 위주의 도검기법이었다. 이를 통해 왜검(倭劍)은 공격 위주의 도검기법임을 파악할 수 있었다.

왜검교전(倭劍交戰)은 『무예제보번역속집』에서는 13개 동작으로 공격 6개, 방어 7개로 방어 위주의 도검기법이었다. 『무예도보통지』에서는 25개 동작으로 공격 1개, 방어 3개, 공격과 방어를 동시에 행하는 공방기법 21개이었다. 실제로 『무예도보통지』에 실려 있는 왜검교전(倭劍交戰)은 두 사람이 실전에 대비하여 공격과 방어를 동시에 할 수 있도록 만든 도검기법이었다.

다음은 국가별로 도검기법의 전체적인 동작의 세를 중심으로 공격과 방어의 대표적인 세들로 구분하여 검토하였다.

한국의 본국검(本國劍)과 예도(銳刀)에 대한 기법이다. 본국검(本國劍)은 지검대적세(持劍對賊勢)로 시작하여 내략세(內掠勢), 진전격적세(進前擊賊勢), 금계독립세(金鷄獨立勢), 후일격세(後一擊勢), 금계독립세(金鷄獨立勢), 맹호은림세(猛虎隱林勢), 안자세(雁字勢), 직부송서세(直符送書勢), 발초심사세(撥艸尋蛇勢), 표두압정세(豹頭壓頂勢), 조천세(朝天勢), 좌협수두세(左挾獸頭勢), 향우방적세(向右防賊勢), 전기세(展旗勢), 좌요격세(左腰擊勢), 우요격세(右腰擊勢), 후일자세(後一刺勢), 장교분수세(長蛟噴水勢), 백원출동세(白猿出洞勢), 우찬격세(右鑽擊勢), 용약일자세(勇躍一刺勢), 향전살적세(向前殺賊勢), 시우상전세(兕牛相戰勢)로 마치는 것 총 24세이었다.

본국검(本國劍) 24세 동작을 대상으로 공방기법을 구분하면, 공격기법은 진전격적세(進前擊賊勢), 후일격세(後一擊勢), 안자세(雁字勢), 직부송서세(直符送書勢), 발초심사세(撥艸尋蛇勢), 표두압정세(豹頭壓頂勢), 좌요격세(左腰擊勢), 우요격세(右腰擊勢), 후일자세(後一刺勢), 장교분수세(長蛟噴水勢), 우찬격세(右鑽擊勢), 용약일자세(勇躍一刺勢), 향전살적세(向前殺賊勢), 시우상전세(兕牛相戰勢)의 14세이었다.

방어기법은 지검대적세(持劍對賊勢), 내략세(內掠勢), 금계독립세(金鷄獨立勢·중복), 맹호은림세(猛虎隱林勢), 조천세(朝天勢), 좌협수두세(左挾獸頭勢), 향우방적세(向右防賊勢), 전기세(展旗勢), 백원출동세(白猿出洞勢)의 10세이었다. 이들 자세들을 공방의 기법으로 분류하여 살펴본 바, 공격은 14세, 방어는 10세로 본국검은 공격 위주의 기법이었다.

예도(銳刀)는 전체 동작이 거정세(擧鼎勢)를 시작으로 점검세(點劍勢), 좌익세(左翼勢), 표두세(豹頭勢), 탄복세(坦腹勢), 과우세(跨右勢), 요략세(撩掠勢), 어거세(御車勢), 전기세(展旗勢), 간수세(看守勢), 은망세(銀蟒勢), 찬격세(鑽擊勢), 요격세(腰擊勢), 전시세(殿翅勢), 우익세(右翼勢), 계격세(揭擊勢), 좌협세(左夾勢), 과좌세(跨左勢), 흔격세(掀擊勢), 역린세(逆鱗勢), 염시세(斂翅勢), 우협세(右夾勢), 봉두세(鳳頭勢), 횡충세(橫沖勢), 태아도타세(太阿倒他勢), 여선참사세(呂仙斬蛇勢), 양각조천세(羊角弔天勢), 금강보운세(金剛步雲勢)로 마치는 28세이었다.

예도(銳刀)의 28세 동작을 대상으로 공방기법을 구분하여 살펴보면 다음과 같다. 공격기법은 점검세(點劍勢), 좌익세(左翼勢), 표두세(豹頭勢), 탄복세(坦腹勢), 과우세(跨右勢), 어거세(御車勢), 전기세(展旗勢), 간수세(看守勢), 찬격세(鑽擊勢), 요격세(腰擊勢), 계격세(揭擊勢), 좌협세(左夾勢), 과좌세(跨左勢), 흔격세(掀擊勢), 역린세(逆鱗勢), 염시세(斂翅勢), 우협세(右夾勢), 봉두세(鳳頭勢), 횡충세(橫沖勢), 금강보운세(金剛步雲勢)의 19세이었다.

방어기법은 거정세(擧鼎勢), 요략세(撩掠勢), 어거세(御車勢), 은망세(銀蟒勢), 전시세(殿翅勢), 우익세(右翼勢), 태아도타세(太阿倒他勢)의 7세이었다. 이외에 기타 동작으로는 여선참사세(呂仙斬蛇勢), 양각조천세(羊角弔天勢)의 2세이었다. 예도(銳刀)의 자세들을 대상으로 전체적인 공방기법을 분류하여 살펴본 바, 공격은 19세, 방어는 7세, 공방은 2세로 예도는 공격 위주의 기법이었다.

이상과 같이 한국의 도검무예인 본국검(本國劍)과 예도(銳刀) 2기의 공방기법을 개별 도검무예별로 살펴보았다. 이를 공격과 방어 자세로 구분하여 자세들을 나열하면 〈표 9〉와 같다.

〈표 9〉 한국의 도검무예 공방 자세 비교[115]

도검무예	도검기법		공격자세	방어자세	공방자세
본국검 (本國劍)	전체	24	진전격적세, 후일격세, 안자세, 직부송서세, 발초심사세, 표두압정세, 좌요격세, 우요격세, 후일자세, 장교분수세, 우찬격세, 용약일자세, 향전살적세, 시우상전세	지검대적세, 내략세, 금계독립세(중복), 맹호은림세, 조천세, 좌협수두세, 향우방적세, 전기세, 백원출동세	
	공격	14			
	방어	10			
	기타	x			
예도 (銳刀)	전체	28	점검세, 좌익세, 표두세, 탄복세, 과우세, 어거세, 전기세, 간수세, 찬격세, 요격세, 게격세, 좌협세, 과좌세, 흔격세, 역린세, 염시세, 우협세, 봉두세, 횡충세, 금강보운세	거정세, 요략세, 어거세, 은망세, 전시세, 우익세, 태아도타세	여선참사세, 양각조천세
	공격	19			
	방어	7			
	기타	2			
총계	52		33	17	2

다음은 중국의 제독검(提督劍), 쌍검(雙劍), 월도(月刀), 협도(挾刀), 등패(藤牌)에 대한 기법이다.

제독검(提督劍)은 전체 동작이 14세이었다. 제독검의 14세 중에서 공격 기법은 진전살적세(進前殺賊勢), 향우격적세(向右擊賊勢), 향좌격적세(向左擊賊勢), 휘검향적세(揮劍向賊勢), 진전살적세(進前殺賊勢), 향후격적세(向後擊賊勢), 용약일자세(勇躍一刺勢)의 7세이었다. 방어기법은 대적출검세(對賊出劍勢), 초퇴방적세(初退防賊勢), 향우방적세(向右防賊勢), 향좌방적세(向左防賊勢), 재퇴방적세(再退防賊勢), 식검사적세(拭劍伺賊勢), 장검고용세(藏劍賈勇勢)의 7세이었다. 제독검의 자세들을 대상으로 공방기법을 분류하여 살펴보면, 공격 7세, 방어 7세로 공격과 방어가 조화롭게 구성된 공방의 기법이었다.

쌍검(雙劍)은 전체 동작이 13세이었다. 쌍검의 13세 중에서 공격기법은 비진격적세(飛進擊賊勢), 진전살적세(進前殺賊勢), 향후격적세(向後擊賊勢), 장검수광세(藏劍收光勢), 항장기무세(項莊起舞勢) 등 5세였다. 방어기법은 지검대적세(持劍對賊勢), 견적출검세(見賊出劍勢), 초퇴방적세(初退防賊勢), 향우방적세(向右防賊勢), 향좌방적세(向左防賊勢), 향좌방적세(向左防賊勢), 오화전신세(五花纏身勢), 지조염익세(鷙鳥斂翼勢) 등 8세였다. 이를 통해 쌍검의 도검기법은 공격보다는 방어에 치중한 도검무예라는 것을 파악할 수 있었다.

월도(月刀)는『무예제보번역속집』에서는 청룡언월도(靑龍偃月刀)라는 명칭으로 실려 있었으며,『무예도보통지』에 월도라는 도검무예로 지칭하고 있다.『무예제보번역속집』에 실려 있는 청룡언월도의 전체동작은 13세인 반면,『무예도보통지』에 실려 있는 월도의 전체동작은 18세이었다.『무예도보통지』에서 새롭게 추가된 자세는 금룡전신세(金龍纏身勢), 내략세(內掠勢), 향전격적세(向前擊賊勢), 창룡귀동세(蒼龍歸洞勢), 검안슬상세(劍按膝上勢), 장교출해세(長蛟出海勢), 장검수광세(藏劍收光勢)의 7개이었다.

먼저『무예제보번역속집』청룡언월도의 전체 동작 13세를 대상으로 공방기법을 분류하여 살펴보면 다음과 같다. 공격기법은 용약재연세(龍躍在淵勢), 신월상천세(新月上天勢), 월야참선세(月夜斬蟬勢), 오관참장세(五關斬將勢), 개마참량세(介馬斬良勢), 오관참장세(五關斬將勢) 등 6세였다. 방어기법은 맹호장조세(猛虎張爪勢), 지조염익세(鷙鳥斂翼勢), 분정주공세(奔霆走空勢-중복), 상골분권세(霜鶻奮拳勢), 용광사우두세((龍光射牛斗勢), 자전수광세(紫電收光勢) 등 7세였다. 이를 통해『무예제보번역속집』의 청룡언월도는 공격보다 방어에 치중한 자세가 많음을 알 수 있었다.

다음은『무예도보통지』월도의 전체 동작 18세를 대상으로 공방기법을 분류하여 살펴보면 다음과 같다. 공격기법은 용약재연세(龍躍在淵勢), 신월상천세(新月上天勢), 금룡전신세(金龍纏身勢), 오관참장세(五關斬將勢), 내략세(內掠勢), 향전격적세(向前擊賊勢), 창룡귀동세(蒼龍歸洞勢), 월야참선세(月夜斬蟬勢), 개마참량세(介馬斬良勢), 장교출해세(長蛟出海勢), 장검수광세(藏劍收光勢) 등 11세였다. 방어기법은 맹호장조세(猛虎張爪勢), 지조염익세(鷙

鳥斂翼勢), 용광사우두세(龍光射牛斗勢),, 상골분익세(霜鶻奮翼勢), 분정주공
번신세(奔霆走空翻身勢), 검안슬상세(劍按膝上勢), 수검고용세(豎劍賈勇勢)
등 7세였다. 이를 통해 월도의 도검기법은 방어보다는 공격에 치중한 도검무
예라는 것을 파악할 수 있었다.

『무예제보번역속집』과 『무예도보통지』의 월도의 자세를 비교한 바, 『무
예제보번역속집』의 월도 13세 도검기법들은 공격보다는 방어에 치중했다면,
『무예도보통지』의 월도 18세 도검기법들은 5개의 자세가 증가하면서 방어
보다는 공격에 치중한 도검무예로 변화되었음을 알 수 있었다.

협도(挾刀)는 『무예제보번역속집』에는 전체동작이 21세이었지만, 『무예
도보통지』에 와서는 전체동작이 18세로 축소되었다. 먼저 『무예제보번역속
집』 협도곤에 실려 있는 전체 동작 21세를 대상으로 공방기법을 살펴보면
다음과 같다. 공격기법은 중평세(中平勢) 5회, 도창세(倒鎗勢) 2회, 비파세(琵
琶勢) 2회, 틈홍문세(闖鴻門勢) 1회 등이다. 총 4개 자세 10회로 나타났다.
방어 기법은 조천세(朝天勢) 1회, 약보세(躍步勢) 4회, 가상세(架上勢) 2회, 반
창세(反鎗勢) 2회, 한강차어세(寒江叉魚勢), 선옹채약세(仙翁採藥勢) 각 1회
등이다. 총 6개 자세 11회로 나타났다. 이를 통해 협도곤의 도검기법은 공격
보다 방어에 치중한 도검무예라는 것을 파악할 수 있었다.

다음은 『무예도보통지』 협도의 전체 동작 18세를 대상으로 공방기법을
살펴보면 다음과 같다. 공격기법은 용약재연세(龍躍在淵勢), 중평세(中平勢-
중복), 오룡파미세(烏龍擺尾勢), 창룡귀동세(蒼龍歸洞勢), 단봉전시세(丹鳳展
翅勢), 은룡출해세(銀龍出海勢), 좌일격세(左一擊勢), 우일격세(右一擊勢), 전
일격세(前一擊勢) 등 10세였다. 방어기법은 오화전신세(五花纏身勢-중복), 용
광사우두세(龍光射牛斗勢-중복), 우반월세(右半月勢), 좌반월세(左半月勢), 오
운조정세(烏雲罩頂勢), 수검고용세(豎劍賈勇勢) 등 8세였다. 이를 통해 협도
의 도검기법은 방어보다는 공격에 치중한 도검무예라는 것을 파악할 수 있
었다.

『무예제보번역속집』과 『무예도보통지』의 협도의 자세를 비교한 바, 『무

예제보번역속집』의 협도 21개 동작의 자세 기법들은 공격이 10세, 방어가 11세의 근소한 차이가 보였지만, 『무예도보통지』의 협도 18개 동작의 공방 기법에서는 공격이 10세, 방어가 8세로 방어보다는 공격 위주의 도검기법이 었다.

등패는 중국의 문헌인 『기효신서』, 『무비지』와 한국의 문헌인 『무예제보』, 『무예도보통지』에 실려 있는 도검무예이다. 등패의 전체동작은 8세이었다. 등패의 대표적 자세인 8개 동작을 대상으로 공방기법을 분류하여 살펴보면 다음과 같다. 공격기법은 약보세(躍步勢), 금계반두세(金鷄畔頭勢), 곤패세(滾牌勢), 선인지로세(仙人指路勢), 사행세(斜行勢) 등의 5세였다. 방어기법은 기수세(起手勢), 저평세(低平勢), 매복세(埋伏勢) 등 3세였다. 이를 통해 등패의 도검기법은 방어보다는 공격에 치중한 도검무예라는 것을 파악할 수 있었다.

이상과 같이 중국의 도검무예인 제독검(提督劍), 쌍검(雙劍), 월도(月刀), 협도(挾刀), 등패(藤牌)의 5기의 공방 기법을 개별 도검무예별로 살펴보았다. 이를 공격과 방어 자세로 구분하여 자세들을 나열하면 〈표 10〉과 같다.

〈표 10〉 중국의 도검무예 공방 자세 비교

도검무예	도검기법		공격자세	방어자세
제독검 (提督劍)	전체	14	진전살적세, 향우격적세, 향좌격적세, 휘검향적세, 진전살적세, 향후격적세, 용약일자세	대적출검세, 초퇴방적세, 향우방적세, 향좌방적세, 재퇴방적세, 식검사적세, 장검고용세
	공격	7		
	방어	7		
쌍검 (雙劍)	전체	13	비진격적세, 진전살적세,	지검대적세, 견적출검세, 초퇴방적세, 향우방적세,
쌍검 (雙劍)	공격	5	향후격적세, 장검수광세, 항장기무세	향좌방적세, 향좌방적세, 오화전신세, 지조염익세
	방어	8		
월도 (月刀)	전체	13	용약재연세, 신월상천세, 월야참선세, 오관참장세,	맹호장조세, 지조염익세, 분정주공세(중복),
	공격	6		

도검무예	도검기법		공격자세	방어자세
무예속집	방어	7	개마참량세, 오관참장세	상골분권세, 용광사우두세, 자전수광세
월도 (月刀) 무예통지	전체	18	용약재연세, 신월상천세, 금룡전신세, 오관참장세, 내략세, 향전격적세,	맹호장조세, 지조염익세, 용광사우두세, 상골분익세, 분정주공번신세,
	공격	11		
월도 (月刀) 무예통지	방어	7	창룡귀동세, 월야참선세, 개마참량세, 장교출해세, 장검수광세	검안슬상세, 수검고용세
협도 (挾刀) 무예속집	전체	21	중평세(5회), 도창세(2회), 비파세(2회), 틈홍문세	조천세, 약보세(4회), 가상세(2회), 반창세(2회), 한강차어세, 선용채약세
	공격	10		
	방어	11		
협도 (挾刀) 무예통지	전체	18	용약재연세, 중평세(중복), 오룡파미세, 창룡귀동세, 단봉전시세, 은룡출해세, 좌일격세, 우일격세, 전일격세	오화전신세(중복), 용광사우두세(중복), 우반월세, 좌반월세, 오운조정세, 수검고용세
	공격	10		
	방어	7		
등패 (藤牌)	전체	8	약보세, 금계반두세, 곤패세, 선인지로세, 사행세	기수세, 저평세, 매복세
	공격	5		
	방어	3		
총계	105		54	51

다음은 일본의 도검무예인 쌍수도(雙手刀), 왜검(倭劍)의 토유류(土由流), 운광류(運光流), 천유류(千柳流), 유피류(柳彼流)의 4가지 유파, 왜검교전(倭劍交戰)에 대한 기법이다.

쌍수도(雙手刀)의 전체 동작은 15세이었다. 쌍수도의 전체 동작 15세를 대상으로 공방기법을 살펴보면 다음과 같다. 공격은 지검대적세(持劍對賊勢), 향전격적세(向前擊賊勢), 진전살적세(進前殺賊勢), 휘검향적세(揮劍向賊勢)의 4세였다. 방어는 견적출검세(見賊出劍勢), 향좌방적세(向左防賊勢), 향우방적세(向右防賊勢), 향상방적세(向上防賊勢), 초퇴방적세(初退防賊勢), 지검진좌

세(持劍進坐勢), 식검사적세(拭劍伺賊勢), 섬검퇴좌세(閃劍退坐勢), 재퇴방적
세(再退防賊勢), 삼퇴방적세(三退防賊勢), 장검고용세(藏劍賈勇勢) 등 11세였
다. 이를 통해 일본의 도검무예인 쌍수도의 도검기법은 공격보다는 방어에
치중한 기법이라는 것을 알 수 있었다.

왜검(倭劍)은 토유류(土由流), 운광류(運光流), 천유류(千柳流), 유피류(柳
彼流)의 4가지 유파로 구분되어 살펴보았다. 토유류(土由流)는 검법의 투로
형식을 3회로 구분하여 특징을 파악할 수 있다. 첫 번째 연결 투로는 첫 번째
부터 열한 번 째 까지 이다. 한 번의 방어에서 시작하여 공격 - 방어 - 방어 -
공격 - 공격 - 방어 - 공격 - 방어 - 공격 - 공격으로 11회에 종료 되었다. 공격
6회, 방어5회로 나타났다. 이어 토유류의 두 번째 연결 투로가 열두 번째 방
어에서 시작하여 공격 - 방어 - 공격 - 방어 - 공격 - 방어 - 공격 - 공격으로 스
무 번째에서 종료 되었다. 공격 5회, 방어 4회로 나타났다. 세 번째 연결 투
로가 스물한 번째 방어에서 시작하여 공격 - 공격 - 공격 - 방어 - 공격 - 공격
- 공격 - 방어 - 공격으로 서른 번째에서 종료 되었다. 공격 7회, 방어 3회로
나타났다. 세 번째 투로에서는 공격에 집중하고 있음을 알 수 있었다.

이상과 같이 토유류의 전체적인 30개 동작의 투로를 분석한 바, 공격 18
회, 방어 12회로 나타났다. 이를 통해 토유류의 도검기법은 방어보다는 공격
에 집중되고 있음을 알 수 있었다.

다음은 운광류(運光流)이다. 운광류는 토유류와 달리 각 세에 대한 명칭을
붙여 놓은 동작으로 천리세(千利勢), 과호세(跨虎勢), 속행세(速行勢), 산시우
세(山時雨勢), 수구심세(水鳩心勢), 유사세(柳絲勢) 등 6개가 보이고 있다. 총
보에서는 과호세(跨虎勢)를 제외한 천리세(千利勢), 속행세(速行勢), 산시우
세(山時雨勢), 수구심세(水鳩心勢), 유사세(柳絲勢) 천리세, 속행세, 산시우세,
수구심세, 유사세의 5개의 명칭으로 연결 동작의 투로가 1세에 5개의 연결
동작으로 총25개로 되어 있다.

이상과 같이 운광류의 전체 25개 동작을 검토한 바, 공격은 20회, 방어는
5회로 나타났다. 천리세, 속행세, 산시우세, 수구심세, 유사세 등의 5개의 세

들의 투로를 살펴보면 방어 - 공격 - 공격 - 공격 - 공격의 동일한 형식이었다. 운광류도 토유류와 마찬가지로 방어보다는 공격에 집중하는 경향을 보였다. 이는 왜검이 실전에서 바로 사용할 수 있는 공격 위주의 도검기법이었다.

다음은 천유류(千柳流)이다. 천유류는 초도수세(初度手勢)와 재농세(再弄勢)의 2개의 세가 나오고 있다. 다만 총도에는 장검재진(藏劍再進), 장검삼진(藏劍三進)이라는 표기를 해놓아 1번부터 15번까지는 1단계 투로 형식, 16번부터 31번까지는 2단계 투로 형식의 장검재진(藏劍再進), 32번부터 38번까지의 3단계 투로 형식의 장검삼진(藏劍三進)으로 정리되어 있다. 이 형식은 토유류에서도 동일하게 나오고 있다. 천유류도 토유류와 마찬가지로 3회에 나누어 검보의 동작들이 일정한 투로 형식의 연결동작으로 시행되고 있음을 알 수 있다. 천유류의 첫 번째 투로는 첫 번째 방어에서 시작하여 공격 - 방어 - 공격 - 공격 - 방어 - 공격 - 공격 - 방어 - 공격 - 공격 - 방어 - 공격 - 방어 - 공격으로 열다섯 번째에서 종료되었다. 공격 9회, 방어 6회로 나타났다.

두 번째 투로가 열여섯 번째의 방어에서 시작하여 방어 - 공격 - 방어 - 공격 - 방어 - 방어 - 공격 - 방어 - 공격 - 방어 - 공격 - 방어 - 방어 - 방어 - 공격으로 서른한 번째에서 종료되었다. 공격 6회, 방어 10회로 나타났다. 첫 번째 투로와는 다르게 공격보다는 방어에 치중하는 동작이 많이 나타나고 있었다. 세 번째 투로는 서른두 번째 방어에서 시작하여 공격 - 방어 - 공격 - 방어 - 공격 - 공격으로 서른여덟 번째에서 종료되었다. 공격 4회, 방어 3회로 나타났다. 세 번째 투로에서는 공격과 방어가 조화롭게 이루어지고 있음을 알 수 있었다.

이상과 같이 천유류의 전체적인 38개 동작의 투로를 분석한 바, 공격 19회, 방어 19회로 나타났다. 이를 통해 천유류의 도검기법은 공격과 방어 중에서 어느 한쪽에 집중하여 치중되기 보다는 공격과 방어가 조화롭게 분포되어 있는 도검기법이라는 것을 파악할 수 있었다.

다음은 유피류(柳彼流)이다. 유피류의 전체적인 18개 전체동작의 투로를 분석한 바, 공격 11회, 방어 7회로 나타났다. 이를 통해 유피류는 공격에 치중하는 도검기법이라는 알 수 있었다. 왜검의 4가지 유파의 도검기법을 전체적으로 살펴본 바, 공격위주의 도검기법은 토유류(土由流), 운광류(運光流), 유피류(柳彼流)의 3개 유파에 집중되어 있었던 반면, 어느 한 부분에 치우치지 않고 공격과 방어가 조화롭게 정리된 형식의 공방기법이 천유류(千柳流)라는 것을 알 수 있었다.

위의 내용을 종합하면, 토유류는 30개 전체 동작 중에서 공격이 18세, 방어 12세로 공격 기법, 운광류는 전체 25개 동작 중에서 공격이 20세, 방어 5세로 공격 기법, 천유류는 전체 38개 동작 중에서 공격이 19세, 방어가 19세로 공격과 방어가 적절하게 조합되어 있는 공방의 기법이었다. 유피류는 전체 18개 동작 중에서 공격이 11세, 방어가 7세로 공격 기법이었다. 이를 통해 천유류를 제외한 토유류, 운광류, 유피류의 3개 유파는 공격에 치중해 있는 공격 기법이었다.

다음은 왜검교전(倭劍交戰)에 대한 기법이다. 왜검교전(倭劍交戰)은『무예제보번역속집』과『무예도보통지』에 실려 있다. 먼저『무예제보번역속집』에 실려 있는 왜검교전의 자세명칭인 진전살적세(進前殺賊勢), 향전격적세(向前擊賊勢), 하접세(下接勢), 지검대적세(持劍對賊勢), 선인봉반세(仙人捧盤勢), 제미세(齊眉勢), 용나호확세(龍拏虎攫勢), 좌방적세(左防賊勢), 우방적세(右防賊勢), 적수세(滴水勢), 향상방적세(向上防賊勢), 초퇴방적세(初退防敵勢), 무검사적세(撫劍伺賊勢)의 전체 13세를 대상으로 공방기법을 살펴보면 다음과 같다.

공격기법은 진전살적세(進前殺賊勢), 향전격적세(向前擊賊勢), 하접세(下接勢), 지검대적세(持劍對賊勢), 용나호확세(龍拏虎攫勢), 무검사적세(撫劍伺賊勢)의 6개였다. 방어기법은 선인봉반세(仙人捧盤勢), 제미세(齊眉勢), 좌방적세(左防賊勢), 우방적세(右防賊勢), 적수세(滴水勢), 향상방적세(向上防賊勢), 초퇴방적세(初退防敵勢)의 7개였다. 이를 통해『무예제보번역속집』의 왜검교전은 공격 보다는 방어에 치중한 도검기법이었다.

다음은『무예도보통지』의 왜검교전(倭劍交戰)이다. 두 사람이 2인 1조로 교전하는 동작이 나와 있는 전체 25개의 투로의 보를 대상으로 살펴보았다. 전체명칭을 살펴보면 다음과 같다. 『무예도보통지』 왜검교전보 총도(總圖)에 실려 있는 명칭을 기준으로 명칭을 살펴보면, 개문(開門), 교검(交劍), 상장(相藏), 퇴진(退進), 환립(換立), 대격(戴擊), 환립(換立), 상장(相藏), 진퇴(進退), 환립(換立), 대격(戴擊), 환립(換立), 재고진(再叩進), 퇴진(退進), 휘도(揮刀), 진재고(進再叩), 진퇴(進退), 휘도(揮刀), 퇴자격진(退刺擊進), 퇴진(退進), 휘도(揮刀), 진퇴자격(進退刺擊), 진퇴(進退), 휘도(揮刀), 상박(相撲)으로 되어 있다.

『무예도보통지』 전체 25개의 투로의 보에 실려 있는 내용을 검토하여 공방기법을 검토하면, 전체 공격 1회, 방어 3회, 공격과 방어와 동시에 이루어지는 공방의 기법이 21회로 나타났다. 이를 통해 왜검교전은 실전에 대비하여 공격과 방어를 동시에 할 수 있도록 만든 도검기법이었다.

이상과 같이 일본의 도검무예인 쌍수도(雙手刀), 왜검(倭劍), 왜검교전(倭劍交戰)의 3기의 공방 기법을 개별 도검무예별로 살펴보았다. 이를 공격과 방어 자세로 구분하여 자세들을 나열하면 〈표 11〉과 같다.

〈표 11〉 일본의 도검무예 공방 자세 비교

도검 무예	도검 기법		공격 자세	방어 자세	공방 자세
쌍수도 (雙手刀)	전체	15	지검대적세, 향전격적세, 진전살적세, 휘검향적세	견적출검세, 향좌방적세, 향우방적세, 향상방적세,	
	공격	4			
	방어	11		초퇴방적세, 지검진좌세,	
				식검사적세, 섬검퇴좌세, 재퇴방적세, 삼퇴방적세, 장검고용세	

도검 무예	도검 기법		공격 자세	방어 자세	공방 자세
왜검(倭劍)- 토유류 (土由流)	전체	30	x	x	
	공격	18			
	방어	12			
왜검(倭劍)- 운광류 (運光流)	전체	25	과호세	천리세, 속행세, 산시우세, 수구심세, 유사세	
	공격	20			
	방어	5			
왜검(倭劍)- 천유류 (千柳流)	전체	38	초도수세	재농세	
	공격	19			
	방어	19			
왜검(倭劍)- 유피류 (柳彼流)	전체	18	x	x	
	공격	11			
	방어	7			
왜검교전 (倭劍交戰) 무예속집	전체	13	진전살적세, 향전격적세, 하접세, 지검대적세, 용·나호확세, 무검사적세	선인봉반세, 제미세, 좌방적세, 우방적세, 적수세, 향상방적세, 초퇴방적세	
	공격	6			
	방어	7			
왜검교전 (倭劍交戰) 무예통지	전체	25	상박	개문, 상장(2회)	교검, 퇴진(3회), 환립(4회), 대격(2회), 진퇴(3회), 재고진, 휘도(4회), 진재고, 퇴자격진, 진퇴자격
	공격	1			
	방어	3			
	기타	21			
총계	164		79	64	21

위의 〈표 11〉에서 왜검(倭劍)의 토유류(土由流), 유피류(柳彼流)에는 자세
명이 나오지 않는다. 다만, 토유류(土由流)와 천유류(千柳流)의 총도(總圖)에
는 장검재진(藏劍再進), 장검삼진(藏劍三進) 등의 명칭이 보인다. 이를 통해
왜검의 동작들이 일정한 투로 형식의 연결동작으로 단계적으로 시행되고 있

음을 파악할 수 있다.

　이상과 같이『무예도보통지』에 실려 있는 한국의 본국검(本國劍), 예도(銳刀), 쌍수도(雙手刀), 예도(銳刀), 왜검(倭劍), 왜검교전(倭劍交戰), 제독검(提督劍), 본국검(本國劍), 쌍검(雙劍), 월도(月刀), 협도(挾刀), 등패(藤牌)의 도검무예 10기를 국가명, 도검무예명, 전체동작, 도검의 공방기법, 특징으로 구분하여 한 · 중 · 일 도검무예 기법의 전체적인 특징을 비교하여 각각의 도검무예의 공방의 대표적인 자세들을 검토하였다. 이어 동아시아 삼국의 도검무예 기법의 특징을 살펴봄으로써 국가별로 도검무예들은 서로 명칭이 다르지만, 그 안에 담겨 있는 도검기법의 자세와 동작들 중에서는 삼국이 공통적으로 동일하게 보이고 있는 자세들이 있었음을 파악할 수 있었다.

　『무예도보통지』의 도검무예는 임진왜란을 기점으로 조선에 보급된 중국의 도검무예는 중국의『기효신서』와『무비지』의 영향을 받았다. 그 영향으로 선조대 편찬된 조선식의 단병무예서인『무예제보』에 처음 쌍수도(雙手刀)가 장도(長刀)라는 이름으로 등패(藤牌)와 함께 실렸다. 이 도검무예를 발판으로 광해군대에 편찬된『무예제보번역속집』에서는 청룡언월도(靑龍偃月刀)와 협도곤(夾刀棍), 왜검(倭劍) 등에 관한 내용이 증보되었다. 이후 영조대에 와서는『무예신보』에서 쌍수도(雙手刀), 예도(銳刀), 왜검(倭劍), 왜검교전(倭劍交戰), 제독검(提督劍), 본국검(本國劍), 쌍검(雙劍), 월도(月刀), 협도(挾刀), 등패(藤牌) 등의 10기로 증보되었다.『무예신보』까지는 보군의 도검무예에만 집중했다면 정조대에 편찬된『무예도보통지』부터는 마군의 마상쌍검(馬上雙劍)과 마상월도(馬上月刀)를 추가하여 보군과 마군이 함께 도검무예를 훈련할 수 있도록 정리되었다. 이를 통해 한국, 중국, 일본의 동아시아 삼국의 도검무예가 수용되고 정비되었다는 것이『무예도보통지』가 동아시아 도검무예 교류사에서 갖는 특징이라고 할 수 있다.

　『무예도보통지』에서는 도검무예의 유형과 종류를 구분하기 위하여 도검기법에 해당하는 찌르는 자법(刺法), 베기의 감법(砍法), 치기의 격법(擊法)으로 분류하지 않고, 창(槍), 도(刀), 권(拳)의 3기를 기준으로 각각 해당하는 무예를 종류별로 정리하였다.

또한『무예도보통지』의 도검무예는 조선(朝鮮), 명(明), 왜(倭) 등 동북아시아 삼국의 도검형태를 금식(今式), 화식(華式), 왜식(倭式)의 3가지로 구분하여 도검의 형태를 도식을 통해서 비교하고 설명하였다는 점을 들 수 있다. 이는 동아시아 도검무예 교류에 대한 인식을 공유하고자 했던 것에서 비롯되었다고 볼 수 있다. 도검무예의 명칭은 한국의 본국검(本國劍), 예도(銳刀), 중국의 제독검(提督劍), 쌍검(雙劍), 월도(月刀), 협도(挾刀), 등패(藤牌), 일본의 쌍수도(雙手刀), 왜검(倭劍), 왜검교전(倭劍交戰) 등으로 구분했지만, 실제적으로 도검기법을 재현할 때에는 모두 동일하게 요도(腰刀)를 공통적으로 가지고 시행한 점이 특징적이다.

도검무예는 보(譜), 총보(總譜), 총도(總圖)의 3단계로 절차를 나누는 형식으로 군사들을 실용적인 목적에서 단계적으로 훈련시켰다고 볼 수 있다. 먼저 1단계 보(譜)는 개별 도검무예에 대표되는 세들을 엄선하여 내용을 설명하고 그 아래에 군사들을 2인 1조로 하여 2세씩 그림을 그려서 시각적으로 파악하게 하였다.

2단계 총보(總譜)에서는 전체적인 '세'에 대한 명칭과 가는 방향에 대한 선을 그려놓음으로써 전후좌우의 선을 따라 세의 명칭을 전체적으로 암기하면서 방향을 숙지할 수 있도록 하였다. 마지막으로 3단계 총도(總圖)에서는 보의 대표적인 개별 세와 총보의 전체적인 세의 명칭과 방향을 암기함으로써 전체적인 윤곽이 머릿속에 있는 상태에서 도검무예에 대한 전체적인 내용을 그림을 통한 시각적이고 역동적인 세를 처음부터 끝까지 연결하여 설명함으로써 군사들이 실제적으로 총도만 보아도 어떻게 해야 하는지를 한 눈에 알 수 있게 배려한 것이다. 이러한 도검무예 형식의 특징은 모두 '세'를 사용한다는 점에 있다.

『무예도보통지』의 동아시아 도검무예교류사에서 도검무예가 갖는 의의는『무예도보통지』를 통해 정비된 한국의 본국검(本國劍), 예도(銳刀), 중국의 제독검(提督劍), 쌍검(雙劍), 월도(月刀), 협도(挾刀), 등패(藤牌), 일본의 쌍

수도(雙手刀), 왜검(倭劍), 왜검교전(倭劍交戰)의 도검무예 10기의 전체적인
기법에 대한 실제를 파악할 수 있었다는 점이다.

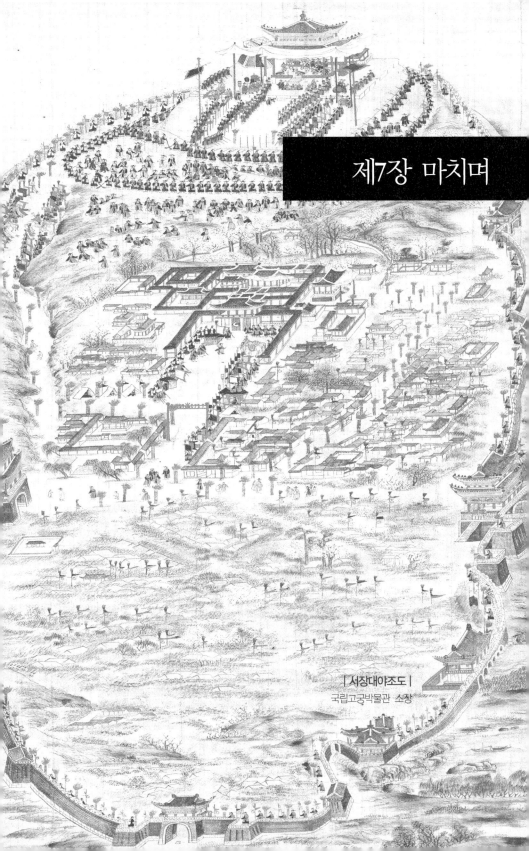

| 서장대야조도 |
국립고궁박물관 소장

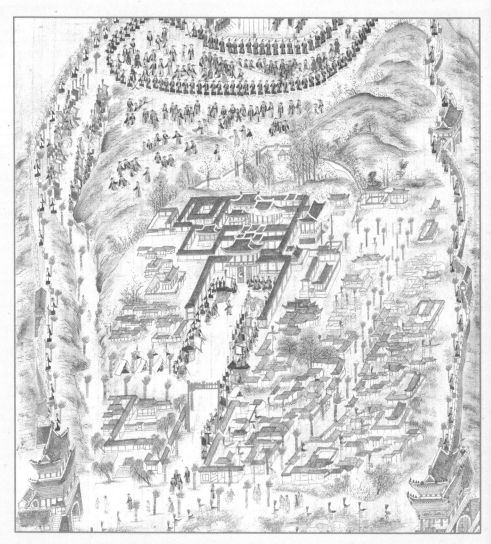

| 서장대야조도 中 부분 확대 | 국립고궁박물관 소장

이 연구는 『무예도보통지』 동아시아 도검무예 교류사에 대한 것이다. 연구의 목적은 한·중·일 도검무예 기법 비교와 분석을 통해 도검무예의 교류 실상을 파악하는 것이다. 16세기 이후 한·중·일 도검무예에 대한 연구는 역사학, 군사학, 체육학 분야에서 무기, 군제, 무예 기법으로 분리하여 개별적인 관점에서 연구되어 왔다. 그러므로 한·중·일 도검무예에 대한 전반적인 이해와 실제기법을 망라할 수 있는 학제간 연구는 사실상 지금부터 시작이라고 할 수 있다.

임진왜란이후 도검무예사는 무예교류사 측면에서 『무예도보통지』를 빼놓고는 이야기할 수 없다. 이 무예서는 전체 24기 무예 중에서 한국, 중국, 일본의 도검무예 12기를 종합하여 반 이상을 차지하고 있다. 그러나 실제적으로 도검무예에 대한 연구는 개별도검에 대한 기법연구만 진행되었고, 한·중·일 도검무예를 전체적으로 포괄한 연구는 아직까지 미진하였다.

이 연구는 기존의 도검무예 연구에서 심도 있게 다루지 못한 『무예도보통지』의 한·중·일 도검무예 실제 기법 비교와 분석을 담고 있다. 한국, 중국, 일본의 도검무예를 개별적으로 검토하고, 도검무예 기법의 특징이 무엇인지를 검토하였다. 아울러 『무예도보통지』의 도검무예 인용문헌들도 분석하여 한·중·일 도검무예 기법이 어떠한 문헌을 통해 교류되었는지를 규명하였다.

『무예도보통지』의 내용을 동아시아 도검무예 기법 특징과 교류로 구분하여 결론으로 제시하면 다음과 같다.

먼저 『무예도보통지』의 동아시아 도검무예 기법의 특징이다. 첫째, 한국의 도검무예인 본국검과 예도 기법의 내용이다. 본국검은 전체 24개 동작으로 이루어져 있는데, 본국검의 도검기법은 방어보다는 공격에 좀 더 치중한 도검무예라는 것을 파악할 수 있었다. 예도는 전체 28개 동작으로 이루어져 있는데, 예도의 도검기법은 방어보다는 공격에 치중한 기법이라는 것을 알 수 있었다. 이어 한국의 도검무예 기법의 특징을 검토하였다. 본국검과 예도는 전체동작이 방어보다는 공격 위주의 도검기법을 많이 사용하고 있음을 파악할 수 있었다.

둘째, 중국의 도검무예인 제독검, 쌍검, 월도, 협도, 등패 기법의 특징이다. 제독검은 중국의 도검무예 기법 가운데 공방의 조화를 나타내는 유일한 도검기법이었다. 쌍검은 방어 위주의 도검기법이었다. 월도는 『무예제보번역속집』에서는 방어 위주였지만, 『무예도보통지』에서는 공격 위주의 성향으로 변화한 도검기법이었다. 협도는 『무예제보번역속집』에서는 방어 위주였지만, 『무예도보통지』에서는 공격 위주의 성향으로 변화한 도검기법이었다. 등패는 공격 위주의 도검기법이었다.

셋째, 일본의 도검무예 기법의 특징이다. 쌍수도는 방어 위주의 도검기법이었다. 왜검의 토유류(土由流)와 운광류(運光流), 유피류(柳彼流)의 3개 유파는 공격 기법이었다. 천유류(千柳流)는 공방이 조화가 적절하게 조합되어 있는 기법이었다. 이를 통해 왜검은 주로 공격 위주의 도검기법임을 파악할 수 있었다. 『무예제보번역속집』의 왜검교전은 방어에 치중한 기법이었다. 『무예도보통지』의 왜검교전은 두 사람이 실전에 대비하여 공격과 방어를 동시에 할 수 있도록 만든 도검기법이었다.

다음은 『무예도보통지』 도검무예 교류에 대한 내용이다. 한국의 본국검과 예도에 대한 교류이다. 한국의 본국검과 예도는 중국의 『무비지』에 영향을 받아 중국에서 '조선세법'이라는 용어로 불렸다. 이를 통해 한국의 검법이 중국까지 전파되어 서로 교류되었음을 알 수 있었다.

다음은 중국의 제독검, 쌍검, 월도, 협도, 등패에 대한 교류이다. 중국의 제독검은 명나라 이여송이 창안했으며 전체 14세로 구성되었다고 밝히고 있다. 이 검법은 임진왜란 시기 명나라 장수들을 통하여 조선에 전해졌다. 특히 명나라 장수 낙상지(駱尙志)가 당시 영의정으로 있던 유성룡(柳成龍)에게 건의하여 명나라 교사(敎師)들에게 조선의 군사들이 살수무예를 체계적으로 배웠다. 다만, 제독검의 14개의 '세' 중에서 8개 '세'가 쌍수도와 일치하고 있어 일본의 영향을 받았음을 암시하고 있다.

쌍검은 선조가 명에 의하여 훈련도감은 쌍검의 도검무예가 다른 기예보다 어려우므로 살수 중에서 특출한 자를 선정하여 집중적으로 쌍검을 가르치게 하겠다. 쌍검 역시 중국의 명군을 통해 조선의 군사들에게 도검무예 기법이 전수되었다고 볼 수 있다.

월도와 협도는『무예제보번역속집』과『무예도보통지』에 실려 있다. 모원의는『무비지』에서 월도를 군사훈련용보다는 의례용으로 사용하는 도검무예라고 하였다. 월도는 중국에서 조선으로 전파된 것이지만, 협도는『왜한삼재도회』,『삼재도회』,『화명초』,『무예신보』,『일본기』,『무비지』등의 인용문헌들을 통해 한국·중국·일본의 도검무예 기법이 서로 교류된 것으로 파악할 수 있다.

등패는『기효신서』에 처음 실렸으며,『무예제보』,『무비지』,『무예도보통지』계속해서 수록되었다. 이 도검무예는 임진왜란으로 중국의 등패를 수입하여 조선의 군사훈련을 통해 실전에 사용할 수 있도록 보급되고 정착되었다. 특히『무예도보통지』에 실려 있는 등패는 중국식이 아닌 조선의 복장과 무기로 변화하여 그림이 그려져 있다. 즉, 중국의 도검무예에 대한 이해가 시간이 흐르면서 조선에 정착되면서 우리의 방식으로 변경되었다는 것에 주목할 수 있다. 다음은 일본의 쌍수도, 왜검(토유류, 운광류, 천유류, 유피류), 왜검교전에 대한 교류이다. 쌍수도는『기효신서』에 장도(長刀)라는 용어로 실렸다. 이후『무예제보』,『무비지』,『무예도보통지』에는 쌍수도라는 도검무예로 실렸다. 이를 통해 쌍수도는 한국·중국·일본이 상호 교류를 통해 가장 선호했던 도검무예로 보인다. 이는 근접전에서 유리한 일본의 도검기법인 쌍수도를 습득하여 실전에서 사용하고자 하는 취지에서 수용된 것으로 보인다.

전쟁이 끝난 시기 이후로는 쌍수도는 군사들이 근접전에서 사용하기 위한 단병무기 사용을 통한 군사훈련의 목적으로 활용되었다. 이를 통해 조선의 군사들에게 일본의 도검 기법을 올바로 파악하여 체계적으로 습득시키고자 했던 조선정부의 강한 의도가 담긴 것이라고 볼 수 있다.

왜검은 토유류, 운광류, 천유류, 유피류의 4가지 유파의 검법을 소개하고 있다. 현재 운광류의 검술만이 전해지고 다른 유파의 검법은 실전되었다고 밝히고 있다. 조선은 일본의 왜검의 여러 유파의 검법을 받아들여 다양한 일본의 도검기법을 조선의 군사들에게 효율적으로 훈련시키고자 했던 목적이었다.

왜검교전은 『무예제보번역속집』과 『무예도보통지』에 실려 있다. 왜검교전은 두 사람이 대결하는 방식으로 설명되어 있다. 이는 일본군에 대한 실전 대비를 위해 군사들이 습득해야하는 도검무예로 볼 수 있다. 실제적으로 『무예제보번역속집』의 왜검(교전)과 『무예도보통지』의 왜검교전은 내용에 있어서 연속성을 찾아볼 수 없을 정도로 현격히 다르다. 그럼에도 불구하고 왜검교전이 중요한 이유는 기존의 도검무예들이 한 사람이 투로 형식으로 훈련하는 방식이라면 왜검교전은 두 사람이 서로 대결하는 실전의 도검무예라는 점이다.

이러한 내용들을 통해 동아시아 도검무예 교류가 중요한 이유는 다음과 같다. 『무예도보통지』에 실려 있는 한국의 본국검, 예도, 중국의 제독검, 쌍검, 월도, 협도, 등패, 일본의 쌍수도, 왜검, 왜검교전의 10기가 어느 한 나라에만 국한하여 도검무예로 남아 있는 것이 아니라 서로 다른 시공간에서 도검무예들이 전쟁 또는 외교사절단 또는 기록문화에 의해 다양한 방식으로 교류가 되어왔다는 점이다.

이러한 점에서 『무예도보통지』에 집대성된 한국 · 중국 · 일본의 도검무예의 기법 비교와 분석은 동아시아의 무형유산의 원형 보존과 고증이라는 또 하나의 무예 교류에 대한 재현의 장을 만들 수 있다는 점에서 매우 의미가 있다고 볼 수 있다. 아울러 동아시아 도검무예에 대하여 표준화할 수 있는 기록유산으로서 의미도 크다.

끝으로 이 연구가 『무예도보통지』의 동아시아 도검무예 교류사를 이해하는 하나의 실마리를 제공함과 동시에 동아시아 도검무예 연구자들에게 도검무예 기초자료를 제공하는데 의의를 두고자 한다.

참고문헌

【사료】

朴齊家, 『北學儀』

李德懋, 『靑莊館全書』

正祖命撰, 『武藝圖譜通志影印本 全』, 學文閣刊, 景文社, 1981.

『經國大典』

『紀效新書』

『大典會通』

『武備志』

『武藝圖譜通志』

『武藝諸譜飜譯續集』

『武藝諸譜飜譯續集』, 啓明大學校出版部, 1999.

『武藝諸譜』

『承政院日記』

『壯勇營故事』

『朝鮮王朝實錄』

【단행본】

곽낙현, 『조선의 칼과 무예, 학고방, 2014.

국립민속박물관, 『무예문헌자료집성』, 2004.

국사편찬위원회, 『貞蕤集 附北學儀』, 1961.

金友哲, 『朝鮮後期 地方軍制史』, 景仁文化社, 2000.

金鍾洙, 『朝鮮後期 中央軍制研究-訓鍊都監의 設立과 社會變動』, 혜안, 2003.

김광석실기 · 심우성 해제, 『무예도보통지 실기해제』, 동문선, 1987.

김대경, 『韓國의 棍과 劍』, 河圖洛書, 1996.

김위현, 『국역무예도보통지』, 민족문화사, 1984.

나영일, 『정조시대의 무예』, 서울대학교출판부, 2003.

나영일 · 노영구 · 양정호 · 최복규, 『조선중기 무예서 연구』, 서울대학교출판부, 2006.

馬明達 點校, 『紀效新書』, 人民體育出版, 1988.

박금수, 『조선의 武와 전쟁』, 지식채널, 2011.

박청정, 『무예도보통지주해』, 동문선, 2006.

徐台源, 『朝鮮後期 地方軍制硏究』, 혜안, 1999.

篠田耕一, 『武器防具 中國篇』, 新紀元社, 1992.

송일훈 · 김산 · 최형국, 『정조대왕 무예 신체관 연구』, 레인보우북스, 2013.

松田隆智, 권오석역, 『圖說中國武術史』, 書林文化社, 1979.

沈勝求, 「武科殿試儀」, 『朝鮮前期 武科殿試儀 考證硏究』, 충남발전연구원, 1998.

심승구, 『한국무예사료총서-조선왕조실록Ⅲ』, 국립민속박물관, 2005.

심승구 · 노동호 · 조성균, 『무술, 중국을 보는 또 하나의 窓』, 국립민속박물관, 2005.

양종언, 『삶의 武藝』, 학민사, 1992.

陸士韓國軍事硏究室, 『韓國軍制史-近世朝鮮後期篇』, 陸軍本部, 1977.

이국노, 『실전우리검도-銳刀 · 本國劍』, 직지, 2016.

이근호 · 조준호 · 장필기 · 심승구, 『조선후기의 수도방위체제』, 서울시립대학교 서울학연구소, 1998.

李德懋, 『국역청장관전서』Ⅰ, 민족문화추진회, 1978.

李德懋, 『국역청장관전서』Ⅳ, 민족문화추진회, 1978.

李德懋, 『국역청장관전서』Ⅴ, 민족문화추진회, 1978.

李德懋, 『국역청장관전서』Ⅵ, 민족문화추진회, 1978.

李德懋, 『국역청장관전서』Ⅺ, 민족문화추진회, 1978.

李德懋, 『국역청장관전서』Ⅻ, 민족문화추진회, 1978.

李德懋, 『국역청장관전서』三, 민족문화추진회, 1978.

李泰鎭, 『朝鮮後期의 政治와 軍營制 變遷』, 韓國硏究院, 1985.

임동권 · 정형호, 『한국의 마상무예』, 한국마사박물관, 1997.

임동규주해, 『실연 · 완역 무예도보통지』, 학민사, 1996.

임성묵, 『본국검예』, 1(조선세법) · 2(본국검법), 도서출판 행복에너지, 2013.

正祖, 『국역홍재전서』 7, 민족문화추진회, 1998.

정해은, 『한국전통병서의 이해(Ⅱ)』, 국방부 군사편찬연구소, 2008.

정해은, 『한국전통병서의 이해』, 국방부 군사편찬연구소, 2004.

崔孝軾, 『朝鮮後期 軍制史 硏究』, 신서원, 1995.

皇甫江 著, 『中國刀劍』, 明天出版社, 2007.

宇田川武久, 『東アジア兵兵器交流史의 硏究』, 吉川弘文館, 1993.

大石純子, 「韓國の武術」, 『武道文化の深求』, 不昧堂, 2003.

Kim, Sang H, Muye Dobo Tongji - Comprehensive Illustrated Manual of Martial
    Arts, Santa Fe: Turtle Presse, 2000.

【논문】

곽낙현, 「남북한 『무예도보통지』의 성과와 과제」, 『정신문화연구』 39(1), 2016.

곽낙현, 「북한의 『무예도보통지』 연구 동향」, 『한국체육사학회지』 20(4), 2015.

곽낙현, 「李德懋의 생애와 무예관 - 『무예도보통지』를 중심으로」, 『東洋古典硏
    究』 26, 2007.

곽낙현, 「朝鮮後期 刀劍武藝 硏究」, 한국학중앙연구원 박사논문, 2012.

곽낙현, 「『무예도보통지』 등패(藤牌) 기법 분석」, 『동양고전연구』 58, 2015.

곽낙현, 「『무예도보통지』 연구 동향 분석」, 『동양고전연구』 55, 2014.

곽낙현, 「『무예도보통지』 왜검 기법 연구」, 『온지논총』 34, 2013.

곽낙현, 「『무예도보통지』 월도 기법 분석」, 『사회체육학회지』 57, 2014.

곽낙현, 「『무예도보통지』 유네스코 세계기록유산 등재 방안」, 『동양고전연구』
    64, 2016.

곽낙현, 「『무예도보통지』 인용서목 고찰」, 『한국체육사학회지』 18(3), 2013.

곽낙현, 「『무예도보통지』에 수록된 도검자세에 관한 고찰 - 쌍수도, 예도, 제독
    검, 본국검을 중심으로」, 『한국체육사학회지』 19, 2007.

金山, 「『무예도보통지』 長兵武藝 復原의 實際와 批判」, 전북대학교 박사논문,
    2008.

金聖洙 · 金榮逸, 「韓國軍事類 典籍의 發展系譜에 관한 書誌的 硏究」, 『書誌學硏
    究』 9, 1993.

金鍾洙, 「朝鮮後期 訓鍊都監의 設立과 運營」, 서울대학교 박사논문, 1996.

김산 · 공미애, 「壬辰倭亂 前後의 明의 武藝書들과 朝鮮의 武藝書들과의 記述方

法에 대한 비교연구」,『한국체육사학회지』, 8(2), 2003.

김산·김주화,「『武藝圖譜通志』의 勢에 대한 연구」,『체육사학회지』13, 2004.

김영호,「본국검의 정립시기와 그 사상적 배경」,『무예24기 학술회의 발표자료집』, 2005.

김영호,「『무예제보번역속집』의 왜검과『무예도보통지』의 왜검, 교전의 비교」,『무예24반학술발표집』, 2002.

김종윤,「무예도보통지의 쌍수도에 관한 연구」, 한양대학교 석사논문, 2010.

나영일, 「紀效新書·武藝諸譜·무예도보통지 比較硏究」,『한국체육학회지』, 36(4), 1997.

羅永一,「무예도보통지의 武藝」,『震檀學報』91, 2001.

盧永九,「선조代 紀效新書의 보급과 陣法 논의」,『軍史』34, 1997.

盧永九,「朝鮮 增刊本 紀效新書의 체제와 내용」,『軍史』36, 1998.

盧永九,「조선시대 兵書의 분류와 간행 추이」,『역사와현실』30, 1998.

盧永九,「조선후기 단병전술의 추이와 무예도보통지의 성격」,『震檀學報』91, 2001.

盧永九,「朝鮮後期 兵書와 戰法의 연구」, 서울대학교 박사논문, 2002.

박귀순,「중국(명)·한국(조선)·일본의 紀效新書에 관한 연구」,『한국체육사학회지』17, 2006.

박귀순,「한·중·일의 무예교류사 연구」,『한국무예의 역사·문화적조명』, 국립민속박물관, 2004.

박귀순·신영권,「『무예도보통지』의 쌍수도의 형성과정에 관한 연구 - 무예동작 비교를 중심으로」,『대한무도학회지』, 12(3), 2010.

박금수,「『무예도보통지』의 勢에 관한 연구」, 서울대학교 석사논문, 2005.

朴起東,「武藝諸譜의 發見과 그 史料的 價値」,『체육과학연구소논문집』18, 강원대학교체육과학연구소, 1994.

朴起東,「朝鮮後期 武藝史 硏究 -『무예도보통지』의 形成過程을 中心으로」, 성균관대학교 박사논문, 1994.

裵祐晟,「정조의 軍事政策과 무예도보통지의 편찬의 배경」,『震檀學報』91, 2001.

서치상·조형래,「『紀效新書』도입직후의 새로운 城制모색」,『大韓建築學會論文集』, 24(1), 2008.

宋昌基, 『고대병서잡록 - 고대동양병서의 서지학적고찰』, 『軍史』 14, 1987.

신영권, 「『무예도보통지』에 관한 연구 : 단병기의 기술과정을 중심으로」, 경상대학교 석사학위논문, 2012.

심승구, 「壬辰倭亂 中 武藝書의 편찬과 의미 - 『武藝諸譜』를 중심으로」, 『천마논문집』 26, 2003.

심승구, 「한국무예사에서 본 『무예제보』의 특성과 의의」, 『한국무예의 역사 · 문화적 조명』, 국립민속박물관, 2004.

吳宗祿, 「朝鮮後期 首都防衛體制에 대한 일고찰 - 五軍營의 三手兵制와 守城戰」, 『史叢』 33, 1988.

이종림, 「朝鮮勢法考」, 『한국체육학회지』, 38(1), 1999.

이종림, 「韓國古代劍道史에 관한 硏究」, 성균관대학교 석사논문, 1983.

이진호, 「17~18세기 兵書 언해 연구」, 계명대학교 박사논문, 2009.

李賢熙, 「무예도보통지와 그 諺解本」, 『震檀學報』 91, 2001.

鄭炳模, 「무예도보통지의 판화」, 『震檀學報』 91, 2001.

正祖命撰, 『武藝圖譜通志影印本 全』, 學文閣刊, 「武藝圖譜通志引用書目目錄」, 景文社, 1981.

鄭海恩, 「18세기 무예보급에 대한 새로운 검토 - 『어영청중순謄錄』을 중심으로」, 『이순신연구논총』 9, 2007.

鄭海恩, 「임진왜란기 조선이 접한 短兵器와 『武藝諸譜』의 간행」, 『軍史』 54, 2004.

鄭海恩, 「藏書閣소장 軍營謄錄類 자료에 관한 기초적 검토」, 『藏書閣』 4, 2000.

최복규, 「紀效新書 권법에 관한 연구」, 『한국체육학회지』 41(4), 2002.

최복규, 「『무예도보통지』 편찬의 歷史的 배경과 武藝論」, 서울대학교 박사논문, 2003.

최복규, 「『무예도보통지』 권법에 관한 연구 - 『기효신서』와의 관련성을 중심으로」, 『한국체육학회지』 41(2), 2002.

崔炳國, 「朝鮮後期 騎兵의 馬上武藝 硏究」, 중앙대학교 박사논문, 2011.

최형국, 「朝鮮後期 왜검교전 변화 연구 - 擊劍方式을 中心으로」, 『역사민속학』 25, 역사민속학회, 2007.

崔孝軾, 「藏書閣소장 자료의 軍制史的 의미」, 『藏書閣』 4, 2000.

허인욱, 「본국검의 起源에 관한 硏究」, 『체육사학회지』 11, 2003.

허인욱, 「예도의 유래에 관한 연구」, 『건지인문학』 4, 2011.

허인욱, 「朝鮮後期의 雙劍」, 『체육사학회지』 12, 2003.

허인욱·김산, 「金體乾과 武藝圖譜通志에 실린 倭劍」, 『체육사학회지』 11, 2003.

大石純子, 「日本係史にける日本の도검技武と知の新しい地平 - 体系的武道學研究をめざして」, 南宮昑皓出版社, 1998

大石純子, 「일본으로부터 조선반도로의 도검技의 전파에 관한 양상」, 『武道文化の研究』, 第一書房, 1995.

大石純子, 「『무예도보통지』にみられる도검技に關する研究 - 主として日本との關係において -」, 筑波大學修士論文, 1999

大石純子, 「『무예도보통지』에 보이는 刀劍技에 관한 연구 - 주로 임진·정유왜란기의 분석으로부터」, 『武道學研究』, 23권 2호, 日本武道學會, 1990.

大石純子, 「『무예도보통지』에 보이는 쌍수도에 관한 일 고찰 - 임진·정유왜란기의 분석으로부터」, 『武道學研究』, 24권 1호, 日本武道學會, 1991.

大石純子, 「『무예도보통지』의 보이는 왜검에 관한 일고찰」, 『武道學研究』, 24권 2호, 日本武道學會, 1991.

山本純子, 「『武藝圖譜通志』にみられる刀劍技に関する研究 - 主 として壬辰·丁酉倭乱の分析から」, 『武道學研究』, 23권 2호, 日本武道學會, 1990,

山本純子, 「『『武芸図譜通志』にみられる刀劍技の成立に関する一考察 - 主として日本·中国との関係から」, 『武道學研究』, 23권 1호, 日本武道學會, 1990.

大石純子, 「『무예도보통지』의 연구 - 그 大要와 시대 배경에 대하여」, 『武道學研究』, 22권 2호, 日本武道學會, 1989.

○ 부록 : 『무예도보통지』 인용문헌 (145종)

한국(14)	일본(3)	중국(128)			
三國史	日本記	周易注疏	尚書注疏	毛詩注疏	詩集傳
高麗史	和名抄	周禮注疏	周禮詳解	周禮訂義	禮記注疏
輿地勝覽	倭漢三才圖會	春秋左傳注疏	孟子注疏	爾雅注疏	孔子家語
國朝寶鑑		山海經	龍魚河圖	說文	說文解字
懲毖錄		方言	釋名	三蒼解詁	玉篇
經國大典		唐韻	廣韻	類編	爾雅翼
續大典		六書故	書苑	字彙	正字通
五禮儀		字典	史記	史記正義	前漢書
漢淸文鑑		後漢書	三國志	晉書	宋書
樂學軌範		北史	隋書	唐書	宋史
文獻備考		金史	元史	明史	魏略
龍飛御天歌		華陽國志	萬姓統譜	烈士傳	逸士傳
西厓集		西京襍記	鄴中記	明一統志	寧波府志
象村集		陝西統志	通典	通志略	明會典
		禮器圖式	莊子	列子	管子
		淮南子	春秋繁露	論衡	風俗通義
		易林	六韜	李衛公問對	武經總要
		武編	紀效新書	登壇必究	武備志
		兵略纂聞	刀劍錄	馬槊譜	兵仗記
		蹴鞠譜	少林棍法闡宗	內家拳法	齊民要術
		農政全書	南方艸木狀	群芳譜	名醫別錄
		本艸拾遺	圖經本艸	本艸綱目	別錄
		古今注	中華古今注	博物志	廣博物志
		灸轂子錄	淸異錄	南蠻襍記	夢溪筆談
		老學菴筆記	緗素襍記	丹鉛總錄	識小編
		日知錄	囷樹屋書影	二儀實錄	事物紀原
		續事始	事物原始	和名抄	拾遺記
		靈鬼志	敎坊記	初學記	玉海
		三才圖會	三才圖會續集	圖書集成	天工開物
		杜工部集	浣花集	六一居士集	大全集
		友石山房藁	弇州四部藁	文選	賦彙
		列朝詩輯	明詩綜	樂府襍錄	中山詩話

| 미주 |

제1장 들어가며

1) 심승구, 『한국무예사료총서-조선왕조실록Ⅲ』, 국립민속박물관, 2005, 1쪽.
2) 李泰鎭, 『朝鮮後期의 政治와 軍營制 變遷』, 韓國硏究院, 1985; 吳宗祿, 「朝鮮後期 首都防衛體制에 대한 일고찰-五軍營의 三手兵制와 守城戰」, 『史叢』 33, 25-44쪽; 金鍾洙, 「朝鮮後期 訓鍊都監의 設立과 運營」, 서울대학교 박사논문, 1996; 『朝鮮後期 中央軍制硏究-訓鍊都監의 設立과 社會變動』, 혜안, 2003; 이근호 외 3인, 『조선후기의 수도방위체제』, 서울시립대학교서울학연구소, 1998.
3) 徐台源, 『朝鮮後期 地方軍制硏究』, 혜안, 1999; 金友哲, 『朝鮮後期 地方軍制史』, 景仁文化社, 2000.
4) 盧永九, 「朝鮮後期 兵書와 戰法의 연구」, 서울대학교 박사논문, 2002; 鄭海恩, 「임진왜란기 조선이 접한 短병기와 『武藝諸譜』의 간행」, 『軍史』 54, 2004, 151-184쪽; 沈勝求, 「壬辰倭亂期 중 武藝書의 편찬과 의미-武藝諸譜를 중심으로」, 『천마논문집』 26, 2003, 289-332쪽; 朴起東, 「朝鮮後期 武藝史硏究-『무예도보통지』形成過程을 中心으로」, 성균관대학교 박사논문; 나영일 외 3인, 『조선중기무예서연구-『武藝諸譜』, 『武藝諸譜飜譯續集』 譯註』, 서울대학교출판부, 2006.
5) 盧永九, 「선조代 紀效新書의 보급과 陣法 논의」, 『軍史』 34, 1997, 125-154쪽; 「朝鮮 增刊本 紀效新書의 체제와 내용」, 『軍史』 36, 1998, 101-135쪽; 「조선시대 兵書의 분류와 간행 추이」, 『역사와현실』 30, 281-304쪽; 정해은, 『한국전통병서의 이해』, 국방부군사편찬연구소, 2004; 宋昌基, 『고대병서잡록-고대동양병서의 서지학적고찰」, 『軍史』 14, 1987, 126-155쪽; 김산공미애, 「壬辰倭亂 前後의 明의 武藝書들과 朝鮮의 武藝書들과의 記述方法에 대한 비교연구」, 『한국체육사학회지』, 8(2), 2003, 68-79쪽; 나영일, 「紀效新書, 武藝諸譜, 무예도보통지 比較硏究」, 『한국체육학회지』, 36(4), 한국체육학회, 1997, 9-24쪽; 박귀순, 「한·중·일의 무예교류사 연구」, 『한국무예의 역사·문화적조명』, 국립민속박물관, 2004; 「중국(명)·한국(조선)·일본의 紀效新書에 관한 연구」,

『한국체육사학회지』 17, 2006, 57-70쪽; 최복규, 「『무예도보통지』권법에 관한 연구-『기효신서』와의 관련성을 중심으로」, 『한국체육학회지』 41(2), 2002, 29-40쪽; 서치상·조형래, 「『紀效新書』도입직후의 새로운 城制모색」, 『大韓建築學會論文集』, 24(1), 2008.

6) 陸士韓國軍事硏究室, 『韓國軍制史-近世朝鮮後期篇』, 陸軍本部, 1977; 崔孝軾, 『朝鮮後期 軍制史 硏究』, 신서원, 1995; 盧永九, 「朝鮮後期 兵書와 戰法의 연구」, 서울대학교 박사논문, 2002; 정해은, 『한국전통병서의 이해』, 국방부 군사편찬연구소, 2004; 『한국전통병서의 이해(II)』, 국방부 군사편찬연구소, 2008.

7) 崔孝軾, 「藏書閣소장 자료의 軍制史적 의미」, 『藏書閣』 4, 2000, 85~125쪽.

8) 鄭海恩, 「藏書閣소장 軍營謄錄類 자료에 관한 기초적 검토」, 『藏書閣』 4, 2000, 127~155쪽; 「18세기 무예보급에 대한 새로운 검토-『어영청중순謄錄』을 중심으로」, 『이순신연구논총』 9, 2007, 217~255쪽.

9) 朴起東, 「武藝諸譜의 發見과 그 史料的 價値」, 『체육과학연구소논문집』 18, 강원대학교체육과학연구소, 1994, 101~110쪽; 「朝鮮後期 武藝史 硏究-『무예도보통지』의 形成過程을 中心으로」, 성균관대학교 박사논문, 1994; 나영일, 「紀效新書·武藝諸譜·무예도보통지 比較硏究」, 『한국체육학회지』, 36(4), 1997, 9~24쪽; 沈勝求, 「壬辰倭亂 中 武藝書의 편찬과 의미-『武藝諸譜』를 중심으로」, 『천마논문집』 26, 2003, 283~332쪽; 鄭海恩, 「임진왜란기 조선이 접한 短병기와 『武藝諸譜』의 간행」, 『軍史』 54, 2004, 151~184쪽.

10) 심승구, 「한국무예사에서 본 『무예제보』의 특성과 의의」, 『한국무예의 역사·문화적 조명』, 국립민속박물관, 2004, 87-134쪽.

11) 金聖洙·金榮逸, 「韓國軍事類 典籍의 發展系譜에 관한 書誌的 硏究」, 『書誌學硏究』 9, 1993, 77~149쪽; 이진호, 「17~18세기 兵書 언해 연구」, 계명대학교 박사논문, 2009; 나영일·노영구·양정호·최복규, 『조선중기 무예서 연구』, 서울대학교출판부, 2006; 국립민속박물관, 『무예문헌자료집성』, 2004.

12) 『무예도보통지』와 관련된 대표적 학제간 연구로는 2001년 震檀學會에서 열린 『무예도보통지의 종합적 검토』의 심포지엄이다. 발표자는 한국사학·체육학·미술사학·국어학의 4분야에서 5명이 선정되었다. 5명의 주제발표내용은 裵祐晟, 「정조의 軍事政策과 무예도보통지의 편찬의 배경」, 盧永九, 「조선후기 단병전술의 추이와 무예도보통지의 성격」, 羅永一, 「무예도보통지의 武藝」, 鄭炳模, 「무예도보통지의 판화」, 李賢熙, 「무예도보통지와 그 諺解本」이다.

13) 나영일, 『정조시대의 무예』, 서울대학교출판부, 2003.

14) 최복규, 「『무예도보통지』 편찬의 歷史的 배경과 武藝論」, 서울대학교 박사논문, 2003.

15) 곽낙현, 「李德懋의 생애와 무예관-『무예도보통지』를 중심으로」, 『東洋古典硏究』 26, 2007, 413~440쪽.

16) 곽낙현, 「『무예도보통지』 인용서목 고찰」, 『한국체육사학회지』 18(3), 2013, 17-30쪽.

17) 곽낙현, 「북한의 『무예도보통지』 연구 동향」, 『한국체육사학회지』 20(4), 2015, 33-47쪽.

18) 곽낙현, 「『무예도보통지』 연구 동향 분석」, 『동양고전연구』 55, 2014, 193-222쪽.

19) 곽낙현, 「남북한 『무예도보통지』의 성과와 과제」, 『정신문화연구』 39(1), 2016, 7-33쪽.

20) 곽낙현, 「『무예도보통지』 유네스코 세계기록유산 등재 방안」, 『동양고전연구』 64, 2016, 251-279쪽.

21) 신영권, 「『무예도보통지』에 관한 연구 : 단병기의 기술과정을 중심으로」, 경상대학교 석사학위논문, 2012.

22) 박귀순·신영권, 「『무예도보통지』의 쌍수도의 형성과정에 관한 연구-무예동작 비교를 중심으로」, 『대한무도학회지』, 12(3), 대한무도학회, 2010, 17-34쪽; 김종윤, 「무예도보통지의 쌍수도에 관한 연구」, 한양대학교 석사논문, 2010.

23) 허인욱, 「본국검의 起源에 관한 硏究」, 『체육사학회지』, 11, 2003, 59-70쪽; 김영호, 「본국검의 정립시기와 그 사상적 배경」, 『무예24기 학술회의 발표자료집』, 2005, 61-84쪽; 이종림, 「韓國古代劍道史에 관한 硏究」, 성균관대학교 석사논문, 1983.

24) 허인욱·김산, 「金體乾과 무예도보통지에 실린 왜검」, 『체육사학회지』 11, 한국체육사학회, 2003, 36-43쪽; 김영호, 「『무예제보번역속집』의 왜검과 『무예도보통지』의 왜검, 교전의 비교」, 『무예24반학술발표집』, 2002, 44-50쪽; 최형국, 「朝鮮後期 왜검교전 변화 연구-擊劍方式을 中心으로」, 『역사민속학』 25, 역사민속학회, 2007, 93-117쪽; 곽낙현, 「『무예도보통지』 왜검 기법 연구」, 『온지논총』 34, 2013, 327-367쪽.

25) 허인욱, 「예도의 유래에 관한 연구」, 『건지인문학』 4, 2011, 317-336쪽; 이종림, 「朝鮮勢法考」, 『한국체육학회지』, 38(1), 1999, 9-21쪽.

26) 허인욱, 「朝鮮後期의 쌍검」, 『체육사학회지』 12, 한국체육사학회, 2003, 80-89쪽.

27) 곽낙현, 「『무예도보통지』 등패(藤牌) 기법 분석」, 『동양고전연구』 58, 2015, 211-232쪽.

28) 곽낙현, 「『무예도보통지』 월도 기법 분석」, 『사회체육학회지』 57, 2014, 23-30쪽.

29) 박금수, 「『무예도보통지』의 勢에 관한 연구」, 서울대학교 석사논문, 2005; 김산·김주화, 「『무예도보통지』의 勢에 대한 연구」, 『체육사학회지』 13, 2004, 1~12쪽; 金山, 「『무예도보통지』 長兵武藝 復原의 實際와 批判」, 전북대학교 박사논문, 2008.

30) 곽낙현, 「『무예도보통지』에 수록된 도검자세에 관한 고찰-쌍수도, 예도, 제독검, 본국검을 중심으로」, 『한국체육사학회지』 19, 2007, 85~98쪽.

31) 곽낙현, 「朝鮮後期 刀劍武藝 硏究」, 한국학중앙연구원 박사논문, 2012.

32) 박귀순, 「한·중·일의 무예교류사 연구」, 『한국무예의 역사·문화적조명』, 국립민속박물관, 2004, 325-397쪽.

33) 심승구·노동호·조성균, 『무술, 중국을 보는 또 하나의 窓』, 국립민속박물관, 2005.

34) 곽낙현, 『조선의 칼과 무예』, 학고방, 2014.

35) 김위현, 『국역무예도보통지』, 민족문화사, 1984.

36) 김광석실기·심우성 해제, 『무예도보통지 실기해제』, 동문선, 1987.

37) 임동규주해, 『실연·완역 무예도보통지』, 학민사, 1996.

38) 국립민속박물관, 『무예문헌자료집성』, 2004.

39) 나영일·노영구·양정호·최복규, 『조선중기무예서연구』, 서울대학교출판부, 2006.

40) 박청정, 『무예도보통지주해』, 동문선, 2006.

41) 박금수, 『조선의 武와 전쟁』, 지식채널, 2011.

42) 송일훈·김산·최형국, 『정조대왕 무예 신체관 연구』, 레인보우북스, 2013.

43) 임성묵, 『본국검예』, 1(조선세법)·2(본국검법), 도서출판 행복에너지, 2013. 저자는 『무예도보통지』에 나오는 도검무예 중에서 한국의 도검무예에 해당하는 조선세법(예도)과 본국검에 대한 내용을 자세하게 다루고 있다.

44) 이국노, 『실전우리검도-銳刀·本國劍』, 직지, 2016.

45) 大石純子, 「『무예도보통지』의 연구-그 大要와 시대 배경에 대하여」, 『武道學研究』, 22권 2호, 日本武道學會, 1989; 「『무예도보통지』에 보이는 도검技에 관한 연구-주로 임진·정유왜란기의 분석으로부터」, 『武道學研究』, 23권 2호,

日本武道學會, 1990, ; 「『무예도보통지』에 보이는 도검技의 성립에 관한 일 고찰-주로 일본·중국의 관계로부터」, 『武道學研究』, 23권1호, 日本武道學會, 1990; 「『무예도보통지』에 보이는 쌍수도에 관한 일 고찰-임진·정유왜란기의 분석으로부터」, 『武道學研究』, 24권1호, 日本武道學會, 1991; 「『무예도보통지』의 보이는 왜검에 관한 일고찰」, 『武道學研究』, 24권2호, 日本武道學會, 1991; 「일본으로부터 조선반도로의 도검技의 전파에 관한 양상」, 『武道文化の研究』, 第一書房, 1995;. 大石純子, 「日本係史にける日本の도검技武と知の新しい地平-体系的武道學研究をめざして」, 南宮昤皓出版社, 1998; 「『무예도보통지』にみられる刀劍技に關する研究-主として日本との關係において-」, 筑波大學修士論文, 1999; 「韓國の武術」, 『武道文化の深求』, 不昧堂, 2003.

46) Sang H. Kim, 『*Muye Dobo Tongji: Comprehensive Illustrated Manual of Martial Arts*』, Santa Fe: Turtle Presse, 2000.

47) 김위현, 『국역무예도보통지』, 민족문화사, 1984.

48) 崔炳國, 「朝鮮後期 騎兵의 馬上武藝 研究」, 중앙대학교 박사논문, 2011.

49) 나영일, 「『武藝圖譜通志』의 무예」, 『진단학보』 91, 진단학회, 2001, 390~391쪽.

제2장

50) 『武藝圖譜通志』, 兵器總敍.

51) 『武藝圖譜通志』 卷2, 倭劍은 圖가 101개, 倭劍交戰은 50개로 다른 도검무예보다 훨씬 많다.

52) 나영일, 「『武藝圖譜通志』의 무예」, 『진단학보』 91, 진단학회, 2001, 394~395쪽.

53) 곽낙현, 「李德懋의 生涯와 武藝觀-『武藝圖譜通志』를 중심으로」, 『東洋古典研究』 26, 2007, 434~437쪽.

54) 『承政院日記』 1427冊, 正祖 2년 9월 7일(癸巳)에는 정조가 각 군영에서 여러 가지 단병무예의 명칭을 통일시키면서 도검무예의 기예인 협도곤(挾刀棍)을 협도(挾刀)로 명칭을 수정하였다. 협도곤은 『무예제보번역속집』에 실려 있는 도검무예이다.

55) 최복규, 「紀效新書 권법에 관한 연구」, 『한국체육학회지』 41(4), 2002, 33~34쪽.

56) 『무예제보』는 곤(棍), 등패(藤牌), 낭선(狼筅), 장창(長槍), 당파(鐺鈀), 장도(長刀), 기예질의(技藝質疑), 무예교전법(武藝交戰法)으로 목차가 구성되어 있다.

여기서 도검무예는 일명 쌍수도로 불리는 장도(長刀)뿐이다. 이에 대한 내용
은『무예도보통지』, 卷2, 쌍수도(雙手刀)에 나온다. 본명은 장도(長刀)인데 오
늘날에는 쌍수도라 부르며, 용검(用劍), 평검(平劍)으로 속칭된다고 하였다.

57) 『武藝諸譜飜譯續集』, 啓明大學校出版部, 1999, 37쪽.

58) 松田隆智, 권오석역, 『圖說中國武術史』, 書林文化社, 1979, 308쪽.

59) 김산·김주화, 「『武藝圖譜通志』의 勢에 대한 연구」, 『체육사학회지』 13, 2004, 9쪽.

60) 허인욱·김산, 「金體乾과 武藝圖譜通志에 실린 倭劍」, 『체육사학회지』 11, 2003, 42쪽.

61) 『武藝圖譜通志』 卷3, 提督劍에는 명나라 劉綎은 "제가 바로 장계를 올려서 금
군 韓士立으로 하여금 70여명을 모아서 駱尚志에게 가르쳐 주기를 청하였다.
낙공은 자기 帳下의 張六三등 10인을 뽑아내어 敎師로 삼아 창과 劍과 狼筅
등을 연습시켰다. 그 기법은 駱尚志가 李如松 제독 휘하이므로 제독검의 이름
이 이에서 나오지 않았겠는가"라고 말하였다.

62) 『武藝圖譜通志』 卷3, 本國劍에는 『新增東國輿地勝覽』의 고사를 인용하여 "黃
倡郎은 신라 사람이다. 그의 나이 7勢에 백제에 들어가서 시중에서 칼춤을
추었는데 이를 구경하는 사람이 담을 이룬 것 같았다. 백제왕이 이 이야기를
듣고 불러서 마루에 올라와서 칼춤을 추도록 명하였다. 창랑이 이 기회를 타
서 왕을 찔렀으므로 백제국인들이 창랑을 죽였다. 신라인들이 창랑을 애통하
게 여겨서 그 얼굴 모양을 본 따서 가면을 만들어 쓰고 칼춤을 추었으며 지금
도 전한다."고 본국검의 기원을 밝히고 있다.

63) 허인욱, 「朝鮮後期의 雙劍」, 『체육사학회지』 12, 2003, 80~81쪽.

64) 總圖에는 25개 순서로 되어 있다. 1. 開門－2. 交劍－3. 相藏－4. 退進－5. 換立
－6. 戴擊－7. 換立－8. 相藏－9. 進退－10. 換立－11. 戴擊－12. 換立－13. 再
冊進－14. 退進－15. 揮刀－16. 進再冊－17. 進退－18. 揮刀－19. 退刺擊進－
20. 退進－21. 揮刀－22. 進退刺擊－23. 進退－24. 揮刀－25. 相撲.

65) 『무예제보번역속집』에서는 倭劍交戰과 倭劍에 대해 중국식 勢로 설명하고 있
다. 이것은 임진왜란 이후 왜검을 도입하면서 왜검의 형식을 먼저 알고 있는
중국검(中國劍)의 형식을 빌어서 설명하였기 때문이며, 김체건(金體乾) 이후
확실한 왜검 교습이 되면서 기존 중국검(中國劍) 형식을 빌어서 설명하던 서
술 방식에서 벗어난 것으로 보인다.

66) 김산·김주화, 「『武藝圖譜通志』의 勢에 대한 연구」, 『체육사학회지』 13,

2004, 7쪽.

67) 허인욱, 「本國劍의 起源에 관한 硏究」, 『체육사학회지』 11, 2003, 59~70쪽.

68) 『宣祖實錄』 卷55, 宣祖 27년 9월 3일(戊寅).

제3장

69) 『武藝圖譜通志』 卷3, 本國劍, 俗稱新劍 與銳刀同卽腰刀也.

70) 『武藝圖譜通志』 卷3, 本國劍, 輿地勝覽曰 黃昌郎新羅人也 諺傳 季七歲入百濟 市中舞劍 觀者如堵 百濟王聞之 召觀命升堂舞劍 昌郎因刺國王人殺之 羅人哀 之 像其容爲假面 作舞劍之壯 至今傳之.

71) 『武藝圖譜通志』 卷2, 銳刀, 本名短刀.

72) 『武藝圖譜通志』 卷2, 銳刀, 近有好事者得之 朝鮮其勢法俱備 固知中國失而求 之 四裔不獨西方之等韻 (중략).

73) 『武藝圖譜通志』 卷2, 銳刀, 環刀則中國之腰刀也.

74) 『武藝圖譜通志』 卷2, 銳刀, 舊譜所載 雙手刀 銳刀 倭劍 雙劍 提督劍 本國劍 馬上雙劍名色 雖不同所用 皆腰刀兩刃曰劍 單刃曰刀 後世刀與劍相混然.

75) 필자는 『본초』가 『도경본초』, 『본초습유』, 『본초강목』 인용문헌 중에서 어느 것에 해당하는지 정확히 파악하지 못하였다.

제4장

76) 『武藝圖譜通志』 卷3, 提督劍, 與銳刀同卽腰刀也.

77) 『武藝圖譜通志』 卷3, 提督劍, 提督劍十四勢相傳爲李如松法.

78) 『武藝圖譜通志』 卷3, 提督劍, 馳啓使禁軍韓士立 招募七十餘人 往駱公請敎 駱 揮帳下張六三等十人 爲敎師鍊習槍劍狼筅等 技云則駱是李提督標下 提督劍之 名 出於此歟.

79) 『武藝圖譜通志』 卷3, 雙劍, 刃長二尺五寸 柄長五寸五分 重八兩 (案)今不別造 擇 腰刀之最短者用之 故不列圖焉.

80) 『宣祖實錄』 卷55, 宣祖 27년 9월 3일(戊寅).

81) 『武藝圖譜通志』 卷3, 月刀, 茅元儀曰 偃月刀以之操習示雄 實不可施於陳.

82) 『武藝圖譜通志』 卷3, 挾刀, 今制 柄長七尺 刃長三尺 重四斤 柄朱漆刃背注氁.

83) 『武藝圖譜通志』 卷3, 藤牌, 每兵執一牌一腰刀閣 刀手腕一手執 鏢槍擲去彼 必 應急取刀.

84) 『武藝圖譜通志』 卷3, 藤牌, 茅元儀曰 近世朝鮮人 而牌而開 鳥銃可法也.

85) 『武藝圖譜通志』 卷3, 藤牌, 戚繼光曰 腰刀長三尺二寸 重一斤十兩 柄長三寸.

86) 등패총보(藤牌總譜)는 총 20개 자세의 동작으로 이루어져 있다. 기수—약보—
저평—금계반두—저평—약보—저평—곤패—저평—선인지로—매복—매복—곤
패—매복—선인지로—매복—곤패—매복—약보—사행. 이 중에서 등패의 핵심
자세인 8개 동작에 대하여 설명하고자 한다.

제5장

87) 『武藝圖譜通志』 卷2, 雙手刀, 本名長刀俗稱用劍平劍.

88) 『武藝圖譜通志』 卷2, 雙手刀, 今如獨用則無衛 惟鳥銃手可兼 賊遠發銃賊近 用刀.

89) 『武藝圖譜通志』, 卷2, 雙手刀, 雙手使用之文故也 今亦不用此制 惟以腰刀代習.

90) 『武藝圖譜通志』 卷3, 倭劍, 軍校金體乾趫捷工武藝 肅宗朝嘗隨使臣入日本 得 劍譜學其術而來 上召試之體乾拂劍回旋揭踵竪揖而步倭譜 凡四種曰 土由流曰 運光流曰千柳流曰柳彼流 流者猶義經之波稱神道流 信綱之波稱新陰流也 體乾 傳其術至 今行惟運光流中閒失其傳 體乾又演其法開出 新意爲교전之勢 稱交戰 譜 而舊譜別爲一譜 故今附于倭劍譜 以其本出倭譜也.

91) 『武藝圖譜通志』 卷2, 倭劍譜, 土由流, 1圖 右. 『무예도보통지』에 실려 있는 왜검
보를 토대로 그림과 좌우의 구분은 필자가 동작을 설명하기 위하여 임의적으로
번호를 삽입하였다. 이외에 왜검의 운광류, 천유류, 유피류도 동일하게 정리하
였다.

92) 『武藝圖譜通志』 卷3, 倭劍, (增)交戰附.

93) 나영일·노영구·양정호·최복규, 『조선중기무예서연구』, 서울대학교출판부, 238쪽.

94) 언해본에는 '향전살적(向前殺賊)'으로 표기 되어 있다.

95) 『武藝圖譜通志』 卷3, 倭劍, 且交戰譜所畫刀皆兩刃 今改正爲單刃腰刀 (중략) 今倭劍譜習之刀亦腰刀也.

96) 『武藝諸譜飜譯續集』에서는 왜검교전과 왜검에 대해 중국식 '세(勢)'를 통해서

설명하고 있다. 이것은 임진왜란 이후 왜검을 도입하면서 왜검의 형식을 먼저
알고 있는 중국검(中國劍)의 형식을 빌어서 설명하였기 때문이며, 김체건(金
體乾) 이후 확실한 왜검 교습이 되면서 기존 중국검(中國劍)의 형식을 빌어서
설명하던 서술 방식에서 벗어난 것으로 보인다.

97) 언해본에는 '향전살적(向前殺賊)'으로 표기 되어 있다.
98) 나영일·노영구·양정호·최복규, 『조선중기무예서연구』, 서울대학교출판부,
    2006, 181-186쪽.

제6장

99) 『武藝圖譜通志』 卷3, 本國劍, 俗稱新劍 與銳刀同卽腰刀也.
100) 『武藝圖譜通志』 卷3, 本國劍, 輿地勝覽曰 黃昌郎新羅人也 諺傳 季七歲入百濟
     市中舞劍 觀者如堵 百濟王聞之 召觀命升堂舞劍 昌郎因刺國王人殺之 羅人哀之
     像其容爲假面 作舞劍之壯 至今傳之.
101) 茅元儀, 『武備志』, 卷86, 陳練制, 練, 敎藝三, 劍, 朝鮮勢法; 국립민속박물관,
     『무예문헌자료집성』, 2004, 564-591쪽.
102) 大石純子, 「『武藝圖譜通志』にみられる刀劍技に關する硏究-主として日本との
     關係において-」, 筑波大學修士論文, 1999.
103) 山本純子, 「『武藝圖譜通志』にみられる刀劍技に関する硏究-主 として壬辰·
     丁酉倭乱の分析から」, 『武道學硏究』, 23권 2호, 日本武道學會, 1990, 25-35쪽.
104) 山本純子, 「『「武芸図」譜通志』にみられる刀劍技の成立に関する一考察-主とし
     て日本·中國との関係から」, 『武道學硏究』, 23권 1호, 日本武道學會, 1990,
     25-35쪽.
105) 『武藝圖譜通志』 卷2, 銳刀, 本名短刀.
106) 『武藝圖譜通志』 卷2, 銳刀, 近有好事者得之 朝鮮其勢法俱備 固知中國失而求
     之 四裔不獨西方之等韻 (중략).
107) 『武藝圖譜通志』 卷3, 提督劍, 與銳刀同卽腰刀也.
108) 『武藝圖譜通志』 卷3, 提督劍, 提督劍十四勢相傳爲李如松法.
109) 『武藝圖譜通志』 卷3, 提督劍, 馳啓使禁軍韓士立 招募七十餘人 往駱公請敎 駱
     揮帳下張六三等十人 爲敎師鍊習槍劍狼筅等 技云則駱是李提督標下 提督劍之
     名 出於此歟.
110) 『宣祖實錄』 卷55, 宣祖 27년 9월 3일(戊寅).

111) 『武藝圖譜通志』卷3, 月刀, 茅元儀曰 偃月刀以之操習示雄 實不可施於陳.

112) 『武藝圖譜通志』, 卷2, 雙手刀, 今如獨用則無衛 惟鳥銃手可兼 賊遠發銃賊近 用刀.

113) 『武藝圖譜通志』, 卷2, 雙手刀, 雙手使用之文故也 今亦不用此制 惟以腰刀 代習.

114) 『武藝圖譜通志』卷3, 倭劒, 軍校金體乾趫捷工武藝 肅宗朝嘗隨使臣入日本 得 劒譜學其術而來 上召試之體乾拂劍回旋揭踵堅挌而步倭譜 凡四種曰 土由流 曰運光流曰千柳流曰柳彼流 流者猶義經之波稱神道流 信綱之波稱新陰流也 體乾傳其術至 今行惟運光流中閒失其傳 體乾又演其法閒出 新意爲교전之勢 稱交戰譜 而舊譜別爲一譜 故今附于倭劍譜 以其本出倭譜也.

115) 자세명은 한글명칭으로만 표기하였다.

| 도판목록 |

█ 지은이소개

곽낙현郭洛鉉

용인대학교 졸업(학사 : 검도 전공)
용인대학교 대학원 졸업(석사 : 체육사 전공)
한국학중앙연구원 한국학대학원 졸업(석 · 박사 : 한국사 전공)
현재 한국학중앙연구원 한국학정보화실 전임연구원

주요저서

스포츠인문학(레인보우북스, 2008) 공저
- 문화체육관광부 우수학술도서
조선의 칼과 무예(학고방, 2014)
- 대한민국학술원 우수학술도서
한국의 스포츠학 70년(한국학중앙연구원 출판부, 2017) 공저

주요논문

조선시대 도검에 관한 연구(1998), 조선후기 도검무예 연구(2012),『무예도
보통지』인용서목 고찰(2013),『무예도보통지』왜검 기법 연구(2013),『무예
도보통지』월도 기법 분석(2014), 북한의『무예도보통지』연구 동향(2015),
남북한『무예도보통지』의 성과와 과제(2016),『무예도보통지』유네스코 세
계기록유산 등재 방안(2016),『무예도보통지』무예 인류무형유산 등재과제
(2017)등 다수

『무예도보통지』의 동아시아 도검무예 교류사
한·중·일 도검무예의 기법 비교와 분석

초판 인쇄 2018년 6월 22일
초판 발행 2018년 6월 30일

지 은 이 ㅣ 곽낙현
펴 낸 이 ㅣ 하운근
펴 낸 곳 ㅣ 學古房

주   소 ㅣ 경기도 고양시 덕양구 통일로 140 삼송테크노밸리 A동 B224
전   화 ㅣ (02)353-9908 편집부(02)356-9903
팩   스 ㅣ (02)6959-8234
홈페이지 ㅣ http://hakgobang.co.kr/
전자우편 ㅣ hakgobang@naver.com, hakgobang@chol.com
등록번호 ㅣ 제311-1994-000001호

ISBN   978-89-6071-756-5 93390

값 : 28,000원

이 도서의 국립중앙도서관 출판시도서목록(CIP)은 서지정보유통지원시스템 홈페이지
(http://seoji.nl.go.kr)와 국가자료공동목록시스템(http://www.nl.go.kr/kolisnet)에서 이용하
실 수 있습니다. (CIP제어번호 : CIP2018019449)